Bau- und Architektenrecht nach Ansprüchen

Reihe herausgegeben von

Christian Zanner, Luther Rechtsanwaltsgesellschaft mbH, Berlin, Deutschland

Die Thematik des Baurechts stellt sich für den Nichtjuristen oft sehr komplex und unübersichtlich dar. Die Reihe „Bau- und Architektenrecht nach Ansprüchen" möchte hier Abhilfe schaffen und verständliche Hilfestellung für Baupraktiker bieten. Systematisch nach Anspruchsgrundlagen geordnet werden die Voraussetzungen für alle wichtigen Ansprüche des Auftraggebers und Auftragnehmers bei der Objektplanung, Auftragsvergabe und Abwicklung von Bauvorhaben dargestellt. Die Leseführung erfolgt dabei durch die zu jedem Anspruch erstellten Ablaufdiagramme. Grafische Übersichten helfen dem Leser bei der Navigation durch die oft unübersichtlichen Informationen zum Thema Ansprüche im Bau- und Architektenrecht.

Mehr Informationen zu dieser Reihe auf http://www.springer.com/series/10952

Christian Zanner

VOB/B nach Ansprüchen

Entscheidungshilfen für Auftraggeber, Planer und Bauunternehmen

7., aktualisierte Auflage

 Springer Vieweg

Christian Zanner
Luther Rechtsanwaltsgesellschaft mbH
Berlin, Deutschland

ISSN 2625-1434   ISSN 2625-1442 (electronic)
Bau- und Architektenrecht nach Ansprüchen
ISBN 978-3-658-34024-7   ISBN 978-3-658-34025-4 (eBook)
https://doi.org/10.1007/978-3-658-34025-4

Die Deutsche Nationalbibliothek verzeichnet diese Publikation in der Deutschen Nationalbibliografie; detaillierte bibliografische Daten sind im Internet über http://dnb.d-nb.de abrufbar.

Springer Vieweg
© Springer Fachmedien Wiesbaden GmbH, ein Teil von Springer Nature 2001, 2006, 2009, 2011, 2013,
2017, 2021

Lektorat: Karina Danulat
Springer Vieweg ist ein Imprint der eingetragenen Gesellschaft Springer Fachmedien Wiesbaden GmbH und ist
ein Teil von Springer Nature.
Die Anschrift der Gesellschaft ist: Abraham-Lincoln-Str. 46, 65189 Wiesbaden, Germany

Vorwort zur 7. Auflage

Systematisch nach Anspruchsgrundlagen geordnet unter Berücksichtigung der neuen Regelungen der VOB/B 2016 werden die Voraussetzungen für alle wichtigen Ansprüche des Auftragnehmers und Auftraggebers bei der Abwicklung von Bauvorhaben dargestellt. Dabei erfolgt die Leserführung durch die zu jedem Anspruch erstellten Ablaufdiagramme.

Grafische Übersichten helfen dem Leser bei der Navigation durch die oft unübersichtlichen Informationen zum Thema „Ansprüche" in der VOB.

Neu aufgenommen sind Bezugnahmen auf die Regelungen zum neuen Bauvertragsrecht im BGB sowie die Entwicklung in der Rechtsprechung, insbesondere zu Nachträgen und zu Ansprüchen aus gestörtem Bauablauf.

Der Autor setzt seine langjährige Erfahrung der projektbegleitenden Rechtsberatung in diesem anwendungsnahen Praxisbuch leserfreundlich um. Das Buch wendet sich an alle mit der Durchführung von Baumaßnahmen befassten Berufsgruppen aus dem nicht juristischen Bereich sowie Studenten. Daneben stellt es auch für Juristen einen Einstieg in die komplexe Materie des Privaten Baurechts, insbesondere der VOB/B dar.

Der Autor freut sich stets über kritische Anmerkungen und Hinweise.

Berlin, Deutschland   Christian Zanner
Mai 2021

Inhaltsverzeichnis

Einführung

Die VOB/B hat in der Baupraxis überragende rechtliche Bedeutung. Das gesetzliche Werkvertragsrecht (§§ 631 ff. BGB) enthält keine für den Bauvertrag und -ablauf ausreichenden Regelungen; dagegen beinhaltet die VOB/B eigens auf das Baugeschehen zugeschnittene Rechte, Pflichten und Ansprüche. Bei Einbeziehung der VOB/B in das Vertragsverhältnis gehen die dortigen Bestimmungen in der Regel den gesetzlichen Vorschriften des BGB vor.

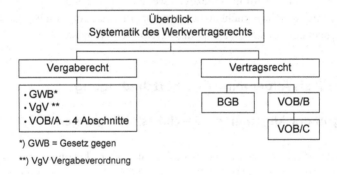

1.1   Die drei Teile der VOB

Die „Vergabe- und Vertragsordnung für Bauleistungen", die vom Deutschen Vergabe- und Vertragsausschuss für Bauleistungen (DVA), einem u. a. aus Auftraggeber- und Auftragnehmervertretern bestehenden Gremium, erarbeitet und im Bundesanzeiger veröffentlicht wird, gliedert sich in drei Teile:

© Springer Fachmedien Wiesbaden GmbH, ein Teil von Springer Nature 2021   1
C. Zanner, *VOB/B nach Ansprüchen*, Bau- und Architektenrecht nach Ansprüchen,
https://doi.org/10.1007/978-3-658-34025-4_1

- VOB/A: Der A-Teil enthält die Pflichten des öffentlichen Auftraggebers bei der Ausschreibung und Vergabe von Bauleistungen, also den vergaberechtlichen Teil.
- VOB/B: Der B-Teil enthält Regelungen, die nach Vertragsschluss und während der Vertragsdurchführung (Ausführung der Bauleistungen einschließlich Gewährleistung und Zahlung) zu beachten sind, also den vertragsrechtlichen Teil.
- VOB/C: Der C-Teil enthält technische Bedingungen für die Ausführung von Bauleistungen (siehe Abschn. 1.6.1), also den bautechnischen Teil.

1.2   Einbeziehung der VOB/B in das Vertragsverhältnis

Obwohl die VOB/B in der Bauwirtschaft weit verbreitet ist, gilt sie nicht ohne weiteres. Sie muss vielmehr von den Parteien in das Vertragsverhältnis einbezogen worden sein. Öffentliche Auftraggeber sind hierzu nach § 8 Abs. 3 VOB/A verpflichtet. Bei einem Bauvertrag zwischen zwei gewerblich tätigen Unternehmen genügt die bloße sprachliche Einbeziehung. Wird also im Angebot, im Auftragsschreiben oder im Vertrag darauf hingewiesen, dass auch die VOB/B Vertragsgrundlage sein soll, und ist die andere Seite damit einverstanden, so wird sie allein dadurch zur Vertragsgrundlage.[1] Die VOB/B ist hingegen grundsätzlich nicht dazu gedacht, Vertragsverhältnisse mit im Bauwesen unkundigen Privatpersonen zu regeln, wie die Ausgabe 2009 in einer Fußnote klarstellt. Soll die VOB/B dennoch in einen solchen Vertrag einbezogen werden, ist ein sprachlicher Hinweis auf die VOB/B als Vertragsgrundlage nicht ausreichend; hier ist es erforderlich, dass dem Vertrag oder dem Angebot der vollständige Text der VOB/B beigefügt ist.[2]

1.3   VOB/B als Allgemeine Geschäftsbedingung

1.3.1   Begriff der Allgemeinen Geschäftsbedingungen

Allgemeine Geschäftsbedingungen unterliegen einer besonderen Zulässigkeitskontrolle durch die §§ 305–310 BGB (früher: AGB-Gesetz). Sie können daher unwirksam sein, obwohl sie ausdrücklich in den Vertrag einbezogen worden sind. Mit der besonderen AGB-Kontrolle versucht der Gesetzgeber häufig auftretende Missbräuche zu verhindern, bei denen ein Vertragspartner dem anderen die wirtschaftlichen und vertraglichen Bedingungen „diktiert" und sich so unausgewogene und einseitige Vorteile verschafft.

---

[1] BGH, Urteil v. 20.10.1988 – VII ZR 302/87, BauR 1989, 87.
[2] BGH, Urteil v. 10.06.1999 – VII ZR 170/98, BauR 1999, 1186, IBR 1999, 405 (Marian).

Den Begriff der Allgemeinen Geschäftsbedingungen enthält § 305 BGB:
Allgemeine Geschäftsbedingungen sind alle für eine Vielzahl von Verträgen vor-
formulierten Vertragsbedingungen, die eine Vertragspartei (Verwender) der anderen Ver-
tragspartei bei Abschluss eines Vertrages stellt (§ 305 Abs. 1 Satz 1 BGB).
Auch die Bestimmungen der VOB/B sind in diesem Sinne als allgemeine Geschäftsbedingungen zu verstehen, da sie für eine Vielzahl von Bauverträgen vorformuliert sind.

1.3.2   VOB/B als Ganzes

Obwohl die VOB/B allgemeine Geschäftsbedingungen im Sinne des § 305 BGB enthält,
genießt sie eine gewisse Privilegierung, weil jedenfalls keine Wirksamkeitskontrolle nach
den §§ 307 Abs. 1 und 2 BGB stattfindet, wenn die VOB/B gegenüber einem Unternehmer
oder einer juristischen Person des öffentlichen Rechts verwendet wird und die Einbeziehung der VOB/B als Ganzes, d. h. ohne inhaltliche Abweichungen im Bauvertrag
erfolgt (§ 310 Abs. 1 BGB n. F.). Dies ist dadurch begründet, dass die Regelungen der
VOB/B in der Gesamtheit ein ausgewogenes Regelwerk zwischen den Interessen des Auftraggebers und denen des Auftragnehmers darstellen. Allerdings hat die Privilegierung der
VOB/B heute viel von ihrer früheren Bedeutung verloren, da sie nach § 310 Abs. 1 BGB
und der aktuellen Rechtsprechung schon bei jeder geringfügigen Änderung der VOB/B
durch die Vertragsparteien entfällt.[3] Früher war dies lediglich dann der Fall, wenn die
VOB/B in ihrem Kernbereich verändert wurde.

Wird die VOB/B in Bauverträge mit Verbrauchern einbezogen, gibt es keine Privilegierung, so dass die einzelnen Bestimmungen stets einer uneingeschränkten AGB-rechtlichen
Inhaltskontrolle unterliegen.[4]

1.4   Bauherr – Generalunternehmer – Nachunternehmer

Die VOB/B enthält Regelungen zum Verhältnis zwischen dem Auftraggeber, also demjenigen, der Bauleistungen für sich erbringen lässt und hierfür eine Vergütung zahlt, und
dem Auftragnehmer, also dem ausführenden Bauunternehmen.

In der Baupraxis sind solche zweipoligen Rechtsbeziehungen jedoch nur noch selten
anzutreffen, dass also ein Bauherr mit lediglich einem Bauunternehmen einen Vertrag
schließt und dieses Bauunternehmen sämtliche Bauleistungen im eigenen Betrieb aus-

---

[3] BGH, Urteil v. 22.01.2004 – VII ZR 419/02, BGHZ 157, 346–350, BauR 2004, 668, IBR 2004, 179
(Ulbrich); BGH, Urteil v. 10.05.2007 – VII ZR 226/05, BauR 2007, 1404, NJW-RR 2007, 1317.
[4] BGH, Urteil v. 24.07.2008, VII ZR 55/07, IBR 2008, 557 (Preussner).

führt. Die Regel ist vielmehr, dass der Bauherr mit der Errichtung des vollständigen Bauwerks einen Generalunternehmer beauftragt und dieser wiederum für Teile der übernommenen Bauleistungen seinerseits Nachunternehmer (Subunternehmer) einschaltet. Die Nachunternehmer ihrerseits führen zumeist auch nicht sämtliche Leistungen im eigenen Betrieb aus, sondern beauftragen weitere Nachunternehmer (Sub-Sub-Verhältnisse).

Rechtlich gesehen ist jede Vertragsbeziehung gesondert zu betrachten, d. h. es gibt keine unmittelbaren rechtlichen Beziehungen etwa zwischen dem Bauherrn und den Nachunternehmern des Generalunternehmers. Umgekehrt haben Generalunternehmer und Nachunternehmer, soweit sie ihrerseits weitere Nachunternehmer einsetzen, die Regelungen der VOB/B in beide Richtungen zu beachten, da sie sowohl Auftraggeber als auch Auftragnehmer in einer Person sind, wenn auch in unterschiedlichen Vertragsbeziehungen.

1.5   Kooperationspflichten

Da die VOB/B nach ihrem Grundprinzip einen interessengerechten Ausgleich zwischen Auftraggeber und Auftragnehmer schaffen soll, verpflichten sich die Parteien mit der Einbeziehung der VOB/B in ihren Vertrag zu einer besonderen Kooperation.[5] Dies bedeutet, dass sie bei Entstehen von Meinungsverschiedenheiten zunächst eine einvernehmliche Lösung im Verhandlungswege suchen müssen (siehe Abschn. 7.1).

1.6   Leistung und Vergütung gemäß §§ 1 und 2 VOB/B

In den §§ 1 und 2 VOB/B werden die vom Auftragnehmer zu erbringenden Leistungen und die hierfür vom Auftraggeber zu zahlende Gegenleistung, also die Vergütung bzw. der Werklohn ermittelt.

Mit dem Leistungsinhalt, der auch Bau-Soll genannt wird, werden die Leistungen definiert, die der Auftragnehmer zu erbringen hat, um einen Anspruch auf Vergütung zu erlangen. Damit ist zugleich auch die rechtliche Ausgangsposition beschrieben: Der Auftragnehmer muss zunächst Leistungen (Bau-, Planungs- und Lieferleistungen) erbringen, bevor er die Zahlung der Vergütung hierfür verlangen kann. Er trägt also ein Vorleistungsrisiko.

Im Gegensatz zu den gesetzlichen Regelungen wird in der VOB/B detailliert bestimmt, wie nachträgliche Änderungen und zusätzliche Leistungen, die sich im Rahmen fast jedes Bauvorhabens ergeben, zu behandeln sind.

---

[5] BGH, Urteil v. 28.10.1999 – VII ZR 393/98, BGHZ 143, 89, BauR 2000, 409, IBR 2000, 110 (Quack).

1.6.1   Leistungsinhalt und vereinbarte Vergütung

Die auszuführende Leistung wird nach Art und Umfang durch den Vertrag bestimmt (§ 1 Abs. 1 Satz 1 VOB/B). Der vom Auftragnehmer zu erbringende Leistungsinhalt, das Bau-Soll, ergibt sich also aus allen vertraglichen Vereinbarungen.

Diese folgen allerdings nicht nur aus dem bloßen Vertragstext, sondern aus der Gesamtheit aller zur Vertragsgrundlage gemachten Vertragsbestandteile. Hierzu zählen beim VOB-Vertrag stets auch die *Allgemeinen Technischen Vertragsbedingungen für Bauleistungen* (§ 1 Abs. 1 Satz 2 VOB/B) – also die VOB/C, die aus den DIN 18299 bis 18451 besteht. Diese in der VOB/C zusammengefassten DIN-Normen gleichen sich in ihrem Aufbau: Für die Vertragsauslegung und die Bestimmung des Leistungsinhalts ist immer die jeweilige Kap. 4 heranzuziehen. Sie unterscheidet zwischen Nebenleistungen, die ohne besondere Vergütung zu erbringen sind, und Besonderen Leistungen, für die der Auftragnehmer eine zusätzliche Vergütung verlangen kann. Außer den ausdrücklich beschriebenen Leistungen hat der Auftragnehmer beim VOB-Vertrag also auch die in der jeweiligen Kap. 4 der entsprechenden DIN für sein Gewerk und der in der grundsätzlich zu berücksichtigenden DIN 18299 beschriebenen Nebenleistungen zu den vereinbarten Vertragspreisen zu erbringen.

Beispiel

Schuldet der Auftragnehmer Metallbauarbeiten, so ist die DIN 18360 einschlägig. Nach deren Abschn. 4.1.4 hat der Auftragnehmer auch sämtliche Verbindungselemente für seine Metallbauleistungen zu liefern. Fehlt im Leistungsverzeichnis eine gesonderte Position für das Einrichten, Räumen und Vorhalten der Baustelleneinrichtung, so hat er diese als Nebenleistung gemäß den Abschn. 4.1.1 und 4.1.2 der DIN 18299 ohne besondere Vergütung zu erbringen. ◄

Häufig stehen die einzelnen Vertragsbestandteile im Widerspruch zueinander. Hierfür sieht § 1 Abs. 2 VOB/B eine bestimmte Rangfolge vor, wonach die Leistungsbeschreibung immer vor allen weiteren Vertragsbestandteilen gelten soll. Nicht geregelt sind allerdings Widersprüche innerhalb einer Rangordnung, also z. B. innerhalb der Leistungsbeschreibung. Hier gilt der Grundsatz, dass das Spezielle vor dem Allgemeinen gilt.[6] Dies lässt sich allerdings nicht generell für alle Verträge im Vorhinein bestimmen, so dass im Einzelfall auch die Vorbemerkungen zum Leistungsverzeichnis in der Rangfolge dem Text der einzelnen Leistungspositionen vorgehen können.[7] Bei Widersprüchen zwischen der textlichen Leistungsbeschreibung und beigefügten Plänen und Zeichnungen ist umstritten, ob grundsätzlich der Text vor den Plänen gelten soll[8] oder aber die Pläne vor dem

---

[6] Quack ZfBR 2008, 219.
[7] BGH, Urteil v. 11.03.1999 – VII ZR 179/98, BauR 1999, 897, IBR 1999, 300 (Dähne).
[8] Lammel, BauR 1979, 109.

Leistungsverzeichnis oder sonstigen Textangaben. Nach unserer Auffassung ist bei der Rangfolge nach dem Vertragstyp zu unterscheiden, so dass beim Einheitspreis- und Detailpauschalvertrag in der Regel die textliche Beschreibung vorgeht.[9]

Leichter als die Auslegung des Vertragsinhalts fällt zumeist die Frage, in welcher Höhe der Auftragnehmer Anspruch auf Vergütung nach Erbringung seiner Leistung hat. Dies regeln die Parteien zumeist eindeutig. In Entsprechung des § 1 Abs. 1 und 2 VOB/B bestimmt § 2 Abs. 1 VOB/B: *Durch die vereinbarten Preise werden alle Leistungen abgegolten, die nach der Leistungsbeschreibung, den Besonderen Vertragsbedingungen, den zusätzlichen Vertragsbedingungen ... zur vertraglichen Leistung gehören.* Hierdurch wird der Zusammenhang zwischen Leistung und Gegenleistung deutlich: Der Auftragnehmer erhält nur eine Vergütung für die Leistung, die auch vereinbart ist, und muss umgekehrt nicht das „umsonst" leisten, was nicht vereinbart wurde.

1.6.2 Nachträgliche Eingriffe in den Leistungsinhalt durch den Auftraggeber

Es ist in der Praxis die Regel, dass nicht sämtliche Leistungen so ausgeführt werden, wie dies bei Vertragsschluss vorgesehen war, sondern entweder in geänderter Form oder ergänzt um weitere Leistungen. Auch hier finden sich Regelungen in §§ 1 und 2 VOB/B:

1.6.2.1 Geänderte Leistungen, § 1 Abs. 3 VOB/B

Nach § 1 Abs. 3 VOB/B hat der Auftraggeber das Recht, den Bauentwurf nachträglich zu verändern. Von dem Anordnungsrecht sind auch die Bauumstände und insbesondere die Bauzeit, mithin die Fristen, in denen die Bauleistung zu erbringen ist, umfasst (siehe Abschn. 2.3.2). Der Auftragnehmer ist dem Anordnungsrecht unterworfen und rechtlich verpflichtet, diesem zu folgen. Durch die Änderung der Leistung verändert sich aber auch die Gegenleistung: Der Auftragnehmer kann unter Berücksichtigung der Mehr- oder Minderkosten einen neuen Preis verlangen (§ 2 Abs. 5 VOB/B).

Von den leistungsändernden Anordnungen sind jedoch bloße leistungskonkretisierende Weisungen des Auftraggebers zu unterscheiden, wenn die dem Vertrag zu Grunde liegende Leistungsbeschreibung erkennbar unklar oder erkennbar widersprüchlich ist: In diesem Fall wird durch die Weisung nicht nachträglich ändernd in den Vertragsinhalt eingegriffen, sondern der Vertragsinhalt weist von vornherein eine Lücke auf, die durch die Anordnung des Auftraggebers konkretisiert wird, so dass die ursprünglich vereinbarte Vergütung unverändert bleibt.[10]

---

[9] Franke/Kemper/Zanner/Grünhagen, B § 1 Rdnr. 25.

[10] BGH, Urteil v. 18.04.2002 – VII ZR 19/01, BauR 2002, 935, IBR 2002, 231 (Putzier).

1.6.2.2 Zusätzliche Leistungen, § 1 Abs. 4 VOB/B

Bei zusätzlichen Leistungen ist zu unterscheiden:

- Nicht vereinbarte Leistungen, die zur Ausführung der vertraglichen Leistung erforderlich werden, hat der Auftragnehmer auf Verlangen des Auftraggebers mit auszuführen, außer wenn sein Betrieb auf derartige Leistungen nicht eingerichtet ist (§ 1 Abs. 4 Satz 1 VOB/B). Der Auftraggeber hat also auch das Recht, zusätzliche Leistungen vom Auftragnehmer zu fordern, auch wenn diese vertraglich nicht vereinbart waren, sofern die vertraglichen Leistungen ohne die zusätzliche Leistung nicht vertragsgerecht erbracht werden können.[11] Ist dies zwar der Fall, kann der Auftragnehmer die Leistungen aber im eigenen Betrieb fachlich nicht ausführen, besteht diese Pflicht nicht.

Beispiel

Während der Ausführung stellt sich heraus, dass die Fensteröffnung so tief gezogen ist, dass aus bauordnungsrechtlichen Gründen ein Sturzschutz vor die Fenster montiert werden muss. Der Auftraggeber will diese aus ästhetischen Gründen aus Holz ausführen lassen und fordert sein Metallbauunternehmen, das die Balkone errichtet, zur Ausführung dieser zusätzlichen Leistung auf.

In diesem Fall ist die Leistung zwar erforderlich, jedoch ist der Betrieb des Metallbauers nicht darauf eingerichtet, Holzbrüstungen herzustellen. Daher liegt keine notwendige Leistungserbringung im Sinne des § 1 Abs. 4 Satz 1 VOB/B vor. ◄

Der Auftragnehmer hat, wenn er die Leistungen im Sinne des § 1 Abs. 4 Satz 1 VOB/B in seinem Betrieb erbringen kann, einen zusätzlichen Vergütungsanspruch (§ 2 Abs. 6 VOB/B).

- *Andere Leistungen können dem Auftragnehmer nur mit seiner Zustimmung übertragen werden* (§ 1 Abs. 4 Satz 2 VOB/B). Ist also eine zusätzliche Leistung nicht erforderlich oder ist der Betrieb des Auftragnehmers hierauf nicht eingerichtet, muss der Auftragnehmer der Aufforderung nicht folgen und braucht die zusätzliche Leistung nicht auszuführen. Er kann vielmehr auf einer neuen Vereinbarung hinsichtlich der Ausführung und Preise bestehen und ist insbesondere nicht an seine Preisermittlungsgrundlagen gebunden.[12] Vielmehr schuldet der Auftraggeber, sofern keine Vereinbarung über die Vergütungshöhe zustande kommt, für diese zusätzliche Leistung gemäß § 632 Abs. 2 BGB die ortsübliche Vergütung.

---

[11] Franke/Kemper/Zanner/Grünhagen, B § 1 Rdnr. 38; Heiermann/Riedl/Rusam, B § 1 Rdnr. 124 ff.
[12] Franke/Kemper/Zanner/Grünhagen, B § 1 Rdnr. 42. § 2 Abs. 6 VOB/B ist hierbei also nicht anwendbar.

1.7 Vertragsarten

1.7.1 Übersicht

Ausgehend von § 2 Abs. 2 VOB/B wird in der Bauvertragspraxis zwischen Einheitspreis-
verträgen und Pauschal(preis)verträgen unterschieden (daneben gibt es noch die Stunden-
lohnverträge, in denen der gesamte Leistungsaufwand nach Zeit vergütet wird, sowie den
praktisch nicht bedeutsamen Selbstkostenerstattungsvertrag). Je nach Vertragsart sind
Leistung und Gegenleistung (Vergütung) daher wie folgt ausgestaltet:

		Pauschalvertrag	
	Einheitspreisvertrag	Detail-Pauschalvertrag	Global-Pauschalvertrag
Leistung	Detailliert	Detailliert	Global, d. h. funktional
(Leistungsbeschreibung)	Einzelpositionen	Einzelpositionen	Keine Positionstexte
	Leistungsinhalt, konkret bestimmt	Leistungsinhalt, konkret bestimmt	Nur Leistungserfolg, kein konkreter Leistungsinhalt bestimmt
Vergütung	Nach tatsächlich erbrachter Menge	Pauschale	Pauschale
	Mengenermittlung durch Aufmaß	Erbrachte Menge unmaßgeblich	Erbrachte Menge und konkret erbrachte Leistung unmaßgeblich, solange Erfolg erzielt wird
	Festgestellte Menge Einheitspreis = Vergütung für die jeweilige Position		

1.7.2 Einheitspreisvertrag

Im Einheitspreisvertrag ist die Leistung sehr detailliert beschrieben, indem die jeweiligen
Einzelleistungen in einzelne Positionen aufgegliedert und diese Einzelpositionen im
Leistungsverzeichnis textlich beschrieben werden. Unter Berücksichtigung der Vor-
bemerkungen kann also die auszuführende Leistung (Bau-Soll) konkret bestimmt werden.

Das Leistungsverzeichnis enthält außerdem eine bei Vertragsschluss erwartete Mengen-
angabe (den so genannten Mengenvordersatz). Da die zu erbringende Menge Einfluss auf
die Höhe des Einheitspreises hat, sind diese Angaben notwendig, damit der Auftragnehmer
einen der zu erbringenden Vertragsleistung entsprechenden Einheitspreis anbieten und
vereinbaren kann.

Durch die Multiplikation von Mengenvordersatz und Einheitspreis ergibt sich die bei Vertragsschluss angenommene Vergütung für die jeweilige Position und aufsummiert der Vertragspreis. Dieser ist aber nur ein vorläufiger Preis, da die vom Auftragnehmer zu beanspruchende Vergütung erst nach Leistungserbringung ermittelt werden soll: Durch Aufmaß ist die vom Auftragnehmer tatsächlich erbrachte Menge festzustellen. Diese festgestellte Menge ist mit dem Einheitspreis zu multiplizieren. Das Ergebnis hieraus stellt die Vergütung für jede Position dar und die Summe aller Positionen den vom Auftragnehmer insgesamt zu verlangenden Werklohn.

1.7.3 Pauschalvertrag

Grundsatz des Pauschalvertrages ist zunächst, dass er unabhängig von der tatsächlich erbrachten Leistung eine Pauschalvergütung vorsieht (§ 2 Abs. 7 Nr. 1 Satz 1 VOB/B). Die Parteien entfernen sich also von der tatsächlich erbrachten Leistung und wollen diese auch nicht mehr nach der Leistungserbringung durch Aufmaß feststellen, sondern sind sich von vornherein darüber einig, dass unabhängig von den erbrachten Mengen eine bestimmte Pauschale in Form eines festgelegten Betrages zu vergüten ist.

Je nachdem, wie konkret die Leistung beschrieben ist, wird beim Pauschalvertrag zwischen dem Detail-Pauschalvertrag und dem Global-Pauschalvertrag unterschieden:

- Beim *Detail-Pauschalvertrag* existiert eine detaillierte Leistungsbeschreibung, so dass der Leistungsinhalt konkret bestimmt ist. Hier kann – ähnlich wie beim Einheitspreisvertrag – ein Leistungsverzeichnis zugrunde liegen, nur wird in diesem Fall die sich hieraus ergebene Gesamtvergütung am Ende von beiden Parteien pauschaliert. Für die detailliert beschriebenen Leistungen ist dann die Pauschale verdient, unabhängig davon, welche konkrete Menge zur Leistungserbringung notwendig war. Nachträgliche Eingriffe des Bauherrn führen in der Regel – da sie das detailliert beschriebene Bau-Soll ändern oder erweitern – nach der Verweisung in § 2 Abs. 7 Nr. 2 VOB/B ebenso wie beim Einheitspreisvertrag zu Nachtragsforderungen des Auftragnehmers (siehe Abschn. 2.6 und 2.7).
- Beim *Global-Pauschalvertrag* hingegen ist die Leistung nur funktional beschrieben, also lediglich nach dem Leistungserfolg, der geschuldet ist. Der konkrete Inhalt der Leistung ist nicht bezeichnet, sondern liegt im Ermessen des Auftragnehmers. Die vertraglich vereinbarte Pauschale kann vom Auftragnehmer verlangt werden, auch wenn er unabhängig von der erbrachten Menge, aber auch von der tatsächlich von ihm erbrachten Leistung den vertraglich vereinbarten Erfolg erzielt hat, also das geschuldete Werk fertig gestellt wurde. Nachtragsforderungen sind in diesen Fällen nur ausnahmsweise berechtigt, wenn der Auftraggeber nachträglich das Leistungssoll verändert.

1.8   Vertragsfristen und gestörter Bauablauf

In § 5 Abs. 1 VOB/B ist geregelt, dass Vertragsfristen ausdrücklich vereinbart werden müssen. Die Ausführung ist dann nach den verbindlichen Fristen zu beginnen, angemessen zu fördern und zu vollenden. Danach sollen ebenfalls im Bauzeitenplan enthaltene Einzelfristen keine Vertragsfristen darstellen, außer dies ist im Vertrag ausdrücklich vereinbart.

Ist für den Beginn der Ausführung keine Frist vereinbart, so hat der Auftragnehmer auf Verlangen des Auftraggebers innerhalb von 12 Werktagen nach Aufforderung mit der Leistung zu beginnen.

In § 6 VOB/B finden sich Sonderregelungen für Störungen und Verzug (s. hierzu auch Kap. 4). Es handelt sich um Sonderregelungen, die im BGB so nicht vorhanden sind. In § 6 Abs. 2 Nr. 1 VOB/B sind Tatbestände aufgeführt, die zu einer Behinderung des Auftragnehmers führen können und gleichzeitig der Anspruch auf Bauzeitverlängerung geregelt. Die Formalien gemäß § 6 Abs. 1 VOB/B sind dabei einzuhalten.

Der Anspruch auf Erstattung der Kosten sowohl für den Auftraggeber als auch für den Auftragnehmer als Schadensersatz ist in § 6 Abs. 6 Satz 1 VOB/B geregelt. Des Weiteren stellt § 6 Abs. 6 Satz 2 VOB/B klar, dass den Auftragnehmer daneben auch noch der Anspruch auf Entschädigung nach § 642 BGB zusteht.

Zum Nachweis der Ansprüche des Auftragnehmers ist nach der Rechtsprechung des BGH stets ein baustellenbezogener störungsmodifizierter Bauablauf darzustellen.

Literatur

1. Franke, Horst; Kemper, Ralf; Zanner, Christian; Grünhagen, Matthias: VOB-Kommentar, München (Werner Verlag) 7. Auflage 2020 *zitiert:* Franke/Kemper/Zanner/Grünhagen/Mertens
2. Heiermann, Wolfgang; Riedl, Richard; Rusam, Martin: Handkommentar zur VOB, Wiesbaden und Berlin (Vieweg Verlag) 13. Auflage 2013 *zitiert*: Heiermann/Riedl/Rusam

Ansprüche auf Vergütungsanpassung

2

In der Baupraxis werden Ansprüche auf Vergütungsanpassung häufig als „Nachträge" bezeichnet. Dies ist kein Rechtsbegriff, gemeint sind aber regelmäßig alle Mehrforderungen, also sowohl die Mehrvergütungsansprüche aus § 2 VOB/B als auch Schadensersatzforderungen nach § 6 Abs. 6 VOB/B bzw. Entschädigungsansprüche gemäß § 642 BGB. Da es sich hierbei um völlig unterschiedliche Anspruchsgrundlagen handelt, die jeweils an andere tatbestandliche Voraussetzungen geknüpft sind, ist für eine schlüssige Darstellung von Mehrforderungen eine genaue Differenzierung zwischen den einzelnen Ansprüchen erforderlich. In diesem Kapitel werden die Mehrvergütungsansprüche, also alle Ansprüche auf Vergütungsanpassung aus § 2 VOB/B behandelt (zu Schadensersatz nach § 6 Abs. 6 siehe Abschn. 4.6; zu Entschädigung gemäß § 642 BGB siehe Abschn. 4.7).

Spätere, d. h. sich nach Vertragsschluss ergebende Änderungen und Erweiterungen des Leistungsinhalts sind in § 2 Abs. 3 bis Abs. 10 VOB/B im Einzelnen geregelt. Je nachdem, ob der Auftraggeber in den Bauablauf eingreift oder sich die Änderungen von selbst ergeben, lässt sich folgende Unterscheidung vornehmen:

- Anordnung geänderter Leistungen gemäß § 1 Abs. 3 VOB/B
  - Vergütungsanpassung nach § 2 Abs. 5 VOB/B
- Forderung zusätzlicher Leistungen gemäß § 1 Abs. 4 Satz 1 VOB/B
  - Anpassung der Vergütung gemäß § 2 Abs. 6 VOB/B
- Kein Eingriff des Auftraggebers, aber Mengenabweichung
  - Vergütungsanpassung gemäß § 2 Abs. 3 VOB/B

Die Höhe des neu zu vereinbarenden Einheitspreises bei Mehr- und Mindermengen wurde bisher üblicherweise auf der Grundlage der Urkalkulation ermittelt, obwohl die Regelung in § 2 Abs. 3 VOB/B nicht konkret auf die Kalkulation Bezug nimmt. Dieselbe Vorgehensweise ergab sich auch für geänderte Leistungen gemäß § 2 Abs. 5 VOB/B nach

© Springer Fachmedien Wiesbaden GmbH, ein Teil von Springer Nature 2021
C. Zanner, *VOB/B nach Ansprüchen*, Bau- und Architektenrecht nach Ansprüchen,
https://doi.org/10.1007/978-3-658-34025-4_2

der Korbionschen Preisformel „Guter Preis bleibt guter Preis und schlechter Preis bleibt schlechter Preis." In beiden Regelungen wird vorgegeben, dass ein neuer Preis unter Berücksichtigung der Mehr- und Minderkosten zu vereinbaren ist. Als herrschende Meinung konnte bisher jedoch davon ausgegangen werden, dass eine vorkalkulatorische Preisfortschreibung die gelebte Vorgehensweise in der Praxis ist. Die konkreten Folgen der neuen Rechtsprechung des BGH hierzu sind unter Ziffern 2.2 und 2.3 näher erläutert.

Vom Gesetzgeber wurde mit Wirkung zum 01.01.2016 das neue Bauvertragsrecht in das BGB aufgenommen. Die Regelungen hierzu finden sich in § 650 a BGB bis § 650 h BGB. Die neuen Regelungen haben entsprechenden Einfluss auf das gesetzliche Leitbild und ggf. auf die Wirksamkeit einzelner Regelungen in der VOB/B, sofern die VOB/B nicht als Ganzes vereinbart ist.

Gemäß § 650 c Abs. 1 BGB ist die Höhe des Vergütungsanspruchs für geänderte und zusätzliche Leistungen („Änderung des Werkerfolges oder Änderungen, die zur Erreichung des vereinbarten Werkerfolges notwendig sind") nach den tatsächlich erforderlichen Kosten mit angemessenem Zuschlag für Allgemeine Geschäftskosten, Wagnis und Gewinn zu ermitteln. Auf die Urkalkulation kann zugegriffen werden, soweit die auf der Basis der Urkalkulation fortgeschriebene Vergütung den tatsächlichen erforderlichen Kosten entspricht bzw. diesbezüglich die Urkalkulation unstreitig ist. Somit sind auch für den Fall eines Rückgriffs auf die Urkalkulation die tatsächlich erforderlichen Kosten maßgebend. Zur Bedeutung und dem Inhalt der tatsächlich erforderlichen Kosten und angemessener Zuschläge hat sich eine rege Diskussion entwickelt. Es gibt sehr unterschiedliche Meinungen über die Bedeutung dieser Regelung. Höchst richterliche Entscheidungen liegen noch nicht vor, sodass die gesetzliche Regelung in der Praxis zu erheblichen Unsicherheiten führt.

2.1 Überblick über die Mehrvergütungsansprüche gemäß § 2 VOB/B

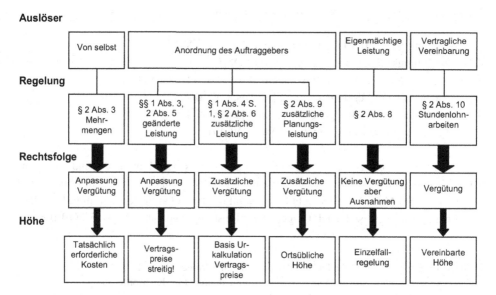

2.2 Ansprüche auf Vergütungsanpassung bei Mengenänderungen (§ 2 Abs. 3 VOB/B)

2.2.1 Überblick

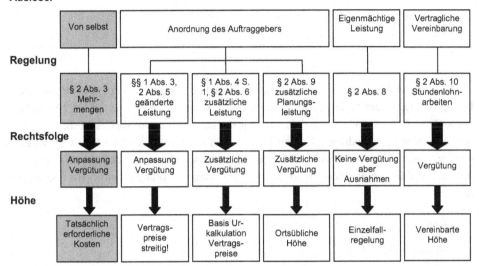

2.2.2 Mengenänderungen beim Einheitsvertragen

Weicht die ausgeführte Menge der unter einem Einheitspreis erfassten Leistung oder Teilleistung um nicht mehr als zehn von Hundert von dem im Vertrag vorgesehenen Umfang ab, so gilt der vertragliche Einheitspreis (§ 2 Abs. 3 Nr. 1 VOB/B).

Beim Einheitspreisvertrag werden Mehr- oder Mindermengen, die nicht über 10 % der bei Vertragsschluss vorausgesetzten Mengen (Mengenvordersätze im Leistungsverzeichnis) hinausgehen, nach den vertraglichen Positionspreisen im Leistungsverzeichnis abgerechnet. Daraus ergibt sich ein Toleranzrahmen zwischen 90 und 110 % des vertraglichen Mengenvordersatzes. Erst darüber hinausgehende Mengenänderungen führen zu einer Veränderung des Einheitspreises. Dabei bleibt maßgeblich, dass der Auftraggeber nicht in den Bauablauf eingegriffen hat. Hat er den Plan geändert oder zusätzliche Leistungen verlangt und ändert sich dadurch die vom Auftragnehmer erbrachte Menge, so ist nicht § 2 Abs. 3 VOB/B einschlägig, sondern § 2 Abs. 5 und 6 VOB/B.

Bei über 10 % hinausgehenden Mengenabweichungen können sowohl der Auftraggeber als auch der Auftragnehmer verlangen, dass der Einheitspreis geändert wird.[1] Bei

---

[1] Vgl. OLG Celle, Urteil v. 21.12.2017– 7 U 105/17; BGH, Beschluss v. 19.06.2008 – VII ZR 128/06, IBR 2008, 560.

Mengenabweichungen nach unten, also weniger als 90 % der vertraglich vereinbarten Leistung, erhöht sich in der Regel der Einheitspreis (§ 2 Abs. 3 Nr. 3 VOB/B).

Beispiel

Mengenunterschreitung 30 %

neuer Preis
70 %

Bei Mengenabweichungen nach oben, also über 110 % hinaus, ist ein neuer Preis unter Berücksichtigung der Mehr- oder Minderkosten zu vereinbaren (§ 2 Abs. 3 Nr. 2 VOB/B). Dieser kann höher oder niedriger als der ursprünglich vereinbarte Vertragspreis sein, wobei der höhere oder niedrigere Einheitspreis jedoch nur für die über die 110 % hinausgehenden Mengen gilt. Die erbrachte Menge bis 110 % des Mengenvordersatzes im vertraglichen Leistungsverzeichnis wird also nach den ursprünglichen Vertragspreisen abgerechnet.

Beispiel

Mengenmehrung 40 %

alter Preis	neuer Preis
110 %	30 %

◄

2.2.3 Anpassung des Einheitspreises bei Mengenmehrung

Gemäß § 2 Abs. 2 VOB/B soll für die über 10 v. H. hinausgehende Beschreibung des Mengenansatzes eine Anpassung des Preises unter Berücksichtigung der Mehr- oder Minderkosten vereinbart werden. In den letzten Jahrzehnten wurde davon ausgegangen, dass hier eine Preisfortschreibung der Kalkulation des Auftragnehmers gemeint ist und auf dieser Grundlage ein neuer Preis zu bilden ist (Korbionsche Preisformel). Vor dem Hintergrund der neuen gesetzlichen Regelung zur Höhe der Anpassung der Vergütung gemäß § 650 c BGB hat der BGH in einer neuen Entscheidung festgelegt, dass die Bemessung neuer Einheitspreise infolge von Mengenmehrungen nach § 2 Abs. 3 Nr. 2 VOB/B nach den tatsächlich erforderlichen Kosten zzgl. angemessener Zuschläge zu erfolgen hat.[2]

Dies gilt im Streitfall, sofern keine anderweitige Vereinbarung geschlossen wurde. Der Bezug zur Urkalkulation ist hiernach nicht mehr maßgebend. Sofern die Parteien also weiterhin eine Fortschreibung der Kalkulation wünschen, müsste dies im Vertrag ausdrücklich geregelt werden.

2.2.4   Mengenänderungen beim Pauschalvertragen beim Pauschalvertrag

Beim Pauschalvertrag bleiben Mengenänderungen grundsätzlich unberücksichtigt. Eine Ausnahme sieht lediglich § 2 Abs. 7 Satz 2 VOB/B vor: *Weicht jedoch die ausgeführte Leistung von der vertraglich vorgesehenen Leistung so erheblich ab, dass ein Festhalten an der Pauschalsumme nicht zumutbar ist (§ 313 BGB), so ist auf Verlangen ein Ausgleich unter Berücksichtigung der Mehr- oder Minderkosten zu gewähren.*

Wann eine erhebliche Mengenabweichung vorliegt, die den Auftragnehmer bei weitgehenden Mengenüberschreitungen oder den Auftraggeber bei eklatanten Mengenunterschreitungen zur Veränderung des Pauschalpreises berechtigt, wird von der Rechtsprechung unterschiedlich beantwortet: Der Bundesgerichtshof will keine starren Prozentsätze annehmen, sondern im Einzelfall entscheiden.[3] Dagegen setzen die Oberlandesgerichte in der Regel die Erheblichkeitsgrenze bei ca. 20 % an.[4] Hierfür genügt jedoch nicht schon eine Abweichung von 20 % in einer detailliert beschriebenen Position oder in einem Gewerk, sondern die Mengenabweichung muss einen Wert von ca. 20 % des Gesamtpauschalpreises ausmachen.[5]

---

[2] BGH, Urteil v. 08.08.2019 – VII ZR 34/18.

[3] BGH, Urteil v. 27.11.2003 – VII ZR 53/03, BauR 2004, 488.

[4] OLG Stuttgart, Urteil v. 07.08.2000 – 6 U 64/00, IBR 2000, 593 (Schulze-Hagen); OLG Hamm, Urteil v. 18.04.1996 – 17 U 132/95, BauR 1998, 132; OLG Düsseldorf, Urteil v. 29.07.1994 – 23 U 251/93, BauR 1995, 286.

[5] OLG Düsseldorf, Urteil v. 20.02.2001 – 21 U 118/00, BauR 2001, 803; Franke/Kemper/Zanner/Grünhagen, B § 2 Rdnr. 156.

2.2.5 Ablaufdiagramm: § 2 Abs. 3 VOB/B

Liegt ein Einheitspreisvertrag vor?

→ **nein:**

Beim Pauschalvertrag gilt § 2 Abs. 7 VOB/B (Mengenrisiko trägt der Auftragnehmer, Anpassung des Pauschalpreises erst bei Abweichung im Wert von ca. 20 % des Pauschalpreises)

ja

↓

Ist § 2 Abs. 3 VOB/B durch Vertrag ausgeschlossen?

→ **ja:**   keine Veränderung der Einheitspreise, Ausschluss auch in AGB zulässig[i]

nein

↓

Liegt eine über 10 % hinausgehende Mengenüber- oder Mengenunterschreitung vor?

→ **nein:**   bis 110 % bzw. 90 % des ursprünglichen Mengenvordersatzes bleibt es bei den vereinbarten Einheitspreisen

ja

↓

Hat entweder der Auftraggeber oder der Auftragnehmer ein Verlangen nach Preisänderung ausgesprochen?

→ **nein:**   es bleibt auch bei über 110 % bzw. 90 % hinausgehenden Mengenabweichungen bei den vereinbarten Einheitspreisen

ja

↓

Änderung der Einheitspreise auf der Basis der tatsächlich erforderlichen Kosten

⇨   für über 110 % hinausgehende Mengen Erhöhung <u>oder</u> Reduzierung der Einheitspreise, für unter 90 % liegende Mengen stets Erhöhung

---

[i] BGH BauR 1991, 210 = IBR 1991, 161 (Vygen)

2.3 Ansprüche des Auftragnehmers auf Vergütungsanpassung für geänderte Leistungen (§ 2 Abs. 5 VOB/B)

2.3.1 Überblick

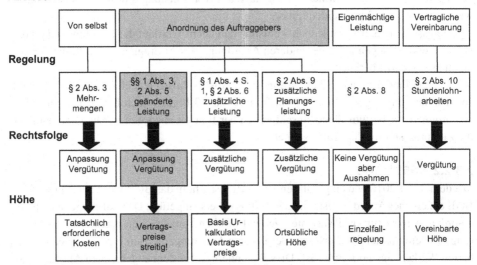

Auslöser

| Von selbst | Anordnung des Auftraggebers | | | Eigenmächtige Leistung | Vertragliche Vereinbarung |

Regelung

| § 2 Abs. 3 Mehr-mengen | §§ 1 Abs. 3, 2 Abs. 5 geänderte Leistung | § 1 Abs. 4 S. 1, § 2 Abs. 6 zusätzliche Leistung | § 2 Abs. 9 zusätzliche Planungs-leistung | § 2 Abs. 8 | § 2 Abs. 10 Stundenlohn-arbeiten |

Rechtsfolge

| Anpassung Vergütung | Anpassung Vergütung | Zusätzliche Vergütung | Zusätzliche Vergütung | Keine Vergütung aber Ausnahmen | Vergütung |

Höhe

| Tatsächlich erforderliche Kosten | Vertrags-preise streitig! | Basis Ur-kalkulation Vertrags-preise | Ortsübliche Höhe | Einzelfall-regelung | Vereinbarte Höhe |

2.3.2 Anordnungsrecht des Auftraggebers

2.3.2.1 Nach § 1 Abs. 3 VOB/B

Änderungen des Bauentwurfs anzuordnen, bleibt dem Auftraggeber vorbehalten (§ 1 Abs. 3 VOB/B).

Der Auftraggeber kann nach Vertragsabschluss den Bauentwurf nachträglich ändern (§ 1 Abs. 3 VOB/B). Macht der Auftraggeber von diesem Anordnungsrecht Gebrauch, so hat der Auftragnehmer einen Anspruch auf Anpassung der Vergütung gemäß § 2 Abs. 5 VOB/B. Dabei bedarf es einer (auch impliziten) Willenserklärung des Auftraggebers.[6] Ein rein passives Verhalten des Auftraggebers reicht selbst dann nicht aus, wenn der Auftraggeber in Anbetracht der Umstände eine Anordnung hätte erteilen müssen.[7]

Umstritten war, was unter dem Bauentwurf zu verstehen ist, und damit, wie weit das Änderungsrecht des Auftraggebers reicht. Nach einer engen Auffassung kann der Auftraggeber hiernach nur die vereinbarten Arbeitsschritte, also nur die Gestalt des Bauwerks ändern, nicht aber die vertraglichen Leistungspflichten des Auftragnehmers inhaltlich

---

[6] OLG Celle, Urteil v. 31.01.2017 – 14 U 200/15.

[7] OLG Düsseldorf, Urteil v. 29.01.2009 -I- 23 U 47/08, IBR 2009, 255.

erweitern.[8] Mittlerweile kann als herrschende Meinung angenommen werden, dass das Anordnungsrecht des Auftraggebers auch die Bauzeit umfasst.[9]

Eine Anordnung des Auftraggebers gemäß § 1 Abs. 3 VOB/B kann demnach auch die Bauzeit betreffen. Eine leistungsändernde Anordnung des Auftraggebers in Bezug auf die Bauzeit setzt einen entsprechenden rechtsgeschäftlichen Willen voraus. Davon kann nicht ausgegangen werden, wenn der Vertrag aufgrund von Leistungsstörungen notwendigerweise anders ausgeführt werden muss.

Voraussetzung hierfür ist jedoch – entsprechend dem Wortlaut der Regelung – dass die Bauzeitveränderungen auf einer anderen Anordnung des Auftraggebers im Sinne der genannten Vorschrift beruhen.

Nach der hier vertretenen Auffassung ist § 1 Abs. 3 VOB/B jedoch weiter zu verstehen, so dass der Auftraggeber hiernach im Rahmen der Billigkeit auch befugt ist, einseitige Änderungen der Bauumstände einschließlich der Bauzeit anzuordnen. Die Grenze bildet die Zumutbarkeit für den Auftraggeber.

2.3.2.2 § 650 b BGB

Mit dem 01.01.2018 neu eingeführten Bauvertragsrecht in das BGB wurde dort in § 650 b BGB ein eigenes Anordnungsrecht des Auftraggebers eingefügt. Der Auftraggeber soll ein Anordnungsrecht für zwei Varianten geltend machen können. Zum einen für eine Änderung des vereinbarten Werkerfolgs oder für eine Änderung, die zum Erreichen des vereinbarten Werkerfolgs notwendig ist. Dies Besonderheit bei dem sogenannten Anordnungsrecht nach der Regelung im BGB ist jedoch, dass der Auftraggeber nicht berechtigt ist, sofort die geänderte Leistung anzuordnen. Vielmehr muss er zunächst ein Angebot des Auftragnehmers abwarten und dann mit ihm die Vergütung für die geänderte Leistung vereinbaren. Erst wenn dies nicht binnen 30 Tagen gelingt, kann er einseitig eine Änderung des Leistungsumfangs anordnen.

Diese Regelung in § 650 b BGB ist für die Praxis völlig ungeeignet. Bei einer konsequenten Anwendung dieser Regelung würde keinerlei Terminsicherheit mehr bestehen, Bauwerke würden im Jahre verzögert werden, da es in der Regel gerade bei größeren Bauvorhaben immer zu einer Vielzahl von notwendigen Änderungen kommt. Außerdem könnte der Auftragnehmer die Regelung zu seinen Gunsten ausnutzen, um eigene Verzüge zu kompensieren, indem er zur Vorlage seines Angebotes jeweils die 30-Tage-Frist ausnutzt. Vor diesem Hintergrund ist es zumindest aus Sicht des Auftraggebers zu empfehlen, eine von der gesetzlichen Regelung abweichende Regelung analog der Regelung in der VOB/B zu vereinbaren. Hier ist jedoch in AGB's Vorsicht geboten, da es sich bei der Regelung in § 650 b BGB um das gesetzliche Leitbild handelt.

---

[8] Thode, BauR 2008, 155 (158 f.); Quack, ZfBR 2004, 107 (109); Althaus/Heindl, Der öffentliche Bauauftrag, ibr-online, Stand: 18.09.2016, Teil 3 Rdnr. 156 ff.; Kniffka, ibr-online-Kommentar Bauvertragsrecht, Stand: 12.03.2018, § 650b BGB Rdnr. 15.

[9] Zanner/Keller, NZBau 2004, 353; Franke/Kemper/Zanner/Grünhagen, B § 1 Rdnr. 29; OLG Hamm, Urteil v. 12.04.2011 – 24 U 29/09 = IBR 2013, 136; KG, Urteil v. 29.01.2019 – 21 U 122/18.

2.3.3   Anordnung Dritter

Den Anordnungen des Auftraggebers werden Anordnungen der Baugenehmigungs- oder anderer Behörden, die der Auftragnehmer zwingend zu befolgen hat, gleichgestellt (§ 4 Abs. 1 Nr. 1 Satz 2 VOB/B). Dagegen ist der Architekt des Auftraggebers im Grundsatz nicht ohne weiteres bevollmächtigt, durch Änderung seiner Pläne Mehrvergütungsansprüche auszulösen.[10] Hierzu bedarf der Architekt einer besonderen Vollmacht des Auftraggebers. Besitzt er diese nicht, ist eine Zurechnung des Architektenhandelns zum Auftraggeber nur nach den Grundsätzen der Anscheins- bzw. Duldungsvollmacht möglich.[11] Da deren Voraussetzungen jedoch häufig nicht vorliegen, kann der Auftragnehmer für seine entsprechend den Anordnungen des nicht bevollmächtigten Architekten geänderten Leistungen keinen Mehrvergütungsanspruch nach § 2 Abs. 5 VOB/B, sondern allenfalls nach § 2 Abs. 8 VOB/B geltend machen.[12]

2.3.4   Erschwernisse

Anordnungen des Auftraggebers liegen ebenfalls nicht vor, wenn bloße Erschwernisse, etwa im Boden, anzutreffen sind oder der Auftraggeber leistungskonkretisierende Anordnungen trifft- also Leistungen begehrt, die bereits im ursprünglichen Bau-Soll enthalten waren.[13] Anordnungen, die die vertraglich vereinbarte Bauzeit verkürzen (so genannte Beschleunigungsanordnungen), sind dagegen nach § 2 Abs. 6 VOB/B zu behandeln (strittig – siehe Abschn 2.4).[14]

2.3.5   Verspätete Vergabe

Gemäß dem Rechtsgedanken von § 2 Abs. 5 VOB/B besteht ein Anspruch auf Mehrvergütung auch, wenn es in einer öffentlichen Ausschreibung – etwa durch ein Nachprüfungsverfahren – zu einer Verzögerung der Zuschlagserteilung kommt, so dass die ursprünglich vereinbarte Bauzeit nicht mehr eingehalten werden kann.[15] Dieser Anspruch besteht nicht, wenn die Bauleistung trotz des verzögerten Zuschlags entsprechend den Vertragsfristen

---

[10] OLG Karlsruhe, Urteil v. 11.05.2005 – 17 U 294/03, IBR 2006, 81 (Kimmich); OLG Düsseldorf, Urteil v. 08.09.2000 – 22 U 47/00, BauR 2000, 1878; OLG Saarbrücken, Urteil v. 23.12.1998 – 1 U 214/98 – 39, NJW-RR 1999, 668.

[11] OLG Köln, Urteil v. 20.12.2017 – 11 U 112/15.

[12] OLG Karlsruhe, Urteil v. 11.05.2005 – 17 U 294/03, IBR 2006, 81 (Kimmich).

[13] Franke/Kemper/Zanner/Grünhagen, B § 2 Rdnr. 105.

[14] Franke/Kemper/Zanner/Grünhagen, B § 2 Rdnr. 168.

[15] BGH, Urteil v. 11.05.2009 – VII ZR 11/08; BGH, Urteil v. 26.11.2009 – VII ZR 131/08.

erbracht werden kann.[16] Der Vergütungsanspruch bemisst sich nur nach den Mehrkosten, die ursächlich auf die Verschiebung der Bauzeit zurückzuführen sind.[17]

2.3.6   Anspruch auf Anpassung der Vergütung

Liegt eine Anordnung des Auftraggebers im Sinne von § 1 Abs. 3 VOB/B oder eines ihm zuzurechnenden Dritten (Behörde oder bevollmächtigter Vertreter) vor, so ist gemäß § 2 Abs. 5 VOB/B ein neuer Preis unter Berücksichtigung der Mehr- oder Minderkosten zu vereinbaren. Bei der Regelung handelt es sich um eine Rechtsfolge. Anspruchsgrund ist die Anordnung. Die Vereinbarung soll, muss aber nicht vor Ausführung der geänderten Leistung getroffen werden (§ 2 Abs. 5 Satz 2 VOB/B).

Ist die Leistung funktional beschrieben, legt der Auftragnehmer fest, mit welchen Maßnahmen er den funktionalen Leistungserfolg erreicht.

Entschiedet sich der AN unter mehreren Ausführungsmöglichkeiten für die aufwendigere Variante, kann er für die hiermit verbundenen Mehrkosten keine zusätzliche Vergütung geltend machen.[18]

2.3.7   Ermittlung der neuen Vergütung

2.3.7.1 Ursprüngliche Herangehensweise
Der Auftragnehmer hat für ein prüffähiges Nachtragsangebot die Mehr- oder Minderkosten der geänderten Leistung gegenüber der ursprünglich vertraglich vereinbarten Leistung darzustellen, und zwar auf der Basis der Preisermittlungsgrundlagen einschließlich Nachlässen (Urkalkulation). Er hat also die Kosten der vertraglich vereinbarten Leistung (Vertragspreise) im Einzelnen zu bezeichnen, anhand der kalkulierten Beträge die Kosten der veränderten Leistung zu berechnen und diese den ursprünglichen Summen gegenüberzustellen. Die Differenz zwischen beiden stellt den Mehrvergütungsanspruch dar, den er mit dem Nachtrag geltend machen kann. Ist die Differenz allerdings negativ, ergeben sich also durch die Änderung Ersparnisse für den Auftraggeber, sind ihm diese gutzuschreiben.

BGH-Entscheidung vom 08.08.2019[19]

Wie vorstehend unter Ziffer 2.3.7.1 dargestellt, ist die herrschende Lehre bisher davon ausgegangen, dass mit der Formulierung in § 2 Abs. 5 VOB/B, nämlich dass ein neuer Preis unter Berücksichtigung der Mehr- und Minderkosten meint, eine vorkalkulatorische

---

[16] BGH, Urteil v. 10.09.2009 – VII ZR 82/08.
[17] BGH, Urteil v. 10.09.2009 – VII ZR 152/08.
[18] OLG Dresden, Urteil v. 31.08.2011 – 1 U 1682/19, IBR 2012, 190.
[19] BGH, Urteil v. 08.08.2019 – VII ZR 34/18.

Preisfortschreibung nach der Korbionischen Preisformel zu erfolgen hat. Diese besagt im Wesentlichen: „Guter Preis bleibt guter Preis und schlechter Preis bleibt schlechter Preis".
    Der BGH hat mit seiner Entscheidung vom 08.08.2019[20] festgelegt, dass dies dem Wortlaut in § 2 Abs. 5 VOB/B nicht zu entnehmen ist. Eine Preisfortschreibung hat nach der neuen Rechtsprechung des BGH nach den tatsächlich erforderlichen Kosten zu erfolgen. Zu berücksichtigen ist, dass die Entscheidung eigentlich zu § 2 Abs. 3 Nr. 2 VOB/B erfolgt ist. Da jedoch der Wortlaut dort der gleiche wie bei § 2 Abs. 5 VOB/B ist, ist davon auszugehen, dass die BGH-Entscheidung auch auf die Ermittlung der Mehrkosten für eine angeordnete geänderte Leistung Anwendung findet. Dies bedeutet, dass der Auftragnehmer dann die tatsächlich erforderlichen Kosten zuzüglich angemessener Zuschläge für die geänderte Leistung geltend machen kann. Der Bezug zur Urkalkulation ist hiernach nicht mehr maßgebend. Diesem Problem kann nur dadurch entgangen werden, dass vertraglich geregelt wird, dass eine Preisfortschreibung auf der Grundlage der Vertragskalkulation zu erfolgen hat. Der BGH hat in seiner vorstehend beschriebenen Entscheidung dies ausdrücklich zugelassen.

2.3.8 Vertragsänderung

Vereinbaren die Bauvertragsparteien das eine andere als die vertraglich vereinbarte Variante zur Ausführung kommen soll, ohne allerdings eine Regelung über die dafür zu zahlende Vergütung zu treffen, scheidet eine Preisbildung nach § 2 Abs. 5 oder Abs. 8 Nr. 2 VOB/B aus. Eine solche Vertragsänderung beruht nämlich weder auf einer einseitigen Anordnung des Auftraggebers noch stellt sie eine auftragslose oder eigenmächtige Abweichung vom Auftragnehmer erbrachte Leistung dar.[21]

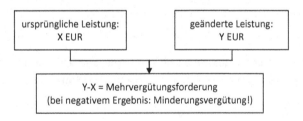

---

[20] BGH, Urteil v. 08.08.2019 – VII ZR 34/18.
[21] OLG Karlsruhe, Urteil v. 13.07.2010 – 19 U 109/09, IBR 2012, 189.

2.3.9   Ablaufdiagramm: § 2 Abs. 5 VOB/B

Liegt eine den Bauentwurf ändernde Anordnung des Auftraggebers gemäß § 1 Abs. 3 VOB/B vor?

> **nein:**   Bei nur leistungskonkretisierenden Anordnungen des Auftraggebers in Fällen
> erkennbar unbestimmten Bau-Solls keine Mehrvergütung

ja

Sofern der Architekt des Auftraggebers gehandelt hat: War dieser zur Leistungsänderung mit Vergütungsfolgen bevollmächtigt?

> **nein:**   Kein Anspruch aus § 2 Abs. 5 VOB/B, eventuell aus § 2 Abs. 8 VOB/B, sonst nur
> Anspruch gegen den Architekten (§§ 177, 179 BGB)

ja

Sind durch die Änderungsanordnung die Grundlagen des Preises berührt?

> **nein:** Keine Mehrvergütung

ja

Ist eine Preisvereinbarung mit dem Auftraggeber zustande gekommen?

> **ja:** Der Auftragnehmer hat einen Anspruch in der vereinbarten Höhe

nein

Hat der Auftragnehmer ein prüffähiges und zutreffendes Nachtragsangebot unterbreitet (Gegenüberstellung Mehr-/Minderkosten auf der Basis der Urkalkulation)?

> **nein:** (noch) kein fälliger Anspruch des Auftragnehmers

ja

Der Auftragnehmer hat einen Mehrvergütungsanspruch nach § 2 Abs. 5 VOB/B bzw. nach den tatsächlich erforderlichen Kosten.

➪   bei Nicht-zustande-Kommen einer Vereinbarung gegebenenfalls Bestimmung der
Vergütung durch das Gericht!

2.4 Ansprüche des Auftragnehmers auf Vergütung für zusätzliche Leistungen (§ 2 Abs. 6 VOB/B)

2.4.1 Überblick

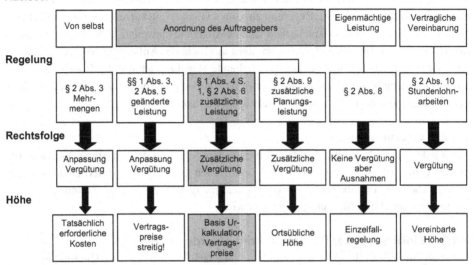

2.4.2 Anordnungsrecht des Auftraggebers

2.4.2.1 Nach § 1 Abs. 4 Satz 1 VOB/B

Nicht vereinbarte Leistungen, die zur Ausführung der vertraglichen Leistung erforderlich werden, hat der Auftragnehmer auf Verlangen des Auftraggebers mit auszuführen, außer wenn sein Betrieb auf derartige Leistungen nicht eingerichtet ist (§ 1 Abs. 4 Satz 1 VOB/B).

Nach § 1 Abs. 4 Satz 1 VOB/B kann der Auftraggeber zusätzliche, zur vertragsgerechten Leistungserbringung erforderliche Leistungen verlangen, auf deren Erbringung der Betrieb des Auftragnehmers eingerichtet ist (siehe Abschn. 1.6.2.2).

2.4.2.2 § 650 b BGB

Mit dem 01.01.2018 neu eingeführten Bauvertragsrecht in das BGB wurde dort in § 650 b BGB ein eigenes Anordnungsrecht des Auftraggebers eingefügt. Der Auftraggeber soll ein Anordnungsrecht für zwei Varianten geltend machen können. Zum einen für eine Änderung des vereinbarten Werkerfolgs oder für eine Änderung, die zum Erreichen des vereinbarten Werkerfolgs notwendig ist. Dies Besonderheit bei dem sogenannten Anordnungsrecht nach der Regelung im BGB ist jedoch, dass der Auftraggeber nicht berechtigt ist, sofort die geänderte Leistung anzuordnen. Vielmehr muss er zunächst ein Angebot des Auftragnehmers abwarten und dann mit ihm die Vergütung für die geänderte Leistung vereinbaren. Erst wenn dies nicht binnen 30 Tagen gelingt, kann er einseitig eine Änderung des Leistungsumfangs anordnen.

Diese Regelung in § 650 b BGB ist für die Praxis völlig ungeeignet. Bei einer konsequenten Anwendung dieser Regelung würde keinerlei Terminsicherheit mehr bestehen, Bauwerke würden im Jahre verzögert werden, da es in der Regel gerade bei größeren Bauvorhaben immer zu einer Vielzahl von notwendigen Änderungen kommt. Außerdem könnte der Auftragnehmer die Regelung zu seinen Gunsten ausnutzen, um eigene Verzüge zu kompensieren, indem er zur Vorlage seines Angebotes jeweils die 30-Tage-Frist ausnutzt. Vor diesem Hintergrund ist es zumindest aus Sicht des Auftraggebers zu empfehlen, eine von der gesetzlichen Regelung abweichende Regelung analog der Regelung in der VOB/B zu vereinbaren. Hier ist jedoch in AGB's Vorsicht geboten, da es sich bei der Regelung in § 650 b BGB um das gesetzliche Leitbild handelt.

2.4.2.3 Erforderlichkeit
Nicht jede weitere beliebige Zusatzleistung ist erforderlich in diesem Sinne. Vielmehr ist Voraussetzung, dass die Ausführung der zusätzlichen Leistungen erforderlich ist, um die vertragliche Leistung überhaupt vollständig und mangelfrei erbringen zu können und die vorgesehene Funktion für Nutzung erreicht wird.

2.4.2.4 Einrichtung des Betriebs für die geforderte Leistung
Unter eigenem Betrieb sind alle personellen und sachlichen Mittel des Unternehmers zu verstehen, die er im Rahmen seiner gewerblichen Tätigkeit benötigt. Hierzu gehören auch Maschinen und Geräte, die der Auftragnehmer ggf. auch von dritter Seite beschafft. Grundsätzlich kann davon ausgegangen werden, sofern der Auftragnehmer einen Auftrag annimmt, auch sämtliche Leistungen, die mit dem Auftrag in Zusammenhang stehen, erbringen kann. Andererseits kann beispielsweise von dem Parkettverleger nicht verlangt werden, dass er auch das Verlegen von Fliesen übernimmt, wenn er ausschließlich auf Holzböden spezialisiert ist.

2.4.2.5 Rechtsfolge
Im Gegenzug erwirbt der Auftragnehmer einen zusätzlichen Vergütungsanspruch für die im Vertrag noch nicht vorgesehenen Leistungen (§ 2 Abs. 6 Nr. 1 Satz 1 VOB/B). Dieser Anspruch entsteht auch hinsichtlich nützlicher, aber nicht unbedingt erforderlicher Zusatzleistungen, sofern der Auftraggeber sich mit ihrer Erbringung einverstanden erklärt.[22]

2.4.3 Ankündigung des Mehrvergütungsanspruchs

Der Auftragnehmer *muss jedoch den Anspruch dem Auftraggeber ankündigen, bevor er mit der Ausführung der Leistung beginnt* (§ 2 Abs. 6 Nr. 1 Satz 2 VOB/B). Hier liegt ein

---

[22] OLG Hamm, Urteil v. 12.03.2009 – 21 U 60/08, IBR 2010, 14.

wichtiger Unterschied zur inhaltlichen Änderung des vertraglichen Leistungssolls durch den Auftraggeber nach § 2 Abs. 5 VOB/B: Während sich der Mehrvergütungsanspruch des Auftragnehmers dort „von selbst" ergibt, ist bei zusätzlichen Leistungen erforderlich, dass der Auftragnehmer dem Auftraggeber seinen zusätzlichen Vergütungsanspruch ankündigt. Hierbei handelt es sich um eine echte Anspruchsvoraussetzung. Versäumt der Auftragnehmer die Ankündigung des Mehrvergütungsanspruchs, erhält er eine zusätzliche Vergütung nur ausnahmsweise, wenn die Ankündigung im Einzelfall entbehrlich war. Dies ist der Fall, wenn

- der Auftraggeber von der Entgeltlichkeit der Mehrleistungen ausgehen musste
- dem Auftragnehmer keine Alternative zur sofortigen Ausführung blieb
- das Versäumnis unverschuldet war[23]
- die Entbehrlichkeit der Ankündigungspflicht in einem, vom Auftragnehmer dezidiert darzulegenden und gegebenenfalls zu beweisenden Ausnahmetatbestand, der nur dann greift, wenn die Zusatzarbeiten offenkundig vergütungspflichtig sind und/oder den Auftragnehmer an der Versäumung der Ankündigung keine Schuld trifft, vorausgesetzt wird.[24]

2.4.4 Abgrenzung zu geänderten Leistungen

Um eine zusätzliche Leistung im Sinne von §§ 1 Abs. 4 Satz 1, 2 Abs. 6 VOB/B handelt es sich in der Regel immer dann, wenn sie nach dem im Vertrag festgelegten Leistungsinhalt nicht vorgesehen war.[25] Die Abgrenzung zwischen geänderter und zusätzlicher Leistung kann im Einzelfall schwierig sein. Der Auftragnehmer sollte also seine Mehrvergütungsansprüche im Zweifel ankündigen.

2.4.5 Anordnung Dritter

Auch hier gilt, dass der Architekt des Auftraggebers nicht ohne weiteres bevollmächtigt ist, zusätzliche Leistungen zu verlangen (siehe Abschn. 2.3.3). Ebenso gilt hier wie bei § 2 Abs. 5 VOB/B, dass eine Vereinbarung über den zusätzlichen Preis möglichst vor Beginn der Ausführung getroffen werden soll, aber nicht muss (§ 2 Abs. 6 Nr. 2 Satz 2 VOB/B).

---

[23] BGH, Urteil v. 23.05.1996 – VII ZR 245/94, BauR 1996, 542; 2002, 312; OLG Düsseldorf, Urteil v. 23.08.2002 – 22 U 25/02; BGH, Beschluss v. 30.09.2004 – VII ZR 165/02, IBR 2005, 2 (Stern).
[24] OLG Köln, Beschluss v. 28.11.2011 – 17 U 141/10, IBR 2013, 66.
[25] Ingenstau/Korbion, B § 2 Nr. 6 Rdnr. 3.

2.4.6   Ermittlung der neuen Vergütung

2.4.6.1 Ursprüngliche Herangehensweise

Auch für zusätzliche Leistungen sind die vertraglichen Preisermittlungsgrundlagen (die Urkalkulation) maßgeblich. Lassen sich in den Preisermittlungsgrundlagen keine Kostenanteile für die zusätzlichen Leistungen finden, sind zumindest die Lohn- und Zuschlagsansätze der Urkalkulation heranzuziehen.[26] Daher muss der Auftragnehmer den Preis für die zusätzlichen Leistungen auch bei Pauschalverträgen aus jener Kalkulation herleiten, die er seinem Pauschalangebot zugrunde gelegt hatte.[27] Stellt der Auftragnehmer sein Nachtragsangebot ohne Rückgriff auf die Urkalkulation auf, so ist das Angebot nicht prüffähig und er hat er keinen fälligen Anspruch (siehe Kap. 10).

2.4.6.2 Neueste Entwicklung in der Rechtsprechung in Verbindung mit dem neuen Bauvertragsrecht

Bisher war anerkannte herrschende Meinung, dass auch zur Ermittlung der zusätzlichen Vergütung eine Preisfortschreibung auf Grundlage der Kalkulation zu erfolgen hat, sofern sich in der Kalkulation Preise für die zusätzliche Leistung finden lassen. Die bereits oben bei geänderter Leistung diskutierte Entscheidung des BGH vom 08.08.2019[28] findet für zusätzliche Leistungen zunächst keine Anwendung. Der Wortlaut der VOB/B zur Preisermittlung von zusätzlichen Leistungen gemäß § 2 Abs. 6 VOB/B ist anderslautend als die Formulierungen bei § 2 Abs. 3 Nr. 2 VOB/B und § 2 Abs. 5 VOB/B. Da sich die Begründung des BGH in seiner Entscheidung allein auf den Wortlaut stützt, ist davon auszugehen, dass diese BGH-Entscheidung nicht auf die Preisermittlung für zusätzliche Leistung übertragbar ist.

Nach aktueller Rechtsprechung des Kammergerichts[29] hat allerdings die Preisermittlung für zusätzliche Leistungen nach § 2 Abs. 6 VOB/B nach den tatsächlichen Mehr- und Minderkosten zu erfolgen, die dem Unternehmer aufgrund der Leistungsänderung entstehen.

Damit steht derzeit ein Widerspruch im Raum bezüglich der Vorgehensweise bei der Preisermittlung geänderter Leistungen nach § 2 Abs. 5 VOB/B, von zusätzlichen Leistungen nach § 2 Abs. 6 VOB/B. Die in der Vergangenheit gelebte Preisfortschreibung auf Grundlage der Vertragskalkulation würde demnach zumindest nach der Ansicht des Kammergerichts auch bei § 2 Abs. 6 VOB/B keine Anwendung mehr finden. Eine höchstrichterliche Rechtsprechung des BGH liegt hierzu noch nicht vor. Es ist jedoch nicht unwahrscheinlich, dass der BGH der Ansicht des Kammergerichts folgt, da der BGH offensichtlich der Ansicht ist, dass bei der Fortschreibung der Vergütung das gesetzliche Leitbild näher Berücksichtigung finden soll. Leider führt dies in der Praxis zu mehr Rechtsunsicherheit, da die tatsächlich erforderlichen Kosten in der Rechtsprechung noch nicht näher definiert sind und auch in der baubetrieblichen Lehre hier sehr unterschiedliche Meinungen zu finden sind. Auch hier sollte überlegt werden, inwieweit durch eine klare vertragliche Regelung die Ermittlung der Höhe der Vergütung für zusätzliche Leistungen im Sinne des Verständnisses der VOB/B geregelt werden könnte.

---

[26] Siehe im Einzelnen: Franke/Kemper/Zanner/Grünhagen, B § 2 Rdnr. 78, 150.

[27] OLG Hamm, Urteil v. 12.03.2009 – 21 U 60/08, IBR 2009, 633.

[28] BGH, Urteil v. 08.08.2019 – VII ZR 34/18.

[29] KG, Urteil v. 10.07.2018 – 21 U 30/17; KG, Urt. v. 27.08.2019 – 21 U 160/18.

2.4.7   Ablaufdiagramm: § 2 Nr. 6 VOB/B

Ist die vom Auftraggeber geforderte zusätzliche Leistung zur Vertragsleistung erforderlich (§ 1 Abs. 4 Satz 1 VOB/B)?

    nein: Neue Vergütungsvereinbarung notwendig (§ 1 Abs. 4 Satz 2 VOB/B) ohne Rückgriff auf Urkalkulation (siehe Ziffer 1.6.2.2)

ja

Hat der Auftragnehmer vor Ausführung einen Mehrvergütungsanspruch angekündigt? (§ 2 Abs. 6 Nr. 1 Satz 2 VOB/B)

    nein: War die Ankündigung ausnahmsweise entbehrlich?

        nein: Kein Anspruch aus § 2 Abs. 6 VOB/B, eventuell aber aus § 2 Abs. 8 VOB/B (siehe Ziffer 2.7)

ja   **ja**

Ist eine Preisvereinbarung mit dem Auftraggeber zustande gekommen?

    ja: Der Auftragnehmer hat einen Anspruch in der vereinbarten Höhe

nein

Hat der Auftragnehmer sein Nachtragsangebot unter Berücksichtigung der Urkalkulation unterbreitet?

    nein: (noch) kein fälliger Anspruch des Auftragnehmers

ja

Der Auftragnehmer hat einen Mehrvergütungsanspruch nach § 2 Abs. 6 VOB/B.

▭⇨   bei Nicht-zustande-Kommen einer Vereinbarung gegebenenfalls Bestimmung der Vergütung durch das Gericht!

2.5 Ansprüche des Auftraggebers auf Ausführung geänderter oder zusätzlicher Leistungen (§ 1 Abs. 3 oder § 1 Abs. 4 Satz 1 VOB/B) ohne Nachtragsvereinbarung

2.5.1 Fehlende Nachtragsvereinbarung

Grundsätzlich hat der Auftragnehmer die vom Auftraggeber verlangten geänderten oder zusätzlichen Leistungen (§ 1 Abs. 3 oder Abs. 4 Satz 1 VOB/B) auch dann auszuführen, wenn noch keine Preisvereinbarung zustande gekommen ist. Über § 2 Abs. 5 und 6 VOB/B erhält er eine der geänderten Leistung entsprechende geänderte Vergütung. Insbesondere, wenn die Leistungen unmittelbar fortgeführt werden müssen, z. B. um nicht Folgegewerke zu behindern, bleibt zumeist keine Zeit für eine Preisvereinbarung nach § 2 Abs. 5 oder Abs. 6 VOB/B.

2.5.2 Verhandlungsbereitschaft des Auftraggebers

Vor allem bei wirtschaftlich erheblichen Änderungen, zusätzlichen Leistungen und längerer Ausführungsdauer stellt sich allerdings die Frage, inwieweit der Auftragnehmer seine Vorleistungen ohne Preisvereinbarung erbringen muss oder seine Arbeiten bis zu einer Preisvereinbarung einstellen kann. Angesichts der Tatsache, dass beim VOB-Vertrag beide Parteien zur Kooperation verpflichtet sind[30] und § 18 Abs. 5 VOB/B ein Einstellungsrecht grundsätzlich ausschließt, kann der Auftragnehmer nicht ohne Weiteres die Arbeiten einstellen. Wenn er ein prüffähiges Nachtragsangebot vorgelegt hat und sich der Auftraggeber grundlos weigert, hierüber zu verhandeln oder dieses zu beauftragen, besteht ausnahmsweise ein Einstellungsrecht.[31] Sofern der Auftraggeber die Bezahlung der Mehrkosten allerdings von vornherein ablehnt, ist selbst die Vorlage eines Angebots nicht erforderlich.[32]

---

[30] BGH, Urteil v. 28.10.1999 – VII ZR 393/98, BauR 2000, 409, IBR 2000, 110 (Quack).

[31] Franke/Kemper/Zanner/Grünhagen, B § 2 Rdnr. 148 ff.

[32] OLG Brandenburg, Urteil v. 23.04.2009 – 12 U 111/04, IBR 2009, 567.

2.5.3   Ablaufdiagramm: Ausführungsanspruch ohne Nachtragsvereinbarung

Hat der Auftraggeber eine Änderung des Bauentwurfs oder eine zusätzliche Leistung (§ 1 Abs. 3 bzw. 1 Abs. 4 Satz 1 VOB/B) angeordnet und liegen die Voraussetzungen der § 2 Abs. 5 oder 6 VOB/B vor?

nein: kein Einstellungsrecht des Auftragnehmers

ja

Hat der Auftragnehmer ein prüffähiges Nachtragsangebot auf der Grundlage seiner Urkalkulation erstellt?

nein: kein Einstellungsrecht des Auftragnehmers

ja

Hat der Auftragnehmer den Auftraggeber zur Verhandlung über Nachtragsangebot aufgefordert?

nein: kein Einstellungsrecht des Auftragnehmers (Kooperationspflicht)

ja

Hat der Auftraggeber ohne triftige Begründung die Verhandlung über das Nachtragsangebot oder dieses selbst abgelehnt?

nein: Hat der Auftraggeber seine Ablehnung begründet (z. B. fehlende Prüffähigkeit, Gegenforderungen, Mängel), so hat der Auftragnehmer kein Einstellungsrecht, sondern muss die Leistung erbringen.

ja

Der Auftragnehmer kann ausnahmsweise die Leistungen einstellen, bis eine Preisvereinbarung zustande gekommen ist

2.6 Ansprüche des Auftragnehmers auf Vergütung für zusätzliche Planungsleistungen (§ 2 Abs. 9 VOB/B)

2.6.1 Überblick

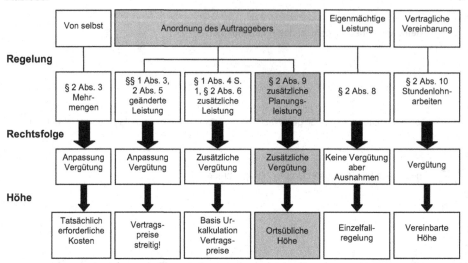

2.6.2 Zusätzliche Planungsleistungen

Verlangt der Auftraggeber nachträglich zusätzliche planerische Leistungen vom Auftragnehmer, so sind auch diese gesondert zu vergüten. Während sich § 2 Abs. 6 VOB/B also auf zusätzliche Bauleistungen bezieht, behandelt § 2 Abs. 9 VOB/B zusätzliche Planungsleistungen. Hierzu zählen sowohl die eigene planerische Leistung (§ 2 Abs. 9 Nr. 1 VOB/B) als auch die Nachprüfung der durch den Auftraggeber vorgegebenen Berechnungen (§ 2 Abs. 9 Nr. 2 VOB/B). Zusätzlich sind selbstverständlich nur solche planerischen Leistungen, die nicht bereits vom Vertrag umfasst waren. Dies ist beispielsweise der Fall, wenn die vom Auftraggeber geforderte Werkplanung nach der einschlägigen DIN-Vorschrift der VOB/C bereits zu den vertraglich geschuldeten Nebenleistungen ohne zusätzliche Vergütung gehört.

2.6.3 Anordnung Dritter

Wiederum ist zu beachten, dass der Architekt des Auftraggebers nicht ohne weiteres bevollmächtigt ist, zusätzliche Leistungen zu verlangen (siehe Abschn. 2.3.3).

2.6.4   Ermittlung der Höhe der Vergütung

Da in § 2 Abs. 9 VOB/B im Unterschied zu § 2 Abs. 5 und 6 VOB/B kein Verweis auf die ursprüngliche Preisvereinbarung enthalten ist, kann der Auftragnehmer für zusätzliche planerische Leistungen die ortsübliche Vergütung im Sinne des § 632 Abs. 2 BGB verlangen. Inwiefern hierbei zur Bestimmung der ortsüblichen Vergütung auf die HOAI zurückgegriffen werden kann, ist eine Frage des Einzelfalls.[33]

Des Weiteren wäre auch denkbar, auf die neue Rechtsprechung des BGH[34] zurückzugreifen und auf die tatsächlich erforderlichen Kosten zuzüglich angemessener Zuschläge zurückzukommen. Ein weiterer Ansatz würde sich aus der Rechtsprechung des Kammergerichts[35] ergeben. Dort wird auf die tatsächlichen Mehr- und Minderkosten abgestellt.

2.6.5   Ablaufdiagramm: § 2 Abs. 9 VOB/B

Fordert der Auftraggeber planerische Unterlagen oder die Nachprüfung von Berechnungen?

|

├──▶   **nein:**   keine Anwendbarkeit von § 2 Abs. 9 VOB/B

|

ja

|
▼

Sind die geforderten geforderten planerischen Leistungen bereits vom Vertrag umfasst?

|

├──▶   **ja:**   keine zusätzliche Vergütung

|

nein

|
▼

Der Auftragnehmer hat einen Anspruch nach § 2 Abs. 9 VOB/B in Höhe der ortsüblichen Vergütung (§ 632 Abs. 2 BGB).

---

[33] Franke/Kemper/Zanner/Grünhagen, B § 2 Rdnr. 197.
[34] BGH, Urteil v. 08.08.2019 – VII ZR 34/18.
[35] KG, Urteil v. 27.08.2019 – 21 U 160/18.

2.7 Ansprüche des Auftragnehmers auf Vergütung für Leistungen ohne Auftrag (§ 2 Abs. 8 VOB/B)

2.7.1 Überblick

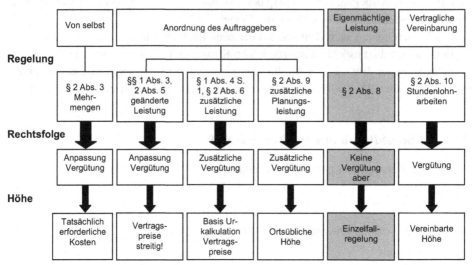

2.7.2 Grundsätzlich keine Vergütung

Grundsätzlich gilt: Leistungen, die der Auftragnehmer ohne Auftrag oder unter eigenmächtiger Abweichung vom Auftrag *ausführt, werden nicht vergütet* (§ 2 Nr. 8 Abs. 1 Satz 1 VOB/B).

2.7.3 Ausnahmen: nachträgliches Anerkenntnis oder Notwendigkeit und unverzügliche Anzeige

Ausnahmsweise steht dem Auftragnehmer jedoch eine Vergütung zu, wenn der Auftraggeber die ohne Auftrag oder abweichend vom Vertrag erbrachten Leistungen nachträglich anerkennt (§ 2 Abs. 8 Nr. 2 Satz 1 VOB/B).

Ein Vergütungsanspruch besteht auch, *wenn die Leistungen für die Erfüllung des Vertrags notwendig waren, dem mutmaßlichen Willen des Auftraggebers entsprachen und ihm unverzüglich angezeigt wurden* (§ 2 Abs. 8 Nr. 2 Satz 2 VOB/B). Notwendig für die Vertragserfüllung und dem mutmaßlichen Willen des Auftraggebers entsprechend ist eine eigenmächtige Leistung des Auftragnehmers aber nur dann, wenn die mit der Bauerrichtung verfolgte Ziel- und Zwecksetzung des Auftraggebers unter Einhaltung der anerkannten

Regeln der Technik nicht anders (insbesondere nicht durch die vertraglichen Vorgaben) erreicht werden konnte.[36] Zudem muss der Auftragnehmer die eigenmächtige Leistung unverzüglich, also ohne schuldhaftes Zögern (§ 121 Abs. 1 BGB), dem Auftraggeber anzeigen.

Für die Höhe des Mehrvergütungsanspruchs gelten die Berechnungsgrundlagen für geänderte oder zusätzliche Leistungen entsprechend § 2 Abs. 5 und 6 VOB/B (§ 2 Abs. 8 Nr. 2 Satz 3 VOB/B). Liegen die Ausnahmevoraussetzungen aus § 2 Abs. 8 Nr. 2 VOB/B nicht vor, kommen allenfalls noch Ansprüche des Auftragnehmers aus dem gesetzlichen Rechtsinstitut der Geschäftsführung ohne Auftrag (§§ 677 ff. BGB) in Betracht (§ 2 Abs. 8 Nr. 3 VOB/B).[37]

---

[36] OLG Karlsruhe, Urteil v. 11.05.2005 – 17 U 294/03, IBR 2006, 81 (Kimmich); Ingenstau/Korbion, B § 2 Nr. 8 Rdnr. 31.

[37] Siehe im Einzelnen: Franke/Kemper/Zanner/Grünhagen, B § 2 Rdnr. 206.

2.7.4   Ablaufdiagramm: § 2 Abs. 8 VOB/B

Ist eine Leistung ohne Auftrag oder unter eigenmächtiger Abweichung vom Vertrag ausgeführt
worden?

nein: Keine Anwendbarkeit von § 2 Abs. 8 VOB/B

ja

Hat der Auftraggeber die Leistung nachträglich anerkannt?

ja: Der Auftragnehmer erhält eine zusätzliche Vergütung (§ 2 Abs. 8 Nr. 2 Sätze 1 und 3
VOB/B)

nein

Waren die Leistungen für die Erfüllung des Vertrages notwendig und entsprechen sie dem
mutmaßlichen Willen des Auftraggebers?

ja: Hat der Auftragnehmer die Leistungen unverzüglich angezeigt?

ja: Der Auftragnehmer erhält eine zusätzliche Vergütung (§ 2 Abs. 8 Nr. 2 Sätze
2 und 3 VOB/B)

nein   **nein**

Ist die Abweichung der Leistung insgesamt ohne Auswirkung (qualitativ, Menge)?

ja: Der Auftragnehmer erhält nicht mehr als die ursprünglich vereinbarte
Vergütung.

nein

Gegebenenfalls Anspruch auf Ersatz der Aufwendungen des Auftragnehmers aus Geschäftsführung
ohne Auftrag (§§ 2 Abs. 8 Nr. 3 VOB/B i.V.m. 677 ff. BGB)

2.8   Ansprüche des Auftragnehmers auf Vergütung von Stundenlohnarbeiten (§ 2 Abs. 10 VOB/B)

(1) 1. Stundenlohnarbeiten werden nach den vertraglichen Vereinbarungen abgerechnet.

    2. Soweit für die Vergütung keine Vereinbarungen getroffen worden sind, gilt die ortsübliche Vergütung. Ist diese nicht zu ermitteln, so werden die Aufwendungen des Auftragnehmers für Lohn- und Gehaltskosten der Baustelle, Lohn- und Gehaltsnebenkosten der Baustelle, Stoffkosten der Baustelle, Kosten der Einrichtungen, Geräte, Maschinen und maschinellen Anlagen der Baustelle, Fracht-, Fuhr- und Ladekosten, Sozialkassenbeiträge und Sonderkosten, die bei wirtschaftlicher Betriebsführung entstehen, mit angemessenen Zuschlägen für Gemeinkosten und Gewinn (einschließlich allgemeinem Unternehmerwagnis) zuzüglich Umsatzsteuer vergütet.

(2) Verlangt der Auftraggeber, dass die Stundenlohnarbeiten durch einen Polier oder eine andere Aufsichtsperson beaufsichtigt werden, oder ist die Aufsicht nach den einschlägigen Unfallverhütungsvorschriften notwendig, so gilt Absatz 1 entsprechend.

(3) Dem Auftraggeber ist die Ausführung von Stundenlohnarbeiten vor Beginn anzuzeigen. Über die geleisteten Arbeitsstunden und den dabei erforderlichen, besonders zu vergütenden Aufwand für den Verbrauch von Stoffen, für Vorhaltung von Einrichtungen, Geräten, Maschinen und maschinellen Anlagen, für Frachten, Fuhr- und Ladeleistungen sowie etwaige Sonderkosten sind, wenn nichts anderes vereinbart ist, je nach der Verkehrssitte werktäglich oder wöchentlich Listen (Stundenlohnzettel) einzureichen. Der Auftraggeber hat die von ihm bescheinigten Stundenlohnzettel unverzüglich, spätestens jedoch innerhalb von 6 Werktagen nach Zugang, zurückzugeben. Dabei kann er Einwendungen auf den Stundenlohnzetteln oder gesondert schriftlich erheben. Nicht fristgemäß zurückgegebene Stundenlohnzettel gelten als anerkannt.

(4) Stundenlohnrechnungen sind alsbald nach Abschluss der Stundenlohnarbeiten, längstens jedoch in Abständen von 4 Wochen, einzureichen. Für die Zahlung gilt § 16.

(5) Wenn Stundenlohnarbeiten zwar vereinbart waren, über den Umfang der Stundenlohnleistungen aber mangels rechtzeitiger Vorlage der Stundenlohnzettel Zweifel bestehen, so kann der Auftraggeber verlangen, dass für die nachweisbar ausgeführten Leistungen eine Vergütung vereinbart wird, die nach Maßgabe von Absatz 1 Nummer 2 für einen wirtschaftlich vertretbaren Aufwand an Arbeitszeit und Verbrauch von Stoffen, für Vorhaltung von Einrichtungen, Geräten, Maschinen und maschinellen Anlagen, für Frachten, Fuhr- und Ladeleistungen sowie etwaige Sonderkosten ermittelt wird.

2.8.1 Überblick

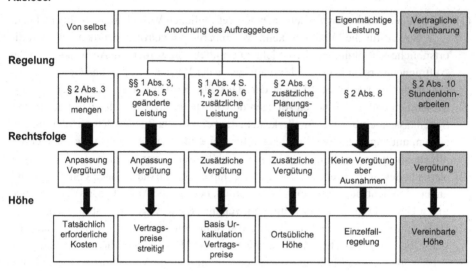

2.8.2 Vereinbarung von Stundenlohnarbeiten

Abweichend von der in der Baupraxis oft anzutreffenden Handhabung ist für eine Stundenlohnvergütung eine Vereinbarung notwendig, wie § 2 Abs. 10 VOB/B bestimmt: *Stundenlohnarbeiten werden nur vergütet, wenn sie als solche vor ihrem Beginn ausdrücklich vereinbart worden sind* (§ 15). Erforderlich ist nicht nur eine Vereinbarung über den Stundenlohnsatz (also Vergütungshöhe je geleistete Stunde), sondern auch eine Vereinbarung über den betreffenden Leistungsinhalt – also welche Leistungen neben den übrigen Leistungen, die als Einheitspreise oder Pauschalpreis vergütet werden, als Stundenlohnarbeiten abgerechnet werden sollen.

2.8.3 Vollmacht

Eine Vereinbarung kann dabei nicht mit dem Bauleiter des Auftraggebers getroffen werden, da dieser in der Regel rechtsgeschäftlich nicht zu einer solchen Vereinbarung bevollmächtigt ist. Damit sind auch von einem Bauleiter abgezeichnete Stundenlohnzettel nicht als Vereinbarung im Sinne des § 2 Abs. 10 VOB/B anzusehen.[38]

Bei fehlender ausdrücklicher Stundenlohnvereinbarung kommt, sofern die Arbeiten nicht auf eine Anordnung des Auftraggebers zurückzuführen sind und deshalb die Voraussetzungen von §§ 2 Abs. 5 oder 6 VOB/B vorliegen, nur noch ein Vergütungsanspruch gemäß § 2 Abs. 8 VOB/B Nr. 2 oder §§ 2 Abs. 8 Nr. 3 VOB/B, 677 BGB in Betracht.[39] Daher ist dem Auftragnehmer bei Zweifeln, ob die Stundenlohnarbeiten ausdrücklich vertraglich vereinbart waren, zu empfehlen, die Arbeiten vor Ausführungsbeginn gegenüber dem Auftraggeber anzuzeigen und eine schriftliche Bestätigung über die Stundenlohnvereinbarung zu verlangen.

2.8.4 Höhe der Vergütung

Für die Abrechnung von Stundenlohnarbeiten, die wirksam als solche vereinbart wurden, enthält § 15 VOB/B spezielle Regelungen:

Die Höhe richtet sich nach den vertraglichen Vereinbarungen. Wenn eine Vergütungshöhe nicht vereinbart wurde, gilt die ortsübliche Vergütung (§ 15 Abs. 1 Nr. 2 Satz 1 VOB/B).

2.8.5 Abrechnung der Stundenlohnarbeiten

Der Auftragnehmer ist nach § 15 Abs. 3 Satz 2 VOB/B gehalten, die Leistungen prüfbar abzurechnen. Insofern gelten die Regelungen des § 14 VOB/B (siehe Kap. 10), d. h., der Auftragnehmer muss den tatsächlichen Aufwand der geleisteten Arbeitsstunden und auch den Verbrauch von Stoffen etc. detailliert darlegen. Die Angaben müssen für den Auftrag-

---

[38] OLG München, Urteil v. 01.02.2000 – 13 U 3864/99; BGH, Beschluss v. 13.09.2001 – VII ZR 186/00, IBR 2002, 240 (Andresen).

[39] BGH, Urteil v. 24.07.2003 – VII ZR 79/02, BauR 2003, 1892, IBR 2003, 592 (Schwenker).

geber nachvollziehbar sein. Damit ist die Darlegungslast für den Auftragnehmer in einem VOB/B-Vertrag wesentlich höher als in einem Vertrag gemäß dem BGB.[40]

Prüfbare Stundenlohnzettel sind vom Auftraggeber innerhalb einer Frist von 6 Werktagen geprüft zurückzugeben. Hält der Auftraggeber diese Frist nicht ein, gelten die Stundenlohnzettel als anerkannt (§ 15 Abs. 3 Satz 3 bis 5 VOB/B, nicht aber in Vertrag nach BGB).

Hat der Auftragnehmer den Umfang der Stundenlohnleistung wegen nicht rechtzeitiger Vorlage der Stundenlohnzettel nicht ordnungsgemäß nachgewiesen, so kann der Auftraggeber verlangen, dass eine Vergütung vereinbart wird, die nach Maßgabe der vertraglichen Regelungen und der Ortsüblichkeit als angemessen anzusehen ist.

2.8.6   Fälligkeit der Vergütung

Nach § 15 Abs. 4 VOB/B sind Stundenlohnabrechnungen alsbald nach Abschluss der Stundenlohnarbeiten, längstens jedoch in Abständen von 4 Wochen, einzureichen. Die Fälligkeit bemisst sich nach § 16 Abs. 1 Nr. 3 VOB/B. Danach ist die Vergütung der Stundenlohnarbeiten in der Regel 18 Werktage nach Einreichung einer prüffähigen Abrechnung fällig.[41]

---

[40] BGH, Urteil v. 28.05.2009 – VII ZR 74/06.
[41] Franke/Kemper/Zanner/Grünhagen, B § 15 Rdnr. 25.

2.8.7   Ablaufdiagramm: § 2 Nr. 10 VOB/B

Wurde die Leistung von Stundenlohnarbeiten vor Ausführungsbeginn ausdrücklich mit
bevollmächtigten Vertretern des Auftraggebers vereinbart?

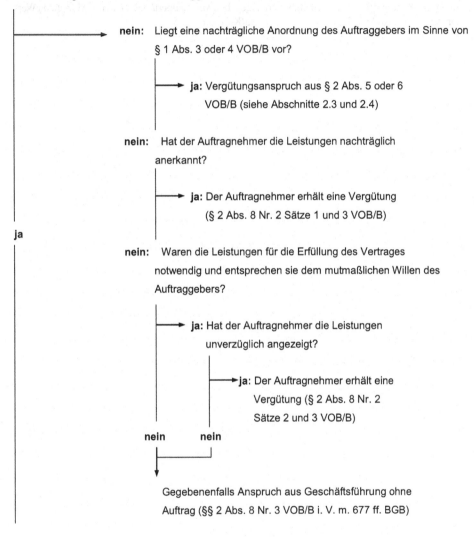

nein: Liegt eine nachträgliche Anordnung des Auftraggebers im Sinne von
§ 1 Abs. 3 oder 4 VOB/B vor?

ja: Vergütungsanspruch aus § 2 Abs. 5 oder 6
VOB/B (siehe Abschnitte 2.3 und 2.4)

nein: Hat der Auftragnehmer die Leistungen nachträglich
anerkannt?

ja: Der Auftragnehmer erhält eine Vergütung
(§ 2 Abs. 8 Nr. 2 Sätze 1 und 3 VOB/B)

ja

nein: Waren die Leistungen für die Erfüllung des Vertrages
notwendig und entsprechen sie dem mutmaßlichen Willen des
Auftraggebers?

ja: Hat der Auftragnehmer die Leistungen
unverzüglich angezeigt?

ja: Der Auftragnehmer erhält eine
Vergütung (§ 2 Abs. 8 Nr. 2
Sätze 2 und 3 VOB/B)

nein   **nein**

Gegebenenfalls Anspruch aus Geschäftsführung ohne
Auftrag (§§ 2 Abs. 8 Nr. 3 VOB/B i. V. m. 677 ff. BGB)

Ist die Abrechnung prüfbar im Sinne von § 15 Abs. 3 Satz 2 VOB/B erfolgt?

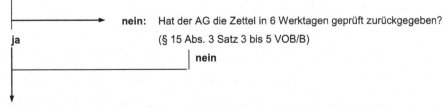

nein: Hat der AG die Zettel in 6 Werktagen geprüft zurückgegeben?
ja   (§ 15 Abs. 3 Satz 3 bis 5 VOB/B)

nein

Fälligkeit der Vergütung innerhalb von 18 Werktagen nach § 16 Abs. 1 Nr. 3 VOB/B

Literatur

1. Franke, Horst; Kemper, Ralf; Zanner, Christian; Grünhagen, Matthias: VOB-Kommentar, München (Werner Verlag) 5. Auflage 2013 *zitiert* : Franke/Kemper/Zanner/Grünhagen
2. Ingenstau/Korbion: VOB-Kommentar, herausgegeben von Leupert/Wietersheim, München (Werner Verlag) 19. Auflage 2015 *zitiert* : Ingenstau/Korbion

Rechte und Pflichten in der Ausführungsphase (§ 4 VOB/B)

3.1 Einleitung

Die §§ 3 und 4 VOB/B regeln eine Vielzahl von Rechten und Pflichten der Vertragsparteien im Hinblick auf die Ausführungsunterlagen und die Ausführung des Bauvorhabens selbst. Sie stellen somit den rechtlichen Rahmen dar, werden jedoch von gesetzlichen Bestimmungen und in der Regel durch eine Vielzahl weiterer vertraglicher Vereinbarungen ergänzt.

Da in der Praxis relativ selten Streitigkeiten über die Rechte und Pflichten in der Ausführungsphase als solche auftreten, werden hier nur einzelne bedeutende Regelungen der VOB/B exemplarisch dargestellt:

3.2 Rechte des Auftraggebers

3.2.1 Das Überwachungsrecht (§ 4 Abs. 1 Nr. 2 Satz 1 VOB/B)

Der Auftraggeber ist gemäß § 4 Abs. 1 Nr. 2 Satz 1 VOB/B berechtigt, die vertragsgemäße Ausführung der Leistung zu überwachen. Der Auftragnehmer hat insofern eine Duldungsverpflichtung. Zur Verfolgung dieses Zwecks steht dem Auftraggeber nach § 4 Abs. 1 Nr. 2 Satz 2 und 3 VOB/B ein Zutrittsrecht zu den Arbeitsplätzen, Werkstätten und Lagerräumen des Auftragnehmers zu.

Die Grenze des Überwachungsrechts des Auftraggebers liegt in dem Anspruch des Auftragnehmers auf Wahrung seiner Geschäftsgeheimnisse. Dies ergibt sich aus § 4 Abs. 1 Nr. 2 Satz 3 und 4 VOB/B, wonach der Auftraggeber insbesondere verpflichtet ist, Auskünfte und Unterlagen des Auftragnehmers vertraulich zu behandeln. Ihm obliegt also eine Schweigepflicht bezüglich der ihm bekannten Geschäftsgeheimnisse des Auftragnehmers.

© Springer Fachmedien Wiesbaden GmbH, ein Teil von Springer Nature 2021   41
C. Zanner, *VOB/B nach Ansprüchen*, Bau- und Architektenrecht nach Ansprüchen,
https://doi.org/10.1007/978-3-658-34025-4_3

3.2.2 Das Anordnungsrecht (§ 4 Abs. 1 Nr. 3 VOB/B)

Der Auftraggeber hat das Recht, in einem gewissen Umfang Eingriffe in die Bauausführung vorzunehmen, wenn er einen Anlass hat zu befürchten, dass die Ausführung der Leistung nicht vertragsgemäß erfolgt. Dieses Eingriffsrecht ist damit begründet, dass die reinen Überwachungsrechte nach § 4 Abs. 1 Nr. 2 VOB/B nicht ausreichend sind.

Entscheidend ist, dass Anordnungen nach § 4 Abs. 1 Nr. 3 VOB/B nicht auf eine Änderung des Leistungsinhalts gerichtet sein dürfen.[1] Das Anordnungsrecht bezieht sich somit lediglich auf die Art und Weise der vertraglichen Bauausführung, also auf die Details bzw. Modalitäten. Änderungen des Leistungsinhalts sind in §§ 1 Nr. 3 und 4 VOB/B geregelt (siehe Abschn. 1.6.2).

Das Anordnungsrecht ist in zweierlei Hinsicht eingeschränkt, nämlich dass es nur zur Sicherung der vertragsgemäßen Ausführung dienen darf und die Anordnung hierzu notwendig sein muss.

Die Anordnung ist an den Auftragnehmer oder seinen für die Ausführung der Leistung bestellten Vertreter, also seine Bauleitung zu richten. Lediglich bei Gefahr im Verzug kann der Auftraggeber unmittelbare Weisungen an die Beschäftigten des Auftragnehmers erteilen. Auch bei längerer Unerreichbarkeit des Auftragnehmers darf der Auftraggeber die Maßnahmen allerdings nicht etwa ohne weiteres selbst vornehmen oder Dritte hiermit beauftragen. Vielmehr hat der Auftraggeber nur dann einen Kostenerstattungsanspruch, wenn er den Auftragnehmer zunächst erfolglos unter Fristsetzung mit Kündigungsandrohung zur Mangelbeseitigung aufgefordert hat (§ 4 Abs. 7 VOB/B, siehe Kap. 13).

Hält der Auftragnehmer eine Anordnung des Auftraggebers für unberechtigt oder unzweckmäßig, so muss er seine Bedenken geltend machen. Wenn der Auftraggeber trotz der mitgeteilten Bedenken an seiner Anordnung festhält, hat der Auftragnehmer diese jedoch gemäß § 4 Abs. 1 Nr. 4 VOB/B auszuführen, sofern nicht gesetzliche oder behördliche Bestimmungen entgegenstehen. Er kann allerdings die Mehrkosten erstattet verlangen, wenn durch die Anordnung eine ungerechtfertigte Erschwerung der Bauausführung verursacht wird.

3.2.3 Anspruch auf Beseitigung vertragswidriger Stoffe (§ 4 Abs. 6 VOB/B)

Der Auftraggeber ist gemäß § 4 Abs. 6 VOB/B berechtigt, die Beseitigung mangelhafter oder vertragswidriger Bauteile bzw. Stoffe zu fordern und hierfür eine angemessene Frist zu setzen. Ziel dieser Regelung ist, den Einbau solcher Bauteile oder Stoffe zu vermeiden, um eine mangelfreie Leistung zu erhalten.

---

[1] Franke/Kemper/Zanner/Grünhagen, B § 4 Rdnr. 38.

Kommt der Auftragnehmer der Anordnung des Auftraggebers nicht nach, kann dieser gemäß § 4 Abs. 6 Satz 2 VOB/B nach Ablauf der bestimmten Frist selbst auf Kosten des Auftragnehmers die Stoffe entfernen lassen.

3.2.4 Anspruch auf Beseitigung vertragswidriger Leistungen (§ 4 Abs. 7 VOB/B)

3.2.4.1 Anspruch auf Mangelbeseitigung

Der Auftraggeber kann gemäß § 4 Abs. 7 VOB/B vor der Abnahme verlangen, dass bereits vorhandene Mängel beseitigt und das Werk vertragsgerecht hergestellt wird. Er kann jedoch, wie nach der Abnahme, keine bestimmte Art der Mängelbeseitigung oder vertragsgerechte Herstellung verlangen, wenn der Vertrag auch auf andere Weise erfüllt werden kann. Neuherstellung kann der Auftraggeber nur dann fordern, wenn die vertragsgerechte Erfüllung auf andere Weise nicht möglich ist.[2]

3.2.4.2 Kündigungsrecht des Auftraggebers

Dem Auftraggeber steht nach § 4 Abs. 7 Satz 1 VOB/B bereits während der Bauausführung, also vor Abnahme, ein Anspruch auf Beseitigung vertragswidriger oder mangelhafter Leistungen zu. Kommt der Auftragnehmer dem Anspruch nicht nach, obwohl der Auftraggeber eine angemessene Nachfrist mit Kündigungsandrohung gesetzt hat, so kann der Auftraggeber gemäß § 4 Abs. 7 Satz 3 VOB/B den Bauvertrag ganz oder teilweise kündigen und die Mängelbeseitigung selbst vornehmen oder Dritte hiermit beauftragen. Da die Kündigung in der Praxis zumeist der Vorbereitung eines Anspruchs auf Erstattung der Ersatzvornahmekosten dient, findet sich hierzu eine ausführliche Darstellung bei den Mängelrechten in Kap. 13. Gleiches gilt für den Schadensersatzanspruch des Auftraggebers aus § 4 Abs. 7 Satz 2 VOB/B.

Teilweise wird vertreten, dass das Kündigungsrecht gemäß § 4 Abs. 7 Satz 3 VOB/B AGB-widrig sei. Dies ist unzutreffend, da keine unangemessene Benachteiligung des Vertragspartners vorliegt. So auch das OLG Bamberg.[3]

3.2.4.3 Schadensersatzanspruch des Auftraggebers

Gemäß § 4 Abs. 7 Satz 2 VOB/B steht dem Auftraggeber gegen den Auftragnehmer ein Schadensersatzanspruch zu, wenn der Auftragnehmer schuldhaft den Mangel verursacht hat und daraus ein adäquat kausaler Zusammenhang zwischen einem beim Auftraggeber entstandenen Schaden vorliegt.

---

[2] BGH, Urteil v. 07.03.2013 – VII ZR 119/10.
[3] OLG Bamberg, Beschluss v. 06.06.2007 – 3 U 31/07.

Zum Umfang ist zunächst zu beachten, dass der Auftragnehmer ein Recht zur Nachbesserung hat. Dies bedeutet, dass lediglich der Schaden zu ersetzen ist, der nach der Nachbesserung bzw. neuere Stellung noch verbleibt. Erfasst sind alle unmittelbar auf den Mangel bzw. die vertragswidrig erbrachte Leistung zurückzuführenden Schäden, d. h. sämtliche engere und entferntere Mängelfolgeschäden, wie beispielsweise auch die Kosten für andere Bauteile, die durch die mangelhafte Leistung ebenfalls beeinträchtigt wurden. Des Weiteren können auch Kosten für private Sachverständige geltend gemacht werden. Grundsätzlich richtet sich die Höhe des Schadensersatzes nach § 249 ff. BGB.

3.2.5   Anspruch auf Ausführung der Leistung im eigenen Betrieb (§ 4 Abs. 8 VOB/B)

3.2.5.1 Ausführung der Leistung im eigenen Betrieb

Der Auftragnehmer ist gemäß § 4 Abs. 8 Nr. 1 Satz 1 VOB/B verpflichtet, die vertragliche Bauleistung im eigenen Betrieb auszuführen. Die Regelung schließt grundsätzlich eine Leistungserbringung durch andere Unternehmer, die nicht Vertragspartner des Auftraggebers sind, aus.[4]

3.2.5.2 Nachunternehmerbeauftragung

Die Unterbeauftragung von Leistungsteilen an Nachunternehmer ist gemäß § 4 Abs. 8 Nr. 1 Satz 2 und 3 VOB/B nur zulässig, wenn der Auftraggeber schriftlich zugestimmt hat oder der Betrieb des Auftragnehmers auf die betreffenden Leistungen nicht eingerichtet ist. Zum Teil wird ein Anspruch des Auftragnehmers auf Zustimmungserteilung zum Nachunternehmereinsatz bejaht, wenn der Weitervergabe keine sachlichen Gründe entgegenstehen.[5]

Beispiel

Der mit dem Rohbau eines Geschäftshauses beauftragte Auftragnehmer hat während der Bauausführung einen weiteren Auftrag zur schlüsselfertigen Herstellung einer Wohnanlage in einer anderen Stadt erhalten. Da dieser lukrative Großauftrag einen Großteil seiner Personalressourcen bindet und der Auftragnehmer teure Neueinstellungen zusätzlicher Arbeitskräfte vermeiden will, bittet er den Auftraggeber des Geschäftshauses um Zustimmung zur Weitervergabe der noch nicht fertiggestellten Geschosse an einen Nachunternehmer.

---

[4] Franke/Kemper/Zanner/Grünhagen, B § 4 Rdnr. 276.
[5] OLG Celle, Urteil v. 03.07.2008 – 13 U 68/08, BauR 2008, 103; Ingenstau/Korbion, B 8 Nr. 3 Rdnr. 16 – Treu und Glauben.

Zum Teil wird vertreten, dass der Auftraggeber in diesem Fall die Zustimmung erteilen muss, wenn er keine sachlichen Gründe gegen den Nachunternehmereinsatz – wie etwa die fehlende Fachkompetenz des Nachunternehmers oder offene Sozialabgaben – anführen kann. ◄

3.2.5.3 Kündigungsrecht des Auftraggebers

Kommt der Auftragnehmer seiner Verpflichtung zur Ausführung im der Bauleistung im eigenen Betrieb nicht nach, obwohl der Auftraggeber eine angemessene Nachfrist mit Kündigungsandrohung gesetzt hat, so kann ihm dieser den Auftrag kündigen, wenn die Weitervergabe nicht aus den genannten Gründen zulässig war. Der Anspruch aus § 4 Abs. 8 VOB/B begründet daher ein Kündigungsrecht des Auftraggebers und ist demzufolge ausführlich in Abschn. 6.5 dargestellt.

3.3 Rechte des Auftragnehmers

3.3.1 Anspruch auf Herbeiführung der erforderlichen Genehmigungen (§ 4 Abs. 1 VOB/B)

Der Auftraggeber hat gemäß § 4 Abs. 1 Satz 2 VOB/B alle für die Realisierung des Bauvorhabens erforderlichen öffentlich-rechtlichen Genehmigungen – z. B. nach dem Baurecht, dem Straßenverkehrsrecht, dem Wasserrecht, dem Gewerberecht – herbeizuführen. Natürlich kann im Bauvertrag aber hiervon abweichend auch vereinbart werden, dass die Herbeiführung von Genehmigungen dem Auftragnehmer obliegt.

Beispiel

Der Abschluss eines Schlüsselfertigbauvertrages bezüglich einer Hotelerrichtung in exponierter Lage erfolgt bereits vor Erteilung der Baugenehmigung, da der Auftraggeber diese lediglich für eine „Formsache" hält. Nach dem vertraglichen Detail-Ablaufplan soll auch die Baustelleneinrichtung vor Genehmigungserteilung erfolgen. Verzögert sich anschließend die Baugenehmigung, so fällt dies gemäß § 4 Abs. 1 Satz 2 VOB/B auch dann in Verantwortungsbereich des Auftraggebers, wenn die Verspätung allein auf behördeninterne Abstimmungsprobleme zurückzuführen ist.

Dem Auftragnehmer steht in diesem Fall ein Bauzeitverlängerungsanspruch gemäß § 6 Abs. 4 VOB/B (siehe Abschn. 4.5) zu. Daneben kommt ein Schadensersatzanspruch nach § 6 Abs. 6 VOB/B (siehe Abschn. 4.6) oder ein Entschädigungsanspruch gemäß § 642 BGB (siehe Abschn. 4.7) in Betracht, wenn die jeweiligen weiteren Voraussetzungen vorliegen. ◄

3.3.2 Anspruch auf rechtzeitige Übergabe der Ausführungsunterlagen (§ 3 Abs. 1 VOB/B)

Nach § 3 Abs. 1 VOB/B hat der Auftraggeber die für die Bauausführung nötigen Ausführungsunterlagen dem Auftragnehmer rechtzeitig zu übergeben. Auch wenn kein Planlieferterminplan vereinbart wurde, muss der Auftraggeber die Ausführungspläne hiernach so rechtzeitig zur Verfügung stellen, dass der Auftragnehmer vor Beginn der jeweiligen Arbeiten noch ein angemessener Vorlauf für die erforderlichen Dispositionen – z. B. zur Bestellung der spezifischen Baumaterialien – verbleibt.[6]

Liefert der Auftraggeber die erforderlichen Ausführungspläne verspätet, hat der Auftragnehmer auch hier einen Bauzeitverlängerungsanspruch gemäß § 6 Abs. 4 VOB/B (siehe Abschn. 4.5) zu. Daneben kommt wiederum Schadensersatz nach § 6 Abs. 6 VOB/B (siehe Abschn. 4.6) oder Entschädigung gemäß § 642 BGB (siehe Abschn. 4.7) in Betracht, wenn die weiteren Anspruchsvoraussetzungen vorliegen.

3.4 Zustandsfeststellung von Leistungsteilen (§ 4 Abs. 10 VOB/B)

Auf Verlangen entweder des Auftraggebers oder des Auftragnehmers haben beide Parteien nach § 4 Abs. 10 VOB/B den Zustand von Teilen der Leistung gemeinsam festzustellen und das Ergebnis schriftlich niederzulegen, wenn erkennbar wird, dass die ausgeführten Leistungsteile durch andere Arbeiten überdeckt werden. Das schriftliche Ergebnis der gemeinsamen Feststellung führt dazu, dass diejenige Partei, die sich später auf einen abweichenden Leistungsstand berufen will, für ihre abweichende Behauptung die Beweislast trägt.[7] Verweigert der Vertragspartner – in der Praxis zumeist der Auftraggeber – die gemeinsame Leistungsfeststellung entgegen § 4 Abs. 10 VOB/B, kann dies unter bestimmten Umständen zu einer Beweislastumkehr zu seinen Lasten führen.

Beispiel

Der Estrichbauer verlangt eine gemeinsame Leistungsfeststellung nach § 4 Abs. 10 VOB/B, da die von ihm an mehreren Stellen vorgenommenen zusätzlichen Bodenausgleichsarbeiten nach Einbringung des Parkettbodenbelages nicht mehr nachprüfbar sind. Verweigert der Auftraggeber die gemeinsame Leistungsfeststellung und nimmt der Estrichbauer anschließend ein einseitiges Aufmaß, so hat der Auftraggeber – wenn die Verweigerung der Leistungsfeststellung nicht ausnahmsweise berechtigt war – im Falle eines Prozesses darzulegen und zu beweisen, dass die im Aufmaß angesetzten Mengen unzutreffend sind.[8]

---

[6] Ingenstau/Korbion, B § 3 Nr. 1 Rdnr. 8.

[7] Jansen/Preussner, Beck'scher Online-Kommentar, B § 4 Nr. 10 Rdnr. 6.

[8] BGH, Urteil v. 24.07.2003 – VII ZR 79/02, BauR 2003, 1892; vgl. auch OLG Koblenz, Urteil v. 10.09.2007 – 12 U 201/05, IBR 2008, 510 (Metzger).

Wurde dagegen ein nicht vollflächig verklebter und daher verhältnismäßig leicht entfernbarer Teppichboden verlegt, so dass die durch den Estrichbauer vorgenommenen Bodenausgleichsarbeiten faktisch noch nachprüfbar sind, findet eine Beweislastumkehr nicht statt. ◄

Literatur

1. Franke, Horst; Kemper, Ralf; Zanner, Christian; Grünhagen, Matthias: VOB-Kommentar, München (Werner Verlag) 5. Auflage 2013 *zitiert*: Franke/Kemper/Zanner/Grünhagen
2. Ingenstau/Korbion: VOB-Kommentar, herausgegeben von Leupert/Wietersheim, München (Werner Verlag) 19. Auflage 2015 *zitiert*: Ingenstau/Korbion

Ansprüche des Auftragnehmers aus Behinderung und Unterbrechung (§ 6 VOB/B)

4

4.1 Einleitung

§ 6 VOB/B stellt eine Sonderregelung für den Fall von Behinderungen und Unterbrechungen des vertraglich vorgesehenen Bauablaufs dar. Als Rechtsfolge sieht § 6 VOB/B einen Anspruch auf Bauzeitverlängerung, vorzeitige Abrechnung erbrachter Leistungen, Kündigung beider Vertragspartner und Schadenersatz vor. Daneben ist für den Fall des Annahmeverzuges ein Entschädigungsanspruch aus § 642 BGB i. V. m. § 6 Abs. 2 Satz 2 VOB/B möglich.

4.2 Überblick

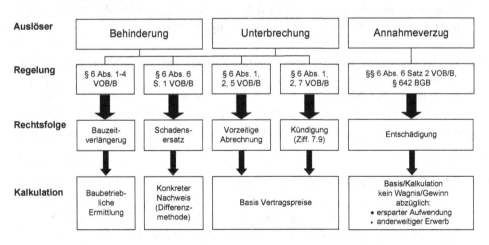

© Springer Fachmedien Wiesbaden GmbH, ein Teil von Springer Nature 2021
C. Zanner, *VOB/B nach Ansprüchen*, Bau- und Architektenrecht nach Ansprüchen,
https://doi.org/10.1007/978-3-658-34025-4_4

4.3   Vereinbarung von Vertragsfristen gemäß § 5 VOB/B

4.3.1 Arten von Vertragsfristen (Beginn, Fertigstellungsfrist, Zwischenfristen)

Die Ausführung ist nach den verbindlichen Fristen (Vertragsfristen) zu beginnen, angemessen zu fördern und zu vollenden (§ 5 Abs. 1 Satz 1 VOB/B).

Ausgehend von dieser Regelung lassen sich folgende Arten von Vertragsfristen bestimmen:

- **Beginn:** Damit ist die Aufnahme der Arbeiten durch den Auftragnehmer gemeint, die zumeist bei Vertragsschluss verbindlich vereinbart wird. *Ist für den Beginn der Ausführung keine Frist vereinbart, so hat der Auftraggeber dem Auftragnehmer auf Verlangen Auskunft über den voraussichtlichen Beginn zu erteilen. Der Auftragnehmer hat innerhalb von 12 Werktagen nach Aufforderung zu beginnen. Der Beginn der Ausführung ist dem Auftraggeber anzuzeigen* (§ 5 Abs. 2 VOB/B).
- **Zwischenfrist en:** Ausgehend von der Pflicht des Auftragnehmers zur angemessenen Förderung der Arbeiten, wie sie auch in § 5 Abs. 3 VOB/B zum Ausdruck kommt, können die Parteien für einzelne Leistungsbereiche oder Leistungsstände bestimmte Zwischentermine als Vertragsfristen ausgestalten (siehe Abschn. 4.3.2). Sie dienen vor allem als Kontroll-Meilensteine auf dem Weg zur Fertigstellung, können aber auch eigenständige Bedeutung haben (z. B. für Folgegewerke).
- **Fertigstellung**: Die wichtigste Frist für den Auftraggeber ist die der Vollendung der Arbeiten durch den Auftragnehmer. Das Werk ist fertiggestellt, wenn es ohne wesentliche Mängel und ohne erhebliche Restleistung durch den Auftraggeber in Benutzung genommen werden kann. Es kommt dabei auf die Abnahmereife des Werks an und nicht darauf, dass die Abnahme tatsächlich stattgefunden hat.[1]

Für alle Fristen gilt: Um verbindliche Vertragsfristen handelt es sich nur, wenn ein entsprechender Parteiwille aus dem Vertrag hervorgeht. Gemäß § 5 Abs. 1 Satz 2 VOB/B sind Zwischenfristen bei fehlender Kennzeichnung als Vertragsfristen stets unverbindliche Kontrollfristen (siehe Abschn. 4.3.2). Auch hinsichtlich des Baubeginns und des Fertigstellungstermins ist eine ausdrückliche entsprechende Klarstellung im Vertrag zu empfehlen.

4.3.2 Terminpläne

In einem Bauzeitenplan enthaltene Einzelfristen gelten nur dann als Vertragsfristen, wenn dies im Vertrag ausdrücklich vereinbart ist (§ 5 Abs. 1 Satz 2 VOB/B).

---

[1] Franke/Kemper/Zanner/Grünhagen, B § 5 Rdnr. 9.

Enthält der Vertrag selbst keine Zwischen- oder Fertigstellungsfristen und verweist er lediglich auf einen zur Anlage des Vertrages gemachten Terminplan, so gilt nach dieser Regelung, dass die dort enthaltenen Termine keine Vertragsfristen im Sinne des § 5 Abs. 1 Satz 1 VOB/B sind. Dies gilt insbesondere für in dem Terminplan eingetragene Zwischenfristen. Terminpläne dienen also grundsätzlich nur der Terminkontrolle.[2] Es ist im Vertrag daher eine gesonderte Bestimmung notwendig, dass die im beigefügten Bauzeitenplan enthaltenen Einzelfristen auch Vertragsfristen sein sollen. Anderenfalls gelten die dort eingetragenen Einzelfristen nicht als Vertragsfristen und der Auftragnehmer gerät durch Überschreitung dieser Termine nicht in Verzug.

4.4 Fristüberschreitung

Als Behinderung/Unterbrechung kommt jede Störung des vertraglich vorgesehenen Bauablaufs im Rahmen der Bauausführung in Betracht. Liegt die Störung auf dem „kritischen Weg", wirkt sie sich also auf einen vertraglichen Zwischen- oder Fertigstellungstermin aus, so ist der Auftragnehmer gehalten, sich auf den Anspruch auf Bauzeitverlängerung zu berufen (§ 6 Abs. 4 VOB/B, siehe Abschn. 4.4).

Beispiel

Im Bauvertrag sind Planliefertermine bezüglich der Ausführungspläne oder Prüfungsfristen für die Werk- und Montageplanung des Auftragnehmers vereinbart. In diesem Fall begründet die bloße Überschreitung der Planliefertermine oder Ausführungsfristen durch den Auftraggeber als solche noch keine Behinderung, so lange sich diese nicht auf die Bauausführung auswirkt.

Ist aber der Auftragnehmer nach dem vertraglichen Bauablauf sowie dem Stand der Bauausführung soweit, dass er die in den Plänen genannte Leistung ausführen könnte bzw. für den rechtzeitigen Ausführungsbeginn Baumaterialien bestellen müsste, so stellt die Überschreitung der Planliefertermine bzw. der Prüfungsfristen durch den Auftraggeber eine Behinderung gemäß § 6 VOB/B dar. ◄

Da die vertraglichen Fristen unterschiedlich ausgestaltet sein können und dementsprechend auch die Folgen von Fristüberschreitungen variieren, erfolgt zunächst eine Darstellung der einzelnen Fristenarten.

4.4.1 Fristverlängerung bei Behinderungen

Treten Behinderungen auf, die zu einer Bauzeitverlängerung nach § 6 Abs. 4 VOB/B führen (siehe Abschn. 4.5), so ist auch bei einem ursprünglich kalendermäßig bestimmten oder bestimmbaren Fertigstellungstermin eine Mahnung erforderlich, um den Auftrag-

---

[2] OLG Hamm, Urteil v. 11.10.1995 – 25 U 70/95, BauR 1996, 392, IBR 1996, 19 (Arneburg).

nehmer in Verzug zu setzen.[3] Die Mahnung muss nach Ablauf der verlängerten Frist erfolgen, da Mahnungen vor Fälligkeit ohne Rechtswirkungen sind.[4]

Beispiel

Die Parteien haben den 19.02.2011 als Fertigstellungsfrist vereinbart. Der Fertigstellungstermin ist also kalendermäßig bestimmt. Nach Aufnahme der Arbeiten ist der Auftragnehmer aufgrund einer verspäteten Übergabe des Baufeldes für die Dauer von sieben Werktagen behindert und zeigt dies auch an. Die Ausführungsfrist verlängert sich also nach § 6 Abs. 4 VOB/B bis zum 27.02.2011 (ein Samstag, wobei Samstage als Werktage im Sinne der VOB/B gelten;[5] haben die Parteien allerdings eine 5-Tage-Woche vereinbart, verlängert sich die Ausführungsfrist bis zum darauf folgenden Montag, den 01.03.2011). Der Auftragnehmer kommt nun nicht mehr automatisch in Verzug, sondern erst, wenn ihn der Auftraggeber nach dem 27.02.2011 (bzw. 01.03.2011) mahnt. ◄

4.5   Ansprüche des Auftragnehmers auf Bauzeitverlängerung (§ 6 Abs. 4 VOB/B)

Als Voraussetzung für einen Anspruch des Auftragnehmers auf Bauzeitverlängerung muss ein Behinderungstatbestand vorliegen. Daneben muss der Auftragnehmer die Behinderung gegenüber dem Auftraggeber angezeigt haben bzw. die Behinderung muss für den Auftraggeber offensichtlich sein.

4.5.1   Überblick

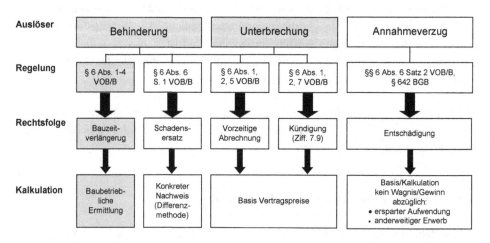

4.5.2 Die einzelnen Behinderungstatbestände, § 6 Abs. 2 Nr. 1 VOB/B

Weitere Voraussetzung für einen Anspruch auf Verlängerung der Ausführungsfristen ist, dass die Behinderung durch einen der folgenden Umstände verursacht wurde:

4.5.2.1 Umstand aus dem Risikobereich des Auftraggebers (§ 6 Abs. 2 Nr. 1a VOB/B)

Mit dem Begriff Risikobereich ist in Übernahme der hierzu ergangenen Rechtsprechung in den Text der VOB/B gemeint, dass ein Anspruch des Auftragnehmers bereits entstehen kann, wenn die Behinderung des Unternehmers ihre Ursache im Einflussbereich des Auftraggebers hat.[6] Zu diesen Behinderungen gehören z. B.:

- das Fehlen öffentlich-rechtlicher Genehmigungen
- die verspätete Überlassung von Plänen, Ausführungszeichnungen, der Statik etc., die vom Auftraggeber zu übergeben sind (siehe aber das Beispiel unter Abschn. 4.3).

4.5.2.2 Arbeitskampf

Weiter liegt eine Behinderung vor, wenn eine Störung verursacht ist

- durch Streik oder eine von der Berufsvertretung der Arbeitgeber angeordnete Aussperrung im Betrieb des Auftragnehmers oder in einem unmittelbar für ihn arbeitenden Betrieb (*§ 6 Abs. 2 Nr. 1b VOB/B*).

Die Regelung der VOB/B ist eindeutig. Zu beachten ist jedoch, dass auch ein Streik oder eine Aussperrung bei einem Subunternehmer des Auftragnehmers zu einer Behinderung führen kann, wenn eine schriftliche Zustimmung des Auftraggebers zu dessen Einsatz im Sinne von § 4 Abs. 8 VOB/B vorliegt.

4.5.2.3 Höhere Gewalt/Unabwendbares Ereignis

Schließlich gilt als Behinderung eine Störung, die verursacht wurde

- durch höhere Gewalt oder andere für den Auftragnehmer unabwendbare Umstände (*§ 6 Abs. 2 Nr. 1c VOB/B*).

Diese Regelung umfasst ein betriebsfremdes, von außen kommendes Ereignis oder Handeln, das nach menschlicher Einsicht und Erfahrung nicht vorhersehbar ist, z. B.

- Erdbeben, Überschwemmung, sonstige Naturereignisse
- schwerer Unfall oder mutwillige Beschädigung.

---

[6] BGH, Urteil v. 16.10.1997 – VII ZR 64/96, BauR 1997, 1021, IBR 1998, 3 (Schulze-Hagen).

Zu beachten ist dabei, dass nach der Rechtsprechung auch besonders ungewöhnliche harte Witterungsverhältnisse, mit denen nicht zu rechnen ist (z. B. Jahrhundertwinter) als höhere Gewalt und damit als Behinderung gelten können.[7]

4.5.3 Witterungsverhältnisse, § 6 Abs. 2 Nr. 2 VOB/B

Witterungseinflüsse während der Ausführungszeit, mit denen bei Abgabe des Angebots normalerweise gerechnet werden muss, gelten nicht als Behinderung (§ 6 Abs. 2 Nr. 2 VOB/B).

Das bedeutet für den Auftragnehmer, dass er in seinem Angebot je nach vorgesehener Bauzeit die üblichen Witterungseinflüsse wie starken Regen, Kälte, Eis etc. im Rahmen der Berechnung der Bauzeit einkalkulieren muss. Treten solche üblichen und erkennbaren Witterungseinflüsse auf, besteht kein Anspruch auf Bauzeitverlängerung.

Ausnahmsweise können völlig unerwartete Witterungsverhältnisse eine Behinderung darstellen.[8]

4.5.4 Behinderungsanzeige, § 6 Abs. 1 Satz 1 VOB/B

Glaubt sich der Auftragnehmer in der ordnungsgemäßen Ausführung der Leistung behindert, so hat er es dem Auftraggeber unverzüglich schriftlich anzuzeigen (§ 6 Abs. 1 Satz 1 VOB/B).

Die Behinderungsanzeige muss alle Tatsachen enthalten, aus denen sich für den Auftraggeber klar die Gründe für die Behinderung bzw. Unterbrechung ergeben.[9] Daneben empfiehlt es sich, auf die voraussichtliche Dauer der zu erwartenden Bauverzögerung hinzuweisen.

Der Umfang und die erwartete Höhe eines möglichen Ersatzanspruchs brauchen hingegen nicht mitgeteilt zu werden.

Entgegen dem Wortlaut ist die Schriftform nicht Anspruchsvoraussetzung, da sie im Wesentlichen nur Beweiszwecken dient,[10] d. h., auch eine mündliche Behinderungsanzeige ist nicht von vornherein wirkungslos. Es empfiehlt sich jedoch aus Beweisgründen eine Behinderung stets schriftlich mitzuteilen. Die Anzeige ist unverzüglich, d. h. ohne schuldhaftes Zögern an den Auftraggeber zu übermitteln. Daraus folgt, dass der Auftragnehmer dem Auftraggeber auch eine sich erst anbahnende, also noch nicht eingetretene Behinderung mitzuteilen hat, damit dieser schnellstmöglich Abhilfe schaffen kann.[11]

---

[7] Heiermann/Riedl/Rusam, B § 6 Rdnr. 14 f.
[8] BGH, Urteil v. 20.04.2017 – VII ZR 194/13.
[9] BGH, Urteil v. 21.12.1989 – VII ZR 132/88, BauR 1990, 210; BGH, Urteil v. 21.10.1999 – VII ZR 185/98, BauR 2000, 722, IBR 2000, 218 (Kraus).
[10] Franke/Kemper/Zanner/Grünhagen, B § 6 Rdnr. 9.
[11] Franke/Kemper/Zanner/Grünhagen, B § 6 Rdnr. 12.

Beispiele

- Der Auftragnehmer kann eine Behinderungsanzeige auch wirksam ins Bautagebuch aufnehmen, wenn der Inhalt für den Auftraggeber unmissverständlich ist und diesem unverzüglich zur Kenntnis weitergeleitet wird.
- Auch Behinderungsanzeigen im Rahmen der Baubesprechungsprotokolle sind möglich, insbesondere wenn der Auftraggeber oder dessen Vertreter selbst an der Besprechung teilgenommen hat und ihm das Protokoll unverzüglich zugesandt wird. ◄

4.5.4.1 Richtiger Empfänger

Von Bedeutung ist weiterhin, dass die Behinderungsanzeige stets an den Auftraggeber selbst oder an den von ihm ausdrücklich bevollmächtigten Erklärungsempfänger übersandt wird. Eine Anzeige an den bauleitenden Architekten reicht in der Regel nicht aus.[12]

4.5.4.2 Anzeige auch bei Nachtragsleistungen

Insbesondere muss beachtet werden, dass auch in Auftrag gegebene Nachtragsleistungen als „Behinderungen" anzusehen sind. Der Auftragnehmer muss also auch in diesen Fällen dem Auftraggeber eine Behinderungsanzeige zusenden, will er neben seiner Mehrvergütungsforderung auch die aus der Nachtragsleistung möglicherweise resultierende Bauzeitverlängerung oder Schadenersatz geltend machen.[13]

4.5.4.3 Offenkundigkeit, § 6 Abs. 1 Satz 2 VOB/B

Unterlässt er die Anzeige, so hat er nur dann Anspruch auf Berücksichtigung der hindernden Umstände, wenn dem Auftraggeber offenkundig die Tatsache und deren hindernde Wirkung bekannt waren (§ 6 Abs. 1 Satz 2 VOB/B).

Hat der Auftragnehmer es versäumt, dem Auftraggeber eine Behinderungsanzeige zu übermitteln, so hat er nur dann einen Anspruch auf Berücksichtigung der Behinderung, wenn diese für den Auftraggeber offenkundig gewesen ist. Von einer Offenkundigkeit kann ausgegangen werden, wenn dem Auftraggeber die hindernden Umstände zweifellos bekannt sind, was sich in seinem Verhalten, seinen Äußerungen oder Anordnungen dokumentiert.

Beispiele

- Der Auftraggeber hat die negative Auswirkung der Behinderung auf den Baufortschritt z. B. aus Zeitung, Rundfunk oder Fernsehen wahrgenommen und die Auswirkung klar erkannt bzw. er hätte sie als im Bauwesen Erfahrener erkennen können.[14]
- Ein unerwartet früher und harter Wintereinbruch war im Hinblick auf seine Folgen im Rahmen der Baubesprechungen, an denen der Auftraggeber teilnahm, ausführ-

---

[12] Heiermann/Riedl/Rusam, B § 6 Rdnr. 8.
[13] OLG Koblenz, Urteil v. 18.03.1988 – 8 U 345/87, NJW-RR 1988, 851.
[14] BGH, Urteil v. 21.12.1989 – VII ZR 132/88, BauR 1990, 211.

lich und im Hinblick auf die hieraus resultierenden Folgen für die Ausführungsdauer erörtert worden.[15]

• Der Architekt des Auftraggebers reicht die Genehmigungsunterlagen verspätet ein, so dass sich die Erteilung der Baugenehmigung verzögert. Die hierdurch bewirkte Verschiebung des Ausführungsbeginns ist für den Auftraggeber offenkundig, da sie aus seinem Risikobereich entstammt. ◄

Aus der engen Auslegung der Vorschrift folgt, dass der Auftragnehmer sich grundsätzlich nicht darauf verlassen sollte, dass eine Behinderung für den Auftraggeber offenkundig ist. Vielmehr ist dem Auftragnehmer stets zu empfehlen, eine schriftliche Behinderungsanzeige an den Auftraggeber zu senden. Das Merkmal der Offenkundigkeit sollte nur in den Fällen als Ausweg dienen, in denen eine Behinderungsanzeige vergessen wurde.

4.5.5   Handlungspflichten des Auftragnehmers, § 6 Abs. 3 VOB/B

Der Auftragnehmer hat alles zu tun, was ihm billigerweise zugemutet werden kann, um die Weiterführung der Arbeiten zu ermöglichen. Sobald die hindernden Umstände weggefallen sind, hat er ohne Weiteres und unverzüglich die Arbeiten wieder aufzunehmen und den Auftraggeber davon zu unterrichten (§ 6 Abs. 3 VOB/B).

Der Auftragnehmer darf nach Eintritt der Behinderung und Übermittlung der Behinderungsanzeige an den Auftraggeber nicht untätig bleiben, sondern muss alles Zumutbare unternehmen, um die Behinderungsauswirkungen zu beschränken. Dies gilt auch, wenn die Behinderung vom Auftraggeber verursacht wurde.[16] Sobald die hindernden Umstände entfallen sind, hat der Auftragnehmer die Arbeiten ohne schuldhaftes Zögern ohne weiteres wieder aufzunehmen. Handelt er nicht oder verspätet, stellt dies eine Vertragspflichtverletzung dar. Bei Mahnung durch den Auftraggeber gerät der Auftragnehmer in Verzug. Liegen die weiteren Voraussetzungen aus §§ 5 Abs. 4, 8 Abs. 3 VOB/B vor, kann sogar eine Kündigung des Vertragsverhältnisses erfolgen (siehe Abschn. 6.6).[17]

4.5.6   Nachweis des Anspruchs dem Grunde nach

4.5.6.1 Darlegungs- und Beweislast

Im Hinblick auf die Darlegungs- und Beweislast des Auftragnehmers im Zusammenhang mit Ansprüchen aus gestörtem Bauablauf und ihren Folgen hat die Rechtsprechung in

---

[15] BGH, Urteil v. 21.12.1989 – VII ZR 132/88, BauR 1990, 211.

[16] Ingenstau/Korbion, B § 6 Nr. 3 Rdnr. 4.

[17] OLG Hamm, Urteil v. 23.04.2004 – 26 U 130/03, IBR 2005, 363 (Leitzke).

einer Vielzahl von Entscheidungen festgehalten, dass eine allgemeine und abstrakt gehaltene Darstellung nicht ausreichend ist, um Behinderungen im Bauablauf nachvollziehbar darzulegen. Der Nachweis des Auftragnehmers muss sich im Detail unter Berücksichtigung der tatsächlichen Verhältnisse der einzelnen Störungen und deren Auswirkung auf den Bauablauf beschäftigen.

So wird in der Rechtsprechung davon ausgegangen, dass trotz des allgemeinen Erfahrungssatzes, dass eine verzögerte Lieferung von freigegebenen Plänen in aller Regel zu einer Behinderung des Bauablaufs führt, allgemeine Hinweise auf Verzögerung der Planunterlagen z. B. in Form einer Gegenüberstellung der Soll- und Ist-Planlieferdaten nicht den Anforderungen an die Darlegungslast einer Behinderung genügen.[18]

4.5.6.2 Bauablaufbezogene Darstellung der Abläufe

Grundsätzlich ist eine bauablaufbezogene Darstellung der jeweiligen Behinderung anhand der dazu gehörigen Soll- und Ist-Abläufe notwendig, welche die auftragnehmerseitige Leistungsbereitschaft und die beanspruchte Bauzeitverlängerung nachvollziehbar macht. Der Auftraggeber muss für jeden Einzelfall darlegen, welche Behinderung mit welcher Dauer und welchen Bauablauffolgen tatsächlich eingetreten ist und welche Auswirkung die auf die vereinbarten Vertragsfristen hatte. Zu diesem Zweck kann sich der Auftragnehmer der Hilfe grafischer Darstellung durch Balken oder Netzpläne bedienen, die ggf. weitergehend zu erläutern sind.[19]

Zusammengefasst bedeutet dies für den Auftraggeber bzw. die von ihm beauftragten Sachverständigen, dass die Auswirkung von Bauablaufstörungen baubetrieblich derart transparent aufzuarbeiten ist, dass die von der Rechtsprechung formulierten Anforderungen erfüllt werden.

4.5.7   Berechnung der Fristverlängerung, § 6 Abs. 4 VOB/B

Die Fristverlängerung wird berechnet nach der Dauer der Behinderung mit einem Zuschlag für die Wiederaufnahme der Arbeiten und die etwaige Verschiebung in eine ungünstigere Jahreszeit (§ 6 Abs. 4 VOB/B).

Dies bedeutet, dass zunächst eine Fristverlängerung nach der Dauer der tatsächlichen Behinderung erfolgt. Dabei wird der gesamte Zeitraum berücksichtigt, in dem eine ordnungsgemäße und zügige Leistungserbringung des Auftragnehmers nicht möglich war. Daneben wird zugunsten des Auftragnehmers ein Zuschlag für die Wiederaufnahme der Arbeiten zugestanden, d. h., die Zeit, die der Auftragnehmer benötigt, um seine Baustelle wieder in Gang zu bekommen.

---

[18] BGH, Urteil v. 21.03.2002 – VII ZR 224/00, BauR 2002, 1249.
[19] BGH, Urteil v. 24.02.2005 – VII ZR 225/03, BauR 2005, 861.

Sofern sich die Bauzeit durch die Behinderung in eine ungünstige Jahreszeit verschiebt, werden auch die Witterungseinflüsse, die in diesem Fall für den Auftragnehmer bei Abschluss des Bauvertrages noch nicht erkennbar waren, bei der Berechnung der Fristverlängerung berücksichtigt.

4.5.8 Ablaufdiagramm: Bauzeitverlängerung, § 6 Abs. 4 VOB/B

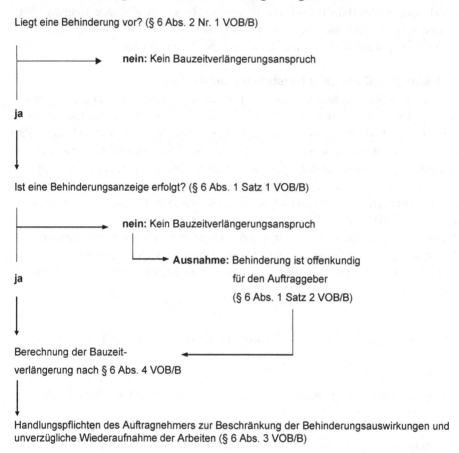

Liegt eine Behinderung vor? (§ 6 Abs. 2 Nr. 1 VOB/B)

nein: Kein Bauzeitverlängerungsanspruch

ja

Ist eine Behinderungsanzeige erfolgt? (§ 6 Abs. 1 Satz 1 VOB/B)

nein: Kein Bauzeitverlängerungsanspruch

Ausnahme: Behinderung ist offenkundig
für den Auftraggeber
(§ 6 Abs. 1 Satz 2 VOB/B)

ja

Berechnung der Bauzeit-
verlängerung nach § 6 Abs. 4 VOB/B

Handlungspflichten des Auftragnehmers zur Beschränkung der Behinderungsauswirkungen und unverzügliche Wiederaufnahme der Arbeiten (§ 6 Abs. 3 VOB/B)

4.6 Ansprüche des Auftragnehmers auf Schadensersatz (§ 6 Abs. 6 Satz 1 VOB/B)

Die Regelung in § 6 Abs. 6 Satz 1 VOB/B gilt für den Auftragnehmer und den Auftraggeber.

Sind die hindernden Umstände von einem Vertragsteil zu vertreten, so hat der andere Teil Anspruch auf Ersatz des nachweislich entstandenen Schadens, des entgangenen Gewinns aber nur bei Vorsatz oder grober Fahrlässigkeit (§ 6 Abs. 6 Satz 1 VOB/B).

4.6.1   Überblick

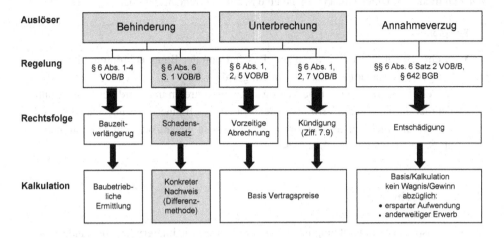

4.6.2   Hindernde Umstände und Behinderungsanzeige

4.6.2.1 Hindernde Umstände für den Auftragnehmer

Unter hindernden Umständen sind alle Störungen zu verstehen, die auf die Ausführung der Leistung negativen Einfluss haben und bei Vertragsschluss nicht bekannt waren. Eine Behinderung des Auftragnehmers ist insbesondere dann anzunehmen, wenn die hindernden Ursachen aus dem Risikobereich oder der Sphäre des Auftraggebers kommen, z. B. wenn der Auftraggeber seinen Mitwirkungspflichten gemäß §§ 3 und 4 VOB/B nicht nachkommt oder in den Fällen des § 6 Abs. 2 Nr. 1 VOB/B. Die Vorschrift gilt sowohl, wenn der Auftraggeber die Mitwirkungshandlung gänzlich unterlässt, als auch, wenn er sich damit in Verzug befindet.[20] Der Auftragnehmer muss jedoch auch hier die Behinderung als Anspruchsvoraussetzung anzeigen (siehe Abschn. 4.5.2).

4.6.2.2 Hindernde Umstände für den Auftraggeber

Eine Behinderung des Auftraggebers kann z. B. angenommen werden, wenn sich der Auftragnehmer mit den vertraglich geschuldeten Leistungen im Sinne von § 5 Abs. 4 VOB/B im Verzug befindet, beispielsweise, wenn er mit der Ausführung der Leistung zu spät beginnt, Zwischenfristen nicht einhält oder nicht rechtzeitig fertig wird.

4.6.3   Ursächlichkeit

Der entstandene Schaden muss seine Ursache gerade in den vom Schädiger zu vertretenden Umständen haben, d. h., das Verhalten des Schädigers muss ursächlich für den eingetretenen

---

[20] KG, Urteil v. 29.04.2008 – 7 U 58/07, BauR 2009, 1450.

Schaden sein. Trifft der Schaden auch ein, ohne dass der Umstand hier ursächlich ist, liegt der Fall nicht vor. Unter Umständen ist eine Mitursächlichkeit denkbar.

Beispiele

- Nicht ursächlich ist eine verspätete Beschaffung der Baugenehmigung dann, wenn der geplante Bauablauf hierdurch nicht gestört wird.[21]
- Hat ein Subunternehmer eine Verzögerung zu vertreten und wird der Generalunternehmer deshalb einem Vertragsstrafeanspruch des Bauherrn ausgesetzt, so kann der Generalunternehmer die verwirkte Vertragsstrafe gegenüber dem Subunternehmer als Schaden geltend machen.[22] ◀

4.6.4 Verschulden

Weitere Anspruchsvoraussetzung ist, dass der Schädiger die hindernden Umstände zu vertreten hat. Dies ist der Fall, wenn der Schädiger oder die von ihm in seinem Pflichtenkreis eingeschalteten Personen (§ 278 BGB), z. B. Subunternehmer, schuldhaft gehandelt haben.

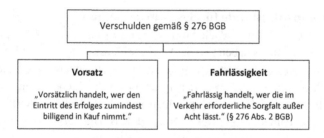

Beispiel: Wer sich rechtlich zu einer Leistung verpflichtet, diese aber z. B. aus Personalmangel, Geldnot oder dergleichen nicht (rechtzeitig) erbringen kann, handelt fahrlässig!

Beispiele

- Ein schuldhaftes Verhalten des Auftragnehmers liegt vor, wenn er grundlos mit der Ausführung der Leistungen zu spät beginnt.
- Ein Verschulden des Auftraggebers ist zu bejahen, wenn es zu einer verspäteten Bereitstellung der Pläne durch den Auftraggeber oder dem von ihm beauftragten Architekten als dessen Erfüllungsgehilfe (§ 278 BGB) kommt.
- Dagegen liegt kein Verschulden des Auftraggebers vor, wenn die hindernden Umstände durch einen Vorunternehmer verursacht wurden (z. B. verspätete Fertig-

---

[21] BGH, Urteil v. 15.01.1976 – VII ZR 52/74, BauR 1976, 128.
[22] BGH, Urteil v. 18.12.1997 – VII ZR 342/96, BauR 1998, 330; BGH, Urteil v. 25.01.2000 – X ZR 197/97, BauR 2000, 1050, IBR 2000, 265 (Schulze-Hagen).

stellung des Rohbaus). In diesen Fällen kann der Auftragnehmer jedoch Entschädigung nach § 642 BGB verlangen (siehe Abschn. 4.7). ◄

4.6.5   Nachweis des Anspruchs dem Grunde nach

Auch zum Nachweis eines Anspruchs auf Schadensersatz hat der Auftragnehmer eine bauablaufbezogene Darlegung sämtlicher Ereignisse und Verhältnisse und deren Auswirkung auf den Bauablauf im Einzelnen darzulegen, vgl. hierzu Abschn. 4.5.6 im Einzelnen.

4.6.6   Höhe des Schadenersatzanspruchs

Grundsätzlich hat der Geschädigte gemäß § 6 Abs. 6 Satz 1 VOB/B einen Anspruch auf Ersatz des ihm entstandenen Nachteils, der ursächlich von dem Vertragspartner verschuldet wurde und auf die hindernden Umstände zurückzuführen ist.[23]

4.6.6.1 Differenzmethode
Die Schadensermittlung erfolgt durch Vergleich der Vermögenslage ohne das schädigende Ereignis gegenüber dem durch die Behinderung entstandenen Schaden. Die Differenz stellt den erstattungsfähigen Schaden dar (so genannte Differenzmethode).

4.6.6.2 Entgangener Gewinn
Die Ausnahme ist lediglich der entgangene Gewinn. Ein Anspruch besteht nach § 6 Abs. 6 Satz 1, 2. Halbsatz VOB/B nur bei Vorsatz oder grober Fahrlässigkeit. Vorsätzliches Handeln kann dann angenommen werden, wenn die Pflichtwidrigkeit bewusst vorgenommen wurde und eine mögliche Schädigung billigend in Kauf genommen worden ist. Grobe Fahrlässigkeit liegt vor, wenn die erforderliche Sorgfalt in einem ungewöhnlichen Maß verletzt wurde. Zu beachten ist allerdings, dass die Beschränkung auf grobes Verschulden in § 6 Abs. 6 Satz 1, 2. Halbsatz VOB/B in allgemeinen Geschäftsbedingungen (AGB) unwirksam ist,[24] und deshalb immer dann nicht zur Anwendung gelangt, wenn die VOB/B mit Änderungen im Bauvertrag vereinbart wurde (siehe Abschn. 1.3).

4.6.6.3 Konkreter Nachweis
Die Höhe des tatsächlich entstandenen Schadens hat der Geschädigte möglichst konkret darzulegen.[25]

---

[23]BGH, Urteil v. 15.01.1976 – VII ZR 52/74, BauR 1976, 128; BGH, Urteil v. 21.03.2002 – VII ZR 224/00, BauR 2002, 1249, IBR 2002, 389 (Leitzke).

[24]OLG Karlsruhe, Urteil v. 06.07.1993 – 3 U 57/92, NJW-RR 1993, 1435.

[25]BGH, Urteil v. 24.02.2005 – VII ZR 225/03, BauR 2005, 861, IBR 2005, 254 (Schmitz).

Dies ergibt sich bereits aus dem Wortlaut der Regelung in § 6 Abs. 6 Satz 1 VOB/B. Der Geschädigte muss im Einzelfall darlegen, welche konkreten Mehrkosten ihm durch die Behinderung tatsächlich entstanden sind. Nicht ausreichend ist eine Schadensberechnung, die einen vom jeweiligen Pfahl weitgehend losgelöst letztendlich nur an allgemeinen Erfahrungssätzen orientierten und unter Umständen gar nicht eingetretenen Schaden ermittelt. Eine derartige Darlegung wäre unzureichend, da nach der Rechtsprechung des BGH der Geschädigte nur den willkürlich entstandenen Schaden verlangen kann.[26]

Dies ist in der Regel schwierig, insbesondere bei Mehrforderungen des Auftragnehmers für gestörten Bauablauf oder Beschleunigungsmaßnahmen. Deshalb sollten die Mehrkosten bereits während der Durchführung von Beschleunigungsmaßnahmen entsprechend dokumentiert werden.[27]

4.6.6.4 Schäden des Auftragnehmers

Die üblichen Schäden des Auftragnehmers infolge von vom Auftraggeber zu vertretener Störungen sind beispielsweise Stillstandskosten, Vorhaltung und Unterhaltung von Baustelleneinrichtung, Vorhaltung von Personal, zeitabhängige erhöhte Gemeinkosten der Baustelle, verlängerte Vorhaltung und Einsatzzeiten von Geräten, Preiserhöhung bei Subunternehmerleistungen etc.

Die Erstattung von Stahlpreiserhöhung aufgrund einer vom Auftraggeber zu vertretenden Bauzeitverzögerung kann allerdings weder durch Bezugnahme auf Index-Steigerungen, noch durch Vorlage allgemeiner Preiserhöhungsankündigungen vom Materiallieferanten nachgewiesen werden. Es kommt auf die dem Auftragnehmer tatsächlich entstandenen Kosten an.[28]

Weiterhin unterschiedlich behandelt wird die Frage, in welcher Höhe der Auftragnehmer auch im Bereich der Allgemeinen Geschäftskosten (AGK) Schadensersatzansprüche geltend machen kann. Hierzu gibt es unterschiedliche Rechtsprechung. Es kann davon ausgegangen werden, dass ein Anspruch dem Grunde nach besteht, der Auftragnehmer allerdings verpflichtet ist, konkret nachzuweisen, welche tatsächlichen Kosten ihm entstanden sind. Der Schaden, den er behauptet, muss auch hier adäquat kausal auf die Störung bzw. schädigenden Ereignis zurückzuführen sein. Darüber hinaus muss ihm tatsächlich ein Schaden entstanden sein. Die reine Unterhaltung nicht projektbezogener Mittel stellt insofern noch keinen Schaden dar. Demgemäß käme als Schaden des Auftragnehmers aus dem Bereich AGK beispielsweise ein konkret nachzuweisender Schaden in Betracht.

Sofern zur Durchsetzung eigener Ansprüche Sachverständige in Anspruch genommen werden müssen, können auch diese Sachverständigenkosten als Schaden geltend gemacht werden.

4.6.6.5 Umsatzsteuer

Auf Schadensersatz ist keine Umsatzsteuer fällig.[29]

---

[26] BGH, Urteil v. 21.03.2002 – VII ZR 224/00.

[27] Vgl. BGH, Urteil v. 24.02.2005 – VII ZR 141/03, BauR 2005, 857, IBR 2005, 299 (Miernik); Ausführlich zur Dokumentation und Kostenerfassung: Heiermann/Franke/Knipp, 3. Teil, E.

[28] OLG Köln, Urteil v. 28.01.2014 – 24 U 199/12.

[29] BGH, Urteil v. 24.01.2008 – VII ZR 280/05.

4.6.7   Ablaufdiagramm: Schadensersatzanspruch, § 6 Abs. 6 VOB/B

Auftraggeber: Ist der Auftragnehmer in Verzug mit den geschuldeten (Teil-)Leistungen?
Auftragnehmer: Liegen hindernde Umstände, also eine Behinderung oder Unterbrechung vor?

→ **nein:** Kein Anspruch auf Schadensersatz

ja
↓

Auftragnehmer: Wurden die hindernden Umstände durch einen Vorunternehmer verursacht, erfolgte insb. die Fertigstellung der Vorgewerke nicht rechtzeitig?

→ **ja:** Auftragnehmer hat keinen Ersatzanspruch, eventuell Entschädigung nach § 6 Abs. 6 S. 2 VOB/B, § 642 BGB (Ziff. 4.7)

nein
↓

Sind die hindernden Umstände ursächlich für den entstandenen Schaden?

→ **nein:** Kein Anspruch auf Schadensersatz

ja
↓

Liegt ein Verschulden der anderen Vertragspartei oder ihrer Erfüllungsgehilfen (§ 278 BGB) vor?

→ **nein:** Kein Anspruch auf Schadensersatz

ja
↓

Auftragnehmer: Liegt eine unverzügliche Behinderungsanzeige vor?

→ **nein:** Auftragnehmer hat keinen Ersatzanspruch

ja
↓

Ein Ersatzanspruch besteht (Schadensbemessung nach Differenzmethode)

↓

Hat die andere Vertragspartei vorsätzlich oder grob fahrlässig gehandelt?

→ **nein:** Wagnis und entgangener Gewinn werden nicht erstattet

ja
↓

Der Schadensersatzanspruch umfasst auch Wagnis und entgangenen Gewinn

4.7   Ansprüche des Auftragnehmers auf Entschädigung (§§ 6 Abs. 6 Satz 2 VOB/B, 642 BGB)

1. Ist bei der Herstellung des Werkes eine Handlung des Bestellers erforderlich, so kann der Unternehmer, wenn der Besteller durch das Unterlassen der Handlung in Verzug der Annahme kommt, eine angemessene Entschädigung verlangen.
2. Die Höhe der Entschädigung bestimmt sich einerseits nach der Dauer des Verzugs und der Höhe der vereinbarten Vergütung, andererseits nach demjenigen, was der Unternehmer infolge des Verzugs an Aufwendungen erspart oder durch anderweitige Verwendung seiner Arbeitskraft erwerben kann (§ 642 BGB).

Für den Fall, dass die hindernden Umstände durch die verspätete Fertigstellung von Vorunternehmerleistungen verursacht wurden, hat der BGH seine frühere Rechtsprechung grundlegend geändert.[30] Mittlerweile wird dem Nachunternehmer die Möglichkeit eröffnet, seine durch Verzögerungen entstandenen zusätzlichen Kosten zwar nicht als Schadensersatz nach § 6 Nr. 6 Satz 1 VOB/B, aber als Entschädigung gemäß § 642 BGB ersetzt zu verlangen. Eine entsprechende Klarstellung findet sich nunmehr in § 6 Nr. 6 Satz 2 VOB/B.

4.7.1   Überblick

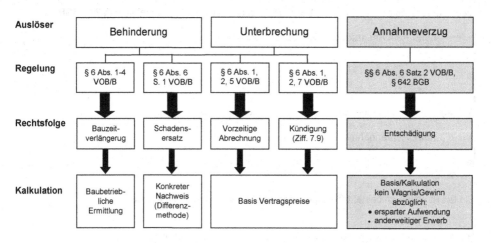

---

[30] „Vorunternehmer II"-Entscheidung BGH, Urteil v. 21.10.1999 – VII ZR 185/98, BauR 2000, 722, IBR 2000, 218 (Kraus), siehe Franke/Kemper/Zanner/Grünhagen, B § 6 Rdnr. 22.

4.7.2 Annahmeverzug

Der Auftraggeber gerät in Annahmeverzug nach §§ 642 Abs. 1, 295 BGB, wenn der Auftragnehmer nicht mit den von ihm geschuldeten Leistungen wie vereinbart beginnen kann oder Leistungserbringung gestört oder unterbrochen wird. Ein Verschulden des Auftraggebers (oder des Vorunternehmers) ist hier gerade nicht erforderlich. Allerdings muss der Nachfolgeunternehmer dem Auftraggeber die Ausführung seiner Leistungen anbieten und leistungsbereit sein. Dieses wörtliche Angebot sollte ausdrücklich in der Behinderungsanzeige ausgesprochen werden.

4.7.2.1 Mitwirkungshandlung des Auftraggebers

Tatbestandlich erfasst § 642 BGB jeden Fall, in dem der Auftraggeber eine ihm obliegende Mitwirkungshandlung unterlässt. Als dem Auftraggeber obliegende Mitwirkungshandlungen kommen u. a. die Bereitstellung des Baugrundstücks/Baustelle, Zugang, die Herbeiführung von Genehmigungen (§ 4 Abs. 1 Nr. 1 Satz 2 VOB/B), die Überlassung der Planungsunterlagen etc. an den Auftragnehmer in Betracht.

4.7.2.2 Angebot des Auftragnehmers

Der Auftragnehmer muss seine Leistungen dem Auftraggeber konkret anbieten. Dies kann beispielsweise durch Erscheinen mit dem erforderlichen Baugerät und Personal auf der Baustelle erfolgen. Ein wörtliches Angebot des Auftragnehmers kann ausreichend sein, wenn der Auftraggeber die Baugenehmigung oder die erforderlichen Pläne nicht beigebracht sowie das Baugrundstück nicht zur Verfügung gestellt hat. Also ein Beginn mit der Leistung zurzeit nicht möglich ist.

4.7.2.3 Leistungsbereitschaft des Auftragnehmers

Weitere Voraussetzung für den Annahmeverzug ist, dass der Auftragnehmer zum Zeitpunkt der fehlenden Mitwirkungshandlung zur Leistung bereit und in der Lage ist. Befindet sich der Auftragnehmer selbst mit der Erbringung seiner Leistung in Verzug, so dass die fehlende Mitwirkungshandlung keinerlei Einfluss auf den Bauablauf hat, ist er zum Zeitpunkt der eingetretenen Störung nicht leistungsbereit.

4.7.2.4 Behinderungsanzeige

Gemäß § 6 Abs. 6 Satz 2 VOB/B setzt auch der Entschädigungsanspruch eine unverzügliche Behinderungsanzeige des Auftragnehmers voraus. Dabei hat der Auftragnehmer auch seine Leistungsbereitschaft anzuzeigen. Eine Anzeige ist nur dann entbehrlich, wenn die Behinderung für den Auftraggeber offenkundig ist (Abschn. 4.5.2.3).

4.7.2.5 Sonderfall Vorunternehmer

Von Bedeutung ist der Entschädigungsanspruch aus § 642 BGB zum einen bei *verspäteten Vorunternehmerleistungen*: Nach Auffassung des BGH wird der Vorunternehmer nicht im Pflichtenkreis des Auftraggebers gegenüber dem Nachfolgeunternehmer tätig. Verzögert der Vorunternehmer schuldhaft die Fertigstellung seiner Leistungen (z. B. die Erstellung des Rohbaus), so kann dieses Verschulden demzufolge nicht dem Auftraggeber zugerechnet werden, weil der Vorunternehmer nicht sein Erfüllungsgehilfe (§ 278 BGB) ist. Die Bereitstellung der Vorgewerke, auf denen der Nachfolgeunternehmer seine Leistungen erbringen soll, stellt aber jedenfalls eine erforderliche Mitwirkungshandlung des Auftraggebers zur Herstellung des von dem Nachfolgeunternehmer geschuldeten Werkes im Sinne des § 642 Abs. 1 BGB dar. Des Weiteren, wenn ein Verschulden des Vertragspartners oder seines Erfüllungsgehilfen (§ 278 BGB) fehlt.

4.7.3 Entschädigung

Die durch die Verzögerung entstandenen Mehrkosten kann der Auftragnehmer nach § 642 BGB ersetzt verlangen. Da § 642 BGB jedoch keinen Schadensersatz, sondern eine angemessene Entschädigung gewährt ist dieser Anspruch vergütungsähnlich Die Höhe der Entschädigung richtet sich nach dem Zeitraum des Annahmeverzuges.[31] Dies bedeutet, dass eine Entschädigung nur für diesen Zeitraum geltend gemacht werden kann. Kommt es darüber hinaus zu einer Bauzeitverlängerung, bietet § 642 BGB hierfür keine Anspruchsgrundlage. Der Auftragnehmer muss die Vermögensnachteile, die er erlitten hat, im Einzelnen nachweisen.

Des Weiteren muss sich der Auftragnehmer die ersparten Aufwendungen und etwaigen anderen Erwerb anrechnen lassen.

4.7.3.1 Abgrenzung zum Schadensersatzanspruch

Bei dem Vergütungsanspruch gemäß § 642 BGB handelt es sich um einen vergütungsähnlichen Anspruch, der kein Schadensersatzanspruch im Sinne von § 6 Abs. 6 VOB/B darstellt. Daher ist die Höhe der Entschädigung auf der Grundlage der Kalkulation zu ermitteln. Allerdings müssen dem Auftragnehmer die auf Basis der Kalkulation entstandenen Kosten tatsächlich entstanden sein.

4.7.3.2 Darlegung des Annahmeverzuges

Der Auftragnehmer hat eine bauablaufbezogene Darstellung der Behinderung und Störungssachverhalte auf den tatsächlich vorgesehenen Bauablauf und deren Auswirkungen detailliert darzulegen. Im Einzelnen hierzu s. Abschn. 4.5.6.

Im Rahmen des Entschädigungsanspruchs nach § 642 BGB trägt der Auftragnehmer also die Darlegungs- und Beweislast für die unterlassenen Mitwirkungen des Bestellers (Auftraggeber), den Annahmeverzug und dessen Dauer sowie die Grundlagen der Entschädigung, ohne dass ihm eine Darlegungserleichterung nach § 687 ZPO zugute kommt.[32]

---

[31] BGH, Urteil v. 26.10.2017 – VII ZR 16/17.
[32] OLG Frankfurt, Urteil v. 06.05.2015 – 25 U 174/13.

4.7.3.3 Darlegung der Höhe des Entschädigungsanspruchs

Nach § 642 Abs. 1 BGB soll dem Auftragnehmer eine „angemessene" Entschädigung zuteil kommen. Es handelt sich somit nicht um einen umfassenden Schadensersatzanspruch, sondern um ein verschuldensunabhängigen Anspruch der eigenen Art.

Der Auftragnehmer muss seinen Entschädigungsanspruch detailliert und konkret, ähnlich wie bei einem Schadensersatzanspruch darlegen und beweisen. Grundlage bleibt die Kalkulation des Auftragnehmers als vergütungsähnlicher Anspruch. Allerdings muss der Auftragnehmer auch nachweisen, dass die geltend gemachten Mehrkosten tatsächlich entstanden sind.

Grundsätzlich muss der Auftragnehmer beim Entschädigungsanspruch sämtliche Anspruchsvoraussetzungen nachweisen und belegen. So hat beispielsweise das OLG München entschieden, dass im Fall der Störung der Auftragnehmer darzulegen hat, welche Mitarbeiter in welchem konkreten Zeitraum nicht wie geplant seine Leistung ausführen konnte und nicht anderweitig eingesetzt werden konnte.[33] In jedem Fall muss der Auftragnehmer nachweisen, dass ihm die geltend gemachten Kosten tatsächlich entstanden sind. Dies gilt insbesondere bei der Geltendmachung von BGK und AGK. Eine reine Bezugnahme auf die Vertragskalkulation ist nicht ausreichend.

Zeitliches Kriterium für die Berechnung des Entschädigungsanspruchs ist nach dem Wortlaut von § 642 Abs. 2 BGB nur die Dauer des Verzuges, jedoch nicht dessen Auswirkung auf den weiteren Bauablauf. Die Entschädigung nach § 642 BGB kann daher nur für die Dauer des Annahmeverzuges beansprucht werden, d. h. für die Wartezeit des Unternehmers während der Störung und eine Kompensation für die Bereithaltung für Personal, Geräte und Kapital. Mehrkosten, die dadurch anfallen, dass sich die Ausführung der Leistung des Unternehmers etwa aufgrund von Lohn- oder Materialkostensteigerung verteuert, weil sie wegen des Annahmeverzuges des Bestellers infolge von Unterlassen einer ihm obliegenden Mitwirkungshandlung zu einem späteren Zeitpunkt ausgeführt wird, sind danach nicht Gegenstand der nach § 642 BGB vom Auftragnehmer zu beanspruchenden Entschädigung.[34]

In seiner Entscheidung vom 26.10.2017 hat der BGH allerdings auch klar gestellt, dass bei der Bemessung der Entschädigung die Höhe der vereinbarten Vergütung zu berücksichtigen ist, sodass die in dieser Vergütung enthaltenen Anteil für Gewinn, Wagnis und Allgemeine Geschäftskosten einen Entschädigungsanspruch umfassen kann. Nicht von § 642 BGB umfasst ist der anderweitig entgangene Gewinn, der nur im Rahmen eines Schadensersatzanspruchs nach § 252 BGB erstattet wird.

---

[33] OLG München, Urteil v. 20.11.2007 – 9 U 2741/07.
[34] BGH, Urteil v. 26.10.2017 – VII ZR 16/17.

4.7.4   Ablaufdiagramm: Entschädigung, §§ 6 Abs. 6 S. 2 VOB/B, 642 BGB

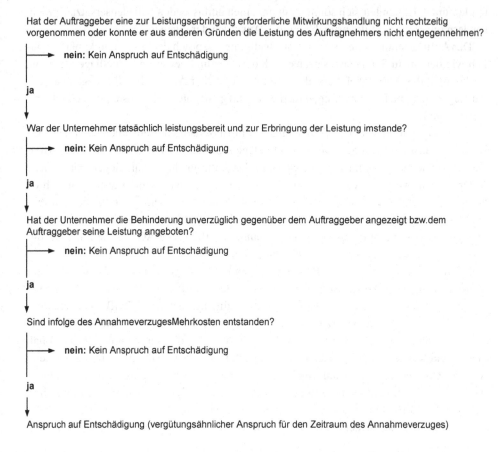

Hat der Auftraggeber eine zur Leistungserbringung erforderliche Mitwirkungshandlung nicht rechtzeitig vorgenommen oder konnte er aus anderen Gründen die Leistung des Auftragnehmers nicht entgegennehmen?

→ **nein:** Kein Anspruch auf Entschädigung

ja
↓

War der Unternehmer tatsächlich leistungsbereit und zur Erbringung der Leistung imstande?

→ **nein:** Kein Anspruch auf Entschädigung

ja
↓

Hat der Unternehmer die Behinderung unverzüglich gegenüber dem Auftraggeber angezeigt bzw.dem Auftraggeber seine Leistung angeboten?

→ **nein:** Kein Anspruch auf Entschädigung

ja
↓

Sind infolge des AnnahmeverzugesMehrkosten entstanden?

→ **nein:** Kein Anspruch auf Entschädigung

ja
↓

Anspruch auf Entschädigung (vergütungsähnlicher Anspruch für den Zeitraum des Annahmeverzuges)

4.8   Ansprüche des Auftragnehmers auf vorläufige Abrechnung während einer Unterbrechung (§ 6 Abs. 5 VOB/B)

Wird die Ausführung für voraussichtlich längere Dauer unterbrochen, ohne dass die Leistung dauernd unmöglich wird, so sind die ausgeführten Leistungen nach den Vertragspreisen abzurechnen und außerdem die Kosten zu vergüten, die dem Auftragnehmer bereits entstanden und in den Vertragspreisen des nicht ausgeführten Teils der Leistung enthalten sind (§ 6 Abs. 5 VOB/B).

Dem Auftragnehmer soll also nicht zugemutet werden, seine Arbeiten für einen längeren Zeitraum vorzufinanzieren, wenn die Ausführungen für voraussichtliche längere Dauer unterbrochen sind.

4.8.1   Überblick

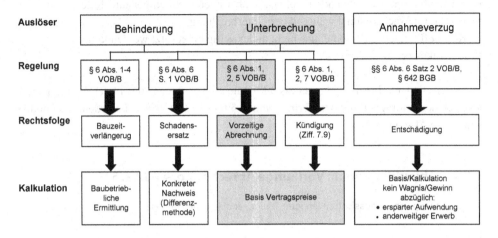

4.8.2   Begriff der Unterbrechung

In § 6 Abs. 5 VOB/B wird vorausgesetzt, dass bereits Arbeiten auf der Baustelle begonnen wurden. Erst danach kann eine Unterbrechung eintreten.

Eine *Unterbrechung* von voraussichtlich längerer Dauer ist dann anzunehmen, wenn die Arbeiten eingestellt werden mussten und die Wiederaufnahme vorerst nicht in Sicht ist. Bei einer Behinderung sind dagegen die Arbeiten teilweise oder eingeschränkt noch ausführbar.

Daneben muss die Unterbrechung nur vorübergehender Natur sein, d. h., die hindernden Umstände dürfen nicht dauerhaft vorliegen. Dies würde nämlich zu einer Unmöglichkeit der Leistung führen, so dass § 6 Abs. 5 VOB/B nicht anwendbar ist.

4.8.3   Vorläufige Abrechnung

Kommt es zu einer Unterbrechung von längerer Dauer, so kann der Auftragnehmer die ausgeführten Leistungen nach den Vertragspreisen abrechnen. Der Vertrag bleibt bestehen, jedoch entsteht eine Teilfälligkeit der Vergütung für die bisher erbrachten und entstandenen Leistungen.

Daneben kann der Auftragnehmer auch die Kosten abrechnen, die ihm bereits entstanden sind, jedoch in den Vertragspreisen des noch nicht ausgeführten Teils enthalten sind. Dabei handelt es sich einerseits um Kosten, die im Hinblick auf die Gesamtleistung bereits angefallen, allerdings in die Abschlagszahlungen noch nicht eingegangen sind, und andererseits um Kosten, die durch die Unterbrechung selbst entstanden sind. Das sind z. B.:

- Sicherungsmaßnahmen der Baustelle
- Kosten für vorgefertigte und eingelagerte, aber noch nicht eingebaute Teile
- Kosten für Wachpersonal während der Unterbrechung
- Kosten für eigenes Personal, das nicht anderweitig eingesetzt werden konnte
- Gerätekosten

Dauert die Unterbrechung länger als 3 Monate an, so können sowohl der Auftraggeber als auch der Auftragnehmer den Vertrag gemäß § 6 Abs. 7 VOB/B außerordentlich kündigen (siehe Abschn. 6.9).

4.8.4   Ablaufdiagramm: Vorläufige Abrechnung, § 6 Abs. 5 VOB/B

Unterbrechung von voraussichtlich längerer Dauer, jedoch keine Unmöglichkeit der Leistung

nein: Kein Anspruch auf vorläufige Abrechnung

ja

Wurden die Arbeiten bereits aufgenommen?

nein: Kein Anspruch auf vorläufige Abrechnung

ja

Der Auftragnehmer kann ausgeführte Leistungen vorläufig nach den Vertragspreisen abrechnen und weitere ihm entstandene Kosten vergütet verlangen.

4.9   Außerordentliche Kündigung bei mehr als 3-monatiger Unterbrechung (§ 6 Abs. 7 VOB/B)

4.9.1   Überblick

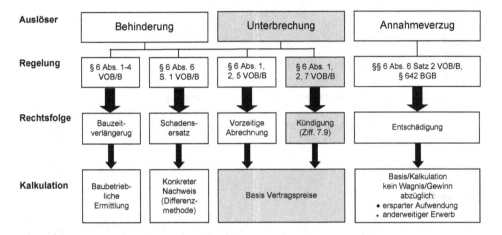

4.9.2   Kündigungsrecht

Wird die Bauausführung für mehr als 3 Monate unterbrochen, kann der Auftragnehmer ebenso wie der Auftraggeber gemäß § 6 Abs. 7 VOB/B den Vertrag außerordentlich kündigen. Die Darstellung dieses Kündigungsrechts erfolgt zusammen mit den übrigen Kündigungsrechten in den Abschn. 6.9 und 7.4.

4.9.3   Abrechnung

Die Abrechnung der bis zur Kündigung erbrachten Leistungen erfolgt gemäß § 6 Abs. 5 VOB/B.

4.9.4   Ablaufdiagramm: Kündigung, § 6 Abs. 7 VOB/B

Unterbrechung dauert länger als 3 Monate, jedoch keine Unmöglichkeit der Leistung

nein: Kein Kündigungsanspruch

ja

Kündigungsrecht des Auftraggebers und des Auftragnehmers
+
Abrechnung nach § 6 Abs. 5 VOB/B der erbrachten Leistungen.

Literatur

1. Franke, Horst; Kemper, Ralf; Zanner, Christian; Grünhagen, Matthias: VOB-Kommentar, München (Werner Verlag) 5. Auflage 2013 *zitiert*: Franke/Kemper/Zanner/Grünhagen
2. Heiermann, Wolfgang; Riedl, Richard; Rusam, Martin: Handkommentar zur VOB, Wiesbaden und Berlin (Vieweg Verlag) 13. Auflage 2013 *zitiert*: Heiermann/Riedl/Rusam
3. Ingenstau/Korbion: VOB-Kommentar, herausgegeben von Leupert/Wietersheim, München (Werner Verlag) 19. Auflage 2015 *zitiert*: Ingenstau/Korbion
4. Zanner, Christian; Salbach, Birthe; Viering, Markus: Rechte aus gestörtem Bauablauf und Ansprüchen, Wiesbaden (Springer Vieweg Verlag) 2014

Ansprüche des Auftraggebers auf Schadensersatz und Vertragsstrafe aus Verzug

5

5.1 Einleitung

Aus Sicht des Bauherrn ist die rechtzeitige Fertigstellung seines Bauvorhabens von größter Bedeutung. In der Regel finanziert er das Bauvorhaben über Kreditinstitute vor. Sein Finanzierungskonzept ist darauf ausgerichtet, dass er unmittelbar nach der Fertigstellung in die Verwertung des Objekts und damit in die Tilgung seiner aufgenommenen Kredite übergehen kann.

Dieses wirtschaftliche Interesse sucht der Auftraggeber durch Vereinbarung von Ausführungsfristen (Vertragstermine) zu erreichen, deren schuldhafte Überschreitung mit Vertragsstrafen verknüpft ist. Die Vertragsstrafe bildet das Druckmittel auf den Auftragnehmer, die vertraglich vereinbarten Ausführungsfristen auch einzuhalten. Allerdings kann eine Vertragsstrafe auch für andere Sachverhalte vereinbart werden.[1]

5.2 Schadensersatz bei Verzug

„Sind die hindernden Umstände von einem Vertragsteil zu vertreten, so hat der andere Teil Anspruch auf Ersatz des nachweislich entstandenen Schadens, des entgangenen Gewinns aber nur bei Vorsatz oder grober Fahrlässigkeit. " (§ 6 Abs. 6 Satz 1 VOB/B).

---

[1] Siehe im Einzelnen: Bschorr/Zanner, Die Vertragsstrafe im Bauwesen, S. 39 ff.

© Springer Fachmedien Wiesbaden GmbH, ein Teil von Springer Nature 2021
C. Zanner, *VOB/B nach Ansprüchen*, Bau- und Architektenrecht nach Ansprüchen,
https://doi.org/10.1007/978-3-658-34025-4_5

5.2.1 Überblick

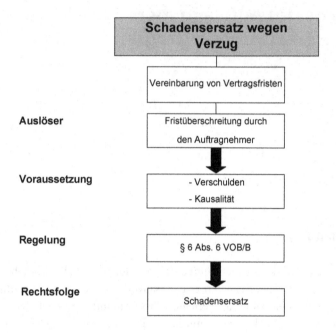

5.2.2 Einleitung

§ 6 Abs. 6 Satz 1 VOB7B regelt, dass sofern die hindernden Umstände von einem Vertragsteil zu vertreten sind, der andere Teil Anspruch auf Ersatz des nachweislich entstandenen Schadens hat. Für den Schadensersatzanspruch des Auftraggebers wegen Verzug bedeutet dies, dass der Auftragnehmer mit der Erbringung seiner Leistung bezogen auf die vertraglich vereinbarten Fristen in Verzug geraten ist. Des Weiteren muss der Auftragnehmer schuldhaft in Verzug geraten sein. Dies ergibt sich aus dem Wort „zu vertreten" der vorgenannten Regelung. Hält der Auftragnehmer Vertragsfristen nicht ein, weil er selbst behindert ist, hat er die Überschreitung der Vertragsfristen nicht zu vertreten. In diesem Fall kommt ein Schadensersatzanspruch nicht in Betracht.

Zur Höhe des Schadensersatzes ist es erforderlich, dass der dem Auftraggeber entstandenen Schaden gerade auf den Verzug des Auftragnehmers beruht.

5.2.3 Verschulden des Auftragnehmers

Voraussetzung für einen Anspruch auf Schadensersatz aus Verzug ist, dass der Schuldner schuldhaft gehandelt hat.

Grundsätzliche Voraussetzung des Verschuldens
gemäß § 276 BGB

Vorsatz	Fahrlässigkeit
„Vorsätzlich handelt, wer den Eintritt des Erfolges zumindest billigend in Kauf nimmt."	„Fahrlässig handelt, wer die im Verkehr erforderliche Sorgfalt außer Acht lässt." (§ 276 Abs. 2 BGB)

- Streng juristische Sicht, d. h. es kommt auf die rechtlichen, nicht die tatsächlichen Verhältnisse an
  Beispiel: Wer sich rechtlich zu einer Leistung verpflichtet, diese aber z. B. aus Personalmangel, Geldnot oder dergleichen nicht (rechtzeitig) erbringen kann, handelt fahrlässig!

- Haftung auch für sog. Erfüllungsgehilfen im Sinne des § 278 Satz 1 BGB
  Beispiel: Der NU geht „pleite", liefert mangelhaft etc.

5.2.4   Verzug des Auftragnehmers

Treten Behinderungen auf, die zu einer Bauzeitverlängerung nach § 6 Abs. 4 VOB/B führen. so ist auch bei einem ursprünglich kalendermäßig bestimmten oder bestimmbaren
Fertigstellungstermin eine Mahnung erforderlich, um den Auftragnehmer in Verzug zu
setzen.[2] Die Mahnung muss nach Ablauf der verlängerten Frist erfolgen, da Mahnungen
vor Fälligkeit ohne Rechtswirkungen sind.[3]

Beispiel

Die Parteien haben den 19.02.2011 als Fertigstellungsfrist vereinbart. Der Fertigstellungstermin ist also kalendermäßig bestimmt. Nach Aufnahme der Arbeiten ist der
Auftragnehmer aufgrund einer verspäteten Übergabe des Baufeldes für die Dauer von
sieben Werktagen behindert und zeigt dies auch an. Die Ausführungsfrist verlängert sich
also nach § 6 Abs. 4 VOB/B bis zum 27.02.2011 (ein Samstag, wobei Samstage als
Werktage im Sinne der VOB/B gelten,[4] haben die Parteien allerdings eine 5-Tage-Woche
vereinbart, verlängert sich die Ausführungsfrist bis zum darauf folgenden Montag, den
01.03.2011). Der Auftragnehmer kommt nun nicht mehr automatisch in Verzug, sondern
erst, wenn ihn der Auftraggeber nach dem 27.02.2011 (bzw. 01.03.2011) mahnt. ◄

---

[2] Vgl. Franke/Kemper/Zanner/Grünhagen 2013, B § 5 Rdnr. 30; BGH, Urteil v. 22.05.2003 – VII ZR
469/01, BauR 2003, 1215.

[3] BGH, Urteil v. 29.04.1992 – XII ZR 105/91, NJW 1992, 1956.

[4] BGH, Urteil v. 25.09.1978 – VII ZR 263/77, BauR 1978, 485; BGH, Urteil v. 14.01.1999 – VII ZR
73/98, BauR 1999, 645, IBR 1999, 156 (Horschitz).

Die Regelungen zum Verzug des Schuldners finden sich in § 286 BGB

(1) „Leistet der Schuldner auf eine Mahnung des Gläubigers nicht, die nach dem Eintritt der Fälligkeit erfolgt, so kommt er durch die Mahnung in Verzug. Der Mahnung stehen die Erhebung der Klage auf die Leistung sowie die Zustellung eines Mahnbescheids im Mahnverfahren gleich.

(2) Der Mahnung bedarf es nicht, wenn
   1. für die Leistung eine Zeit nach dem Kalender bestimmt ist,
   2. der Leistung ein Ereignis vorauszugehen hat und eine angemessene Zeit für die Leistung in der Weise bestimmt ist, dass sie sich von dem Ereignis an nach dem Kalender berechnen lässt,
   3. der Schuldner die Leistung ernsthaft und endgültig verweigert,
   4. aus besonderen Gründen unter Abwägung der beiderseitigen Interessen der sofortige Eintritt des Verzugs gerechtfertigt ist.

(3) Der Schuldner einer Entgeltforderung kommt spätestens in Verzug, wenn er nicht innerhalb von 30 Tagen nach Fälligkeit und Zugang einer Rechnung oder gleichwertigen Zahlungsaufstellung leistet; dies gilt gegenüber einem Schuldner, der Verbraucher ist, nur, wenn auf diese Folgen in der Rechnung oder Zahlungsaufstellung besonders hingewiesen worden ist. Wenn der Zeitpunkt des Zugangs der Rechnung oder Zahlungsaufstellung unsicher ist, kommt der Schuldner, der nicht Verbraucher ist, spätestens 30 Tage nach Fälligkeit und Empfang der Gegenleistung in Verzug.

(4) Der Schuldner kommt nicht in Verzug, solange die Leistung infolge eines Umstands unterbleibt, den er nicht zu vertreten hat.

(5) Für eine von den Absätzen 1 bis 3 abweichende Vereinbarung über den Eintritt des Verzugs gilt § 271a Absatz 1 bis 5 entsprechend."

(§§§ 286 BGB)

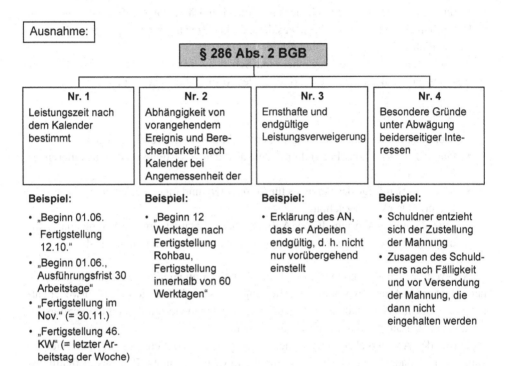

Grundsatz:

Verzug = Fälligkeit einer Leistung + Mahnung + Verschulden

- Verstreichen einer Frist allein genügt nicht
- grundsätzlich ist anschließende Mahnung notwendig

Ausnahme:

§ 286 Abs. 2 BGB

Nr. 1	**Nr. 2**	**Nr. 3**	**Nr. 4**
Leistungszeit nach dem Kalender bestimmt	Abhängigkeit von vorangehendem Ereignis und Berechenbarkeit nach Kalender bei Angemessenheit der	Ernsthafte und endgültige Leistungsverweigerung	Besondere Gründe unter Abwägung beiderseitiger Interessen

Beispiel:
- „Beginn 01.06.
- Fertigstellung 12.10."
- „Beginn 01.06., Ausführungsfrist 30 Arbeitstage"
- „Fertigstellung im Nov." (= 30.11.)
- „Fertigstellung 46. KW" (= letzter Arbeitstag der Woche)

Beispiel:
- „Beginn 12 Werktage nach Fertigstellung Rohbau, Fertigstellung innerhalb von 60 Werktagen"

Beispiel:
- Erklärung des AN, dass er Arbeiten endgültig, d. h. nicht nur vorübergehend einstellt

Beispiel:
- Schuldner entzieht sich der Zustellung der Mahnung
- Zusagen des Schuldners nach Fälligkeit und vor Versendung der Mahnung, die dann nicht eingehalten werden

Der Auftraggeber muss den Verzug des Auftragnehmers, auf den sein Schaden beruht, konkret nachweisen.

5.2.5 Kausalität zwischen Verzug und Schaden

Kausalität bedeutet, dass der dem Geschädigten entstandene Schaden ursächlich auf den Verzug des Auftragnehmers zurückzuführen ist. Ein Schaden ist dann adäquat kausal auf die hindernden Umstände im Sinne der Adäquanztheorie zurückzuführen, wenn sie im Allgemeinen und nach dem gewöhnlichen vorhersehbaren Verlauf der Dinge geeignet sind, den eingetretenen Schaden herbeizuführen. Dies ist beispielsweise der Fall, wenn der Auftragnehmer unentschuldigt die Leistung zu spät beginnt und deshalb nicht rechtzeitig fertig wird.

5.2.6 Schadenshöhe

Die Ermittlung des Schadens hat konkret zu erfolgen.[5] Eine abstrakte Schadensberechnung ist deshalb unbegründet. Dies ergibt sich bereits aus der Regelung in § 6 Abs. 6 Satz 1 VOB/B, wonach der nachweislich entstandene unmittelbare Schaden zu ersetzen ist. Zur Ermittlung des zu ersetzenden Schadens sind die Grundsätze von § 249 ff. BGB heranzuziehen. Inhalt des Schadens ist alles, was der Geschädigte an seinem Vermögen oder sonstigen rechtlichen Gütern an Nachteil erleidet.

Typische Schäden des Auftraggeber sind Schäden, die am Bauwerk selbst entstehen oder sich negativ auf das sonstige Vermögen des Auftraggebers auswirken.

Biespiel

- Mehrkosten für nicht beschäftigtes Personal infolge von Verzögerungen
- Gutachterkosten zur Feststellung des aus dem Leistungsverzug resultierenden Schadens
- Mehrkosten infolge des Verzuges für Architekten- und Ingenieurleistungen, z. B. verlängerte Objektüberwachung
- Beschleunigungskosten, die der Auftraggeber aufwendet, um den Verzug eines Auftragnehmers bezogen auf die vereinbarten Vertragsfristen aufzuholen ◄

Als weitere Schäden können infolge des Verzuges angefallene Finanzierungskosten herangezogen werden. Zu beachten ist allerdings, dass der Auftraggeber nur entweder entgangenen Gewinn oder stattdessen Finanzierungskosten in Gestalt des auf die Verzugszeit anfallenden Zinsaufwandes ersetzt verlangen kann.[6]

Macht der Auftraggeber die wirklichen oder voraussichtlich entgangenen Mieteinnahmen als Schaden geltend, sind diese um die Bewirtschaftungs-, Betriebs-, Erhaltungs- und Finanzierungskosten zu reduzieren.

5.3   Vertragsstrafe bei Verzug

Die Vertragsstrafe bei Verzug des Auftraggebers ist in der Baupraxis das häufigste Sanktionsmittel und in vielen Bauverträgen enthalten. Sie stellt ein effizientes Druckmittel zur Einhaltung der Ausführungsfristen dar, da der Auftraggeber bei schuldhafter Fristüberschreitung keine konkreten Schäden nachweisen muss, sondern – bei Einhaltung der Voraussetzungen – ohne weiteres die Vertragsstrafe „ziehen" kann.

---

[5] BGH, Urteil v. 20.02.1986 – VII ZR 286/84, BauR 1986, 347.
[6] BGH, Urteil v. 29.03.19920 – VII ZR 324/88.

5.3.1 Überblick

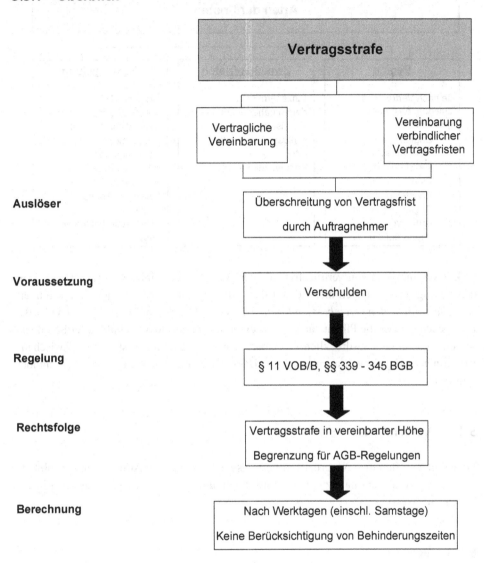

5.3.2 Vereinbarung von Vertragsfristen und Vertragsstrafe

Hierzu ist zunächst die Vereinbarung verbindlicher Ausführungsfristen (Vertragsfristen) erforderlich (siehe Abschn. 4.3).

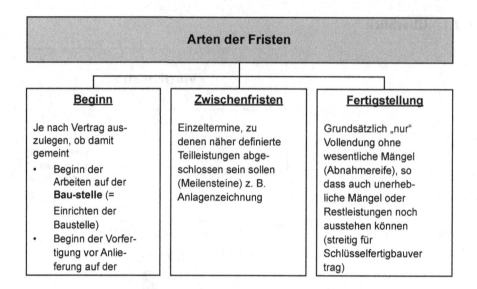

Die Vereinbarung von Vertragsfristen unter gleichzeitiger Einbeziehung der VOB/B in den Vertrag genügt jedoch nicht, damit der Auftragnehmer eine Vertragsstrafe schuldet: *Wenn Vertragsstrafen vereinbart sind, gelten die §§ 339 bis 345 BGB* (§ 11 Abs. 1 VOB/B). Dies bedeutet, dass die Pflicht zur Zahlung einer Vertragsstrafe bei schuldhafter Fristüberschreitung ebenfalls ausdrücklich vereinbart sein muss. Erst recht ist dies für Zwischenfristen notwendig, soweit auch bei deren Überschreitung eine Vertragsstrafe geschuldet sein soll.[7]

5.3.3   Verschulden

Voraussetzung für einen Anspruch auf Vertragsstrafe ist, dass der Auftraggeber schuldhaft den Verzug verursacht hat bzw. keine Entschuldigungsgründe vorliegen. Zu den Einzelheiten zum Verzug s. Abschn. 5.2.3.

5.3.4   Verzug

Ebenfalls Anspruchsvoraussetzung ist, dass der Auftragnehmer mit der Leistung in Verzug geraten ist. Er gerät nicht in Verzug, wenn die Bauzeitverlängerung entschuldigt ist. Dies ist beispielsweise dann der Fall, wenn eine berechtigte Behinderung im Sinne von § 6 Abs. 2 VOB/B vorliegt. Bezüglich der Einzelheiten zum Verzug siehe Abschn. 5.2.4.

---

[7] Zur AGB-Problematik siehe Bschorr/Zanner, Die Vertragsstrafe im Bauwesen, S. 69 ff.; Franke/Kemper/Zanner/Grünhagen, B § 11 Rdnr. 38.

5.3.5 Vorbehalt bei Abnahme

Ist eine Vertragsstrafe wirksam vereinbart, so muss sich der Auftraggeber bei Abnahme der Bauleistung die Vertragsstrafe auch vorbehalten, ansonsten verliert er seinen Anspruch (§ 11 Abs. 4 VOB/B). Bei der fiktiven Abnahme ist die Vorbehaltserklärung innerhalb der Fristen des § 12 Abs. 5 VOB/B notwendig (siehe Abschn. 8.3.4.2 und 8.3.4.3).

5.3.6 Verhältnis zum Schadensersatz wegen Verzugs

Vertragsstrafe ist pauschalierter Schadensersatz. Ein Schaden ist nach Deutschem Recht im Einzelnen nachzuweisen. Der pauschalierte Schadensersatz in Form der Vertragsstrafe soll den Nachweis erleichtern und die Höhe im Vorhinein bestimmen. Grundsätzlich können Vertragsstrafe und Schadensersatz nicht nebeneinander geltend gemacht werden. Vielmehr ist die Vertragsstrafe auf einen weitergehenden Schadensersatzanspruch anzurechnen (§§ 340 Abs. 2, 341 Abs. 2 BGB).[8]

> **Beispiel**
>
> Hat der Auftragnehmer eine Vertragsstrafe wegen Fristüberschreitung in Höhe von EUR 100.000,00 zu zahlen und weist der Auftraggeber daneben einen ihm entstandenen finanziellen Schaden von EUR 140.000,00 wegen der Fristüberschreitung nach, so hat der Auftraggeber Anspruch auf EUR 140.000,00 (nicht: EUR 240.000,00). ◄

Als weitergehender Schadensersatz kommt insbesondere auch eine Vertragsstrafe des Auftraggebers (Generalunternehmer) in Betracht, die dieser an seinen Auftraggeber (Bauherrn) wegen der verschuldeten Fristüberschreitung des Auftragnehmers (Nach-/Subunternehmer) zahlen muss.[9] Da sich diese Vertragsstrafe an der höheren Auftragssumme des Generalunternehmers orientiert, übersteigt sie in der Regel den mit dem Nachunternehmer vereinbarten Höchstbetrag der Vertragsstrafe (siehe Abschn. 5.3.7). Der weitergehende Schadensersatzanspruch des Generalunternehmers scheidet auch nicht deshalb aus, weil der so errechnete Schadensersatz 70 % des Auftragswertes der Nachunternehmerleistungen erreicht.[10]

Der Generalunternehmer muss seinen Nachunternehmer jedoch auf dieses Risiko hinweisen.

---

[8] Abweichende AGB sind unwirksam: BGH, Urteil v. 11.05.1989 – VII ZR 305/87, BauR 1989, 459; OLG Düsseldorf, Urteil v. 22.03.2002 – 5 U 85/01, BauR 2003, 94.

[9] BGH, Urteil v. 18.12.1997 – VII ZR 342/96, BauR 1998, 330, IBR 1998, 105 (Horschitz).

[10] BGH, Urteil v. 25.01.2000 – X ZR 197/97, BauR 2000, 1050, IBR 2000, 265 (Schulze-Hagen).

5.3.7 Höhe der Vertragsstrafe

Zulässig und in der Baupraxis auch die Regel ist, dass die Vertragsstrafe im Rahmen allgemeiner Geschäftsbedingungen (AGB) vereinbart wird.[11] Dann ist eine zweifache Begrenzung der Höhe nach notwendig, und zwar hinsichtlich der Höhe des Tagessatzes und hinsichtlich der Höhe des Gesamtbetrages der Vertragsstrafe.[12]

5.3.7.1 Tagessatz

Beim Tagessatz ist zu unterscheiden: Die Wirksamkeit von Vertragsstrafenklauseln richtet sich u. a. danach, ob die Vertragsstrafe für jeden Kalendertag der Fristüberschreitung anfallen soll. Häufig ist im Vertrag dagegen bestimmt, dass sich die Vertragsstrafe nach Werktagen (d. h. einschließlich Samstag gemäß § 11 Nr. 3 VOB/B) bemisst. Andere Geschäftsbedingungen sehen vor, dass die Vertragsstrafe nach Arbeitstagen, also denjenigen Tagen anfallen soll, an denen der vertraglichen Terminablaufvereinbarung zufolge gearbeitet wird (in der Regel Montag bis Freitag).

Höhe des Tagessatzes

0,1 %	0,2 %	0,3 %	0,4 %	0,5 %	> 0,5 %
• pro Werktag: wirksam (BGH BauR 1987, 92)	• pro Werktag: wirksam (BGH BauR 1979, 56) • pro Kalendertag: wirksam (OLG Düsseldorf, NJW-RR 2001, 1597)	• pro Arbeitstag: wirksam (BGH BauR 1976, 279; KG KGR 1999, 254) • pro Kalendertag: unwirksam, wenn Höchstbetrag 10 % (OLG Dresden, BauR 2001, 949)	• pro Arbeitstag: unwirksam (OLG Dresden BauR 2001, 949)	• pro Arbeitstag: unwirksam (BGH BauR 2000, 1049) • pro Kalendertag: unwirksam, (BGH BauR 1983, 80; OLG Koblenz, BauR 2000, 1338)	• immer: unwirksam, (BGH BauR 1981, 374: 1,5 % pro Arbeitstag; OLG Naumburg, IBR 1999, 469: 1% pro Werktag)

Als Tagessatz sollte 0,2 % nicht überschritten werden, da die Rechtsprechung in diese Richtung tendiert.

---

[11] Ingenstau/Korbion, B § 11 Rdnr. 2.
[12] BGH, Urteil v. 11.05.1989 – VII ZR 305/87, BauR 1989, 459; BGH, Urteil v. 20.01.2000 – VII ZR 46/98, 2000, 1049, IBR 2000, 369 (Horschitz).

5.3.7.2 Höchstbetrag

Nach der Rechtsprechung des BGH sind Vertragsstrafenregelungen in allgemeinen Geschäftsbedingungen, deren Höchstbetrag 5 % der Auftragssumme übersteigt, unwirksam.[13]

5.3.7.3 Zwischenfristen

Es ist grundsätzlich auch in allgemeinen Geschäftsbedingungen zulässig, nicht nur den Fertigstellungstermin, sondern auch die Zwischenfristen (siehe Abschn. 4.3.2) mit Vertragsstrafen zu belegen. Allerdings dürfen nicht sämtliche Zwischentermine mit Vertragsstrafen belegt werden.[14]

Streitig ist zudem, ob solche Vertragsstrafeklauseln unwirksam sind, die nicht auf den Wert der bis zum Zwischentermin fertiggestellten Teilleistung Bezug nehmen, sondern auf den Gesamtauftragswert.[15] Zu beachten ist ferner, dass auf vorangegangene Verzüge verwirkte Vertragsstrafen bei nachfolgenden Zwischenterminen nicht erneut mitgezählt werden dürfen.[16]

5.3.8 Berechnung der Vertragsstrafe

Der Anspruch auf Vertragsstrafe ist abhängig vom Bestehen der pönalisierten Leistungspflicht. Daher kann der Vertragsstrafenanspruch nicht als selbstständige Forderung an Dritte abgetreten werden, bevor die Vertragsstrafe verwirkt ist.[17]

Die Berechnung der Vertragsstrafe folgt den vertraglichen Vereinbarungen, wobei auch Samstage als Werktage im Sinne des § 11 Abs. 3 VOB/B gelten.[18] Die Vertragsstrafe ist bis zu dem Zeitpunkt zu berechnen, zu dem der Auftragnehmer seine Leistungen abnahmereif, also ohne wesentliche Mängel oder Restleistungen, hergestellt hat.[19]

War der Auftragnehmer behindert, scheidet aber der Bauzeitverlängerungsanspruch aus § 6 VOB/B wegen unterlassener Behinderungsanzeige aus (siehe Abschn. 4.5), so bleiben die Behinderungszeiten für die Vertragsstrafenberechnung dennoch unberücksichtigt.[20] Hier fehlt das Verschulden des Aufragnehmers an der Fristüberschreitung.

---

[13] BGH, Urteil v. 23.01.2003 – VII ZR 210/01, BauR 2003, 870, IBR 2003, 293 (Oberhauser).

[14] OLG Bremen, Urteil v. 07.10.1986 – 1 U 151/85, NJW-RR 1987, 468.

[15] So OLG Hamm, Urteil v. 10.02.2000 – 21 U 85/98, BauR 2000, 1202, IBR 2000, 489 (Schulze-Hagen).

[16] OLG Koblenz, Urteil v. 23.03.2000 – 2 U 792/99, NZBau 2000, 330; wohl auch BGH, Urteil v. 14.01.1999 – VII ZR 73/98, BauR 1999, 645.

[17] Heiermann/Riedl/Rusam, B § 11 Rdnr. 28.

[18] BGH, Urteil v. 25.09.1978 – VII ZR 263/77, BauR 1978, 485; 1999, 645 (648), IBR 1999, 156 (Horschitz).

[19] Franke/Kemper/Zanner/Grünhagen, B § 5 Rdnr. 17.

[20] BGH, Urteil v. 14.01.1999 – VII ZR 73/98, BauR 1999, 645, IBR 1999, 156 (Horschitz).

5.3.9 Vertragsstrafe und Kündigung

Eine wegen Verzugs verwirkte, nach Zeit bemessene Vertragsstrafe kann nur für die Zeit bis zum Tag der Kündigung des Vertrages gefordert werden (§ 8 Abs. 8 VOB/B).

5.3.10 Ablaufdiagramm: Vertragsstrafe bei Verzug

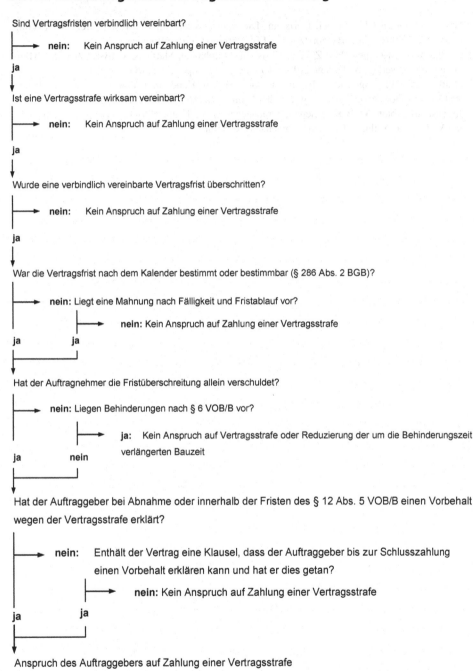

Sind Vertragsfristen verbindlich vereinbart?

　　　　▶ **nein:**   Kein Anspruch auf Zahlung einer Vertragsstrafe

ja

Ist eine Vertragsstrafe wirksam vereinbart?

　　　　▶ **nein:**   Kein Anspruch auf Zahlung einer Vertragsstrafe

ja

Wurde eine verbindlich vereinbarte Vertragsfrist überschritten?

　　　　▶ **nein:**   Kein Anspruch auf Zahlung einer Vertragsstrafe

ja

War die Vertragsfrist nach dem Kalender bestimmt oder bestimmbar (§ 286 Abs. 2 BGB)?

　　　　▶ **nein:** Liegt eine Mahnung nach Fälligkeit und Fristablauf vor?

　　　　　　　　　▶ **nein:** Kein Anspruch auf Zahlung auf einer Vertragsstrafe

ja　　　　**ja**

Hat der Auftragnehmer die Fristüberschreitung allein verschuldet?

　　　　▶ **nein:** Liegen Behinderungen nach § 6 VOB/B vor?

　　　　　　　　　▶ **ja:**   Kein Anspruch auf Vertragsstrafe oder Reduzierung der um die Behinderungszeit
　　　　　　　　　　　　verlängerten Bauzeit

ja　　　　**nein**

Hat der Auftraggeber bei Abnahme oder innerhalb der Fristen des § 12 Abs. 5 VOB/B einen Vorbehalt wegen der Vertragsstrafe erklärt?

　　　　▶ **nein:**   Enthält der Vertrag eine Klausel, dass der Auftraggeber bis zur Schlusszahlung
　　　　　　　　　einen Vorbehalt erklären kann und hat er dies getan?

　　　　　　　　　▶ **nein:** Kein Anspruch auf Zahlung einer Vertragsstrafe

ja　　　　**ja**

Anspruch des Auftraggebers auf Zahlung einer Vertragsstrafe

Literatur

1. Bschorr, Michael Ch.; Zanner, Christian: Die Vertragsstrafe im Bauwesen, München (Verlag C. H. Beck) 2003 *zitiert*: Bschorr/Zanner, Die Vertragsstrafe im Bauwesen
2. Franke, Horst; Kemper, Ralf; Zanner, Christian; Grünhagen, Matthias: VOB-Kommentar, München (Werner Verlag) 5. Auflage 2013 *zitiert*: Franke/Kemper/Zanner/Grünhagen
3. Heiermann, Wolfgang; Riedl, Richard; Rusam, Martin: Handkommentar zur VOB, Wiesbaden und Berlin (Vieweg Verlag) 13. Auflage 2013 *zitiert*: Heiermann/Riedl/Rusam
4. Ingenstau/Korbion: VOB-Kommentar, herausgegeben von Leupert/Wietersheim, München (Werner Verlag) 19. Auflage 2015 *zitiert*: Ingenstau/Korbion

Kündigung durch den Auftraggeber (§ 8 VOB/B)

6.1 Einleitung

Die Parteien des VOB-Vertrages dürfen nicht vorschnell zur Kündigung des Vertrages schreiten, sondern sind im Rahmen ihrer Kooperationspflicht gehalten, bei Meinungsverschiedenheiten zunächst eine Einigung zu versuchen[1] (siehe Abschn. 1.5). Unabhängig hiervon kann der Auftraggeber jederzeit den Vertrag kündigen (so genanntes freies Kündigungsrecht nach § 8 Abs. 1 VOB/B), muss dann aber auch für ihn nachteilige Vergütungsfolgen tragen. Bei der Kündigung aus wichtigem Grund (so genannte außerordentliche Kündigung) kann er dem Vergütungsanspruch des Auftragnehmers für die bis zur Kündigung erbrachten Leistungen eigene Gegenansprüche entgegenhalten.

---

[1] BGH, Urteil v. 28.10.1999 – VII ZR 393/98, BauR 2000, 409, IBR 2000, 110 (Quack).

© Springer Fachmedien Wiesbaden GmbH, ein Teil von Springer Nature 2021
C. Zanner, *VOB/B nach Ansprüchen*, Bau- und Architektenrecht nach Ansprüchen,
https://doi.org/10.1007/978-3-658-34025-4_6

6.2 Überblick

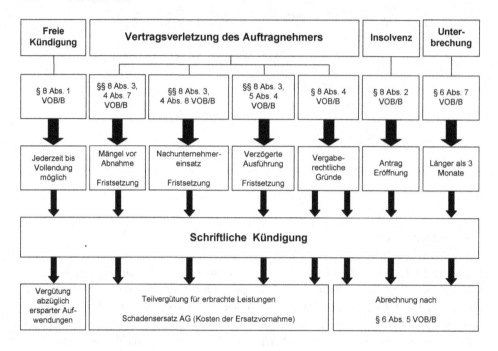

6.3 Freie Kündigung (§ 8 Abs. 1 Nr. 1 VOB/B)

6.3.1 Überblick

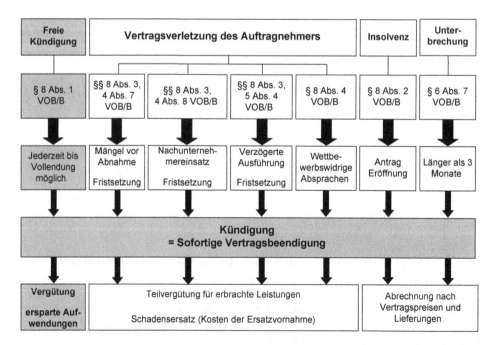

6.3.2   Schriftform

Der Auftraggeber kann bis zur Vollendung der Leistung jederzeit den Vertrag kündigen (§ 8 Abs. 1 Nr. 1 VOB/B).

   Das freie Kündigungsrecht des Auftraggebers zeichnet sich also dadurch aus, dass Kündigungsgründe gerade nicht vorliegen müssen. Die Kündigung kann bis zur Vollendung der Bauleistung erklärt werden. Einzige Wirksamkeitsvoraussetzung für das freie Kündigungsrecht ist die Schriftform: *Die Kündigung ist schriftlich zu erklären* (§ 8 Abs. 6 VOB/B).

6.3.3   Teilkündigung

Die Kündigung muss nicht das gesamte Vertragsverhältnis betreffen, sondern kann sich auch auf einzelne Gewerke bzw. abtrennbare Einzelleistungen beziehen (Teilkündigung). Leistungsteile innerhalb eines Gewerks stellen grundsätzlich keinen in sich abgeschlossenen Teil der Leistung im Sinne des § 8 Abs. 3 S. 2 VOB/B dar.[2] Übernimmt der Auftraggeber Leistungen, die vertraglich vom Auftragnehmer auszuführen sind, nach Vertragsschluss selbst, ohne diese schriftlich zu kündigen (so genannte „kalte Kündigung"), so hat der Auftragnehmer gemäß § 2 Abs. 4 VOB/B ebenso wie bei einer ausdrücklich erklärten freien Teilkündigung einen Vergütungsanspruch aus § 8 Abs. 1 Nr. 2 VOB/B (siehe sogleich Abschn. 6.3.4). Gleiches gilt im Wesentlichen, wenn der Auftraggeber Leistungen, mit denen er den Auftragnehmer beauftragt hat, nach Vertragsschluss an ein Drittunternehmen überträgt. Lediglich die rechtliche Handhabung ist umstritten.[3] Es ist rechtlich umstritten, ob eine unzulässige Teilkündigung seitens des Auftraggebers den Auftragnehmer dazu berechtigt, außerordentlich zu kündigen.

6.3.4   Vergütungsanspruch des Auftragnehmers

6.3.4.1 Erbrachte Leistung
Dem freien Kündigungsrecht steht aber auch ein entsprechender Vergütungsanspruch des Aufragnehmers gegenüber: Der Auftragnehmer erhält nicht nur die bis zum Zugang der Kündigungserklärung bereits erbrachten Leistungen vergütet, sondern auch den Betrag, den er verdient hätte, wenn der Vertrag ordnungsgemäß durchgeführt worden wäre, wie § 8 Abs. 1 Nr. 2 VOB/B in einer nur schwer verständlichen Formulierung bestimmt: *Dem Auftragnehmer steht die vereinbarte Vergütung zu. Er muss sich jedoch anrechnen lassen, was er infolge der Aufhebung des Vertrags an Kosten erspart oder durch anderweitige Ver-*

---

[2] BGH, Urteil v. 20.08.2009 – VII ZR 212/07.

[3] Im Einzelnen: Franke/Kemper/Zanner/Grünhagen, B § 2 Rdnr. 81 ff.

wendung seiner Arbeitskraft und seines Betriebs erwirbt oder zu erwerben böswillig
unterlässt (§ 649 BGB).

6.3.4.2 Nicht erbrachte Leistung

Neben den bis zur Kündigung erbrachten Leistungen erhält der Auftragnehmer also die
infolge der Kündigung nicht mehr zu erbringenden Leistungen ebenfalls vergütet. Von
dieser Vergütung muss er diejenigen Kosten abziehen, die er einspart, weil er z. B. Aufwendungen für Lohn, Geräte etc. nicht mehr erbringen muss. Die Beweislast für die ersparten Aufwendungen trägt im Prozess allerdings der Auftraggeber.[4]

Durch das Forderungssicherungsgesetz wurde § 649 BGB zudem um einen Satz 3 ergänzt: Hiernach wird vermutet, dass dem Unternehmer für den noch nicht erbrachten Teil
der Werkleistung 5 % der insofern vereinbarten Vergütung zustehen. Beruft sich der Auftragnehmer auf einen geringeren Anteil ersparter Aufwendungen, so dass seine Vergütung
nach § 649 BGB höher ausfällt, trägt er hierfür die Beweislast. Andererseits müsste der
Auftraggeber eine eventuell über 95 % der vereinbarten Vergütung hinausgehende Ersparnis des Auftragnehmers bezüglich der nicht mehr zu erbringenden Leistungen beweisen.

6.3.5 Abrechnung der Kündigungsvergütung

Die Vergütung für die erbrachten Leistungen und die nicht mehr zu erbringenden Leistungen muss der Auftragnehmer in seiner Schlussrechnung getrennt darstellen.[5] Er kann zur
Leistungsfeststellung vom Auftraggeber Aufmaß und Abnahme der von ihm erbrachten
Leistungen verlangen (§ 8 Abs. 6 VOB/B). Die Beweislast für die Richtigkeit der abgerechneten Vergütung trägt der Auftragnehmer.

6.3.6 Rückzahlungsanspruch des Auftraggebers

Hat der Auftraggeber vor der Kündigung Voraus- oder Abschlagszahlungen geleistet, ist es
möglich, dass der Auftragnehmer zum Zeitpunkt der Kündigung bereits überbezahlt ist. In
diesem Fall hat der Auftraggeber einen Rückzahlungsanspruch. Dieser kann geltend gemacht werden, indem der Auftraggeber nachweist, dass er bereits mehr bezahlt hat, als
ihm in der Schlussrechnung des Auftragnehmers in Rechnung gestellt wird.[6]

---

[4] BGH, Urteil v. 21.12.2000 – VII ZR 467/99, NJW-RR 2001, 385, IBR 2001, 125 (Quack).
[5] BGH, Urteil v. 20.01.2000 – VII ZR 97/99, BauR 2000, 726; OLG Brandenburg, Urteil v.
22.06.2005 – 4 U 137/03, IBR 2005, 665 (Putzier).
[6] OLG Brandenburg, Urteil v. 02.04.2009 – 11 U 111/07, IBR 2009, 507 (Orthmann).

6.4   Außerordentliches Kündigungsrecht bei Mängeln vor Abnahme (§§ 8 Abs. 3, 4 Abs. 7 VOB/B)

6.4.1   Überblick

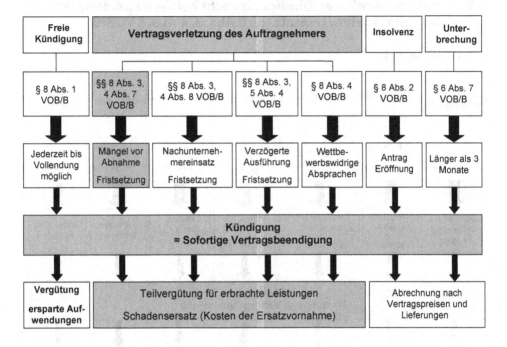

6.4.2   Mängel

Werden bereits während der Ausführung Mängel der Bauleistung erkennbar, so kann der Auftraggeber dem Auftragnehmer eine angemessene Frist zur Mängelbeseitigung verbunden mit einer Kündigungsandrohung setzen.

6.4.3   Kündigung

Nach erfolglosem Fristablauf ist der Auftraggeber zur außerordentlichen Kündigung berechtigt (§ 4 Nr. 7 VOB/B). Da es sich hier der Sache nach um ein Mängelrecht handelt, das in der Praxis zumeist der Vorbereitung von Erstattungsansprüchen bezüglich der Ersatzvornahmekosten dient, erfolgt die ausführliche Darstellung zur besseren Übersicht in Abschn. 13.2.

Mängel in einer Größenordnung von insgesamt 5 % des Gesamtauftragsvolumens gewähren dem Auftraggeber nicht das Recht, den Bauvertrag fristlos zu kündigen.[7]

6.5 Außerordentliches Kündigungsrecht bei vertragswidrigem Nachunternehmereinsatz (§§ 8 Abs. 3, 4 Abs. 8 VOB/B)

6.5.1 Überblick

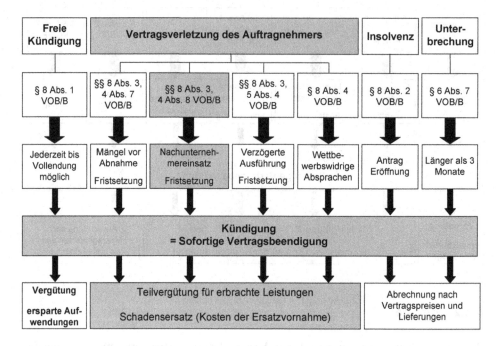

6.5.2 Leistungserbringung im eigenen Betrieb

Der Auftragnehmer ist zur Ausführung der beauftragten Leistungen im eigenen Betrieb verpflichtet. Nur mit schriftlicher Zustimmung des Auftraggebers darf er Nachunternehmer einsetzen. Unter den Begriff der Zustimmung nach § 4 Abs. 8 VOB/B fällt sowohl die vorhergehende Einwilligung des Auftraggebers (§ 183 BGB) als auch die nachträgliche Genehmigung (§ 184 BGB).[8] Der Zustimmung bedarf es nicht, wenn der Betrieb des Auftragnehmers auf die jeweilige Leistung nicht eingerichtet ist (§ 4 Abs. 8 Nr. 1 Satz 1–3 VOB/B). Zum Teil wird ein Anspruch des Auftragnehmers auf die Erteilung der

---

[7]OLG Stuttgart, Urteil v. 15.11.2011 – 10 U 66/10, IBR 2012, 643 (S. 37) (Bergmann-Streyl).

[8]Heiermann/Riedl/Rusam, B § 4 Rdnr. 122.

Zustimmung zum Nachunternehmereinsatz bejaht, wenn der Weitvergabe von Leistungen keine sachlichen Gründe entgegenstehen (siehe Abschn. 3.2.5).[9]

6.5.3 Fristsetzung mit Kündigungsandrohung

Verstößt der Auftragnehmer gegen seine Eigenleistungspflicht, kann ihm der Auftragnehmer eine angemessene Frist zur Aufnahme der Leistung im eigenen Betrieb setzen, verbunden mit der Erklärung, dass er ihm bei fruchtlosem Fristablauf den Auftrag entziehe (§ 4 Abs. 8 Nr. 1 Satz 4 VOB/B). Eine solche Fristsetzung mit Kündigungsandrohung ist ausnahmsweise entbehrlich, wenn der Auftragnehmer die Ausführung der Leistung im eigenen Betrieb ernsthaft und endgültig verweigert oder die Fristsetzung aus anderen besonderen Gründen eine bloße Förmelei wäre.[10]

6.5.4 Erklärung der Kündigung

Verstreicht die Frist erfolglos, so kann der Auftraggeber schriftlich (§ 8 Abs. 6 VOB/B) die außerordentliche Kündigung erklären. Dabei hat er gemäß § 8 Abs. 3 Nr. 1 Satz 2 VOB/B die Wahl, das Vertragsverhältnis ganz oder teilweise zu kündigen.

Nach einer aktuellen Entscheidung des Bundesgerichtshofs ist § 314 BGB auf den Werkvertrag anwendbar. Das bedeutet, dass der Auftragnehmer bei Vorliegen der Kündigungsvoraussetzungen innerhalb einer **angemessenen Frist** die Kündigung erklären muss (§ 314 Abs. 3 BGB).[11] Als angemessen gilt ein Zeitraum von mindestens zwei Wochen, wobei allerdings der Einzelfall zu berücksichtigen ist, so dass der angemessene Zeitraum auch länger ausfallen kann.[12]

6.5.5 Abrechnung von Vergütung

Der Auftragnehmer kann bei einer außerordentlichen Kündigung durch den Auftraggeber nach § 8 Abs. 3 VOB/B nur eine Vergütung für die bis zur Kündigung erbrachten Leistungen verlangen. Er hat keinen Vergütungsanspruch für die infolge der Kündigung nicht mehr zu erbringende Leistung. Hat der Auftraggeber Voraus- und Abschlagszahlungen geleistet, die die nach Kündigung noch geschuldete Vergütung übersteigen, kann er einen Anspruch auf Rückzahlung geltend machen (siehe Abschn. 6.3.6).

---

[9] OLG Celle, Urteil v. 14.02.2007 – 7 U 165/06, BauR 2008, 103; Ingenstau/Korbion, B § 8 Nr. 3 Rdnr. 16 – Treu und Glauben.

[10] Siehe im Einzelnen Franke/Kapellmann/Zanner/Grünhagen, B § 4 Rdnr. 303.

[11] BGH, Urteil v. 26.03.2008 – X ZR 70/06, IBR 2008, 378 (Schwenker).

[12] Prütting/Wegen/Weinreich-Medicus, § 314 BGB Rdnr. 16.

6.5.6   Schadensersatzansprüche des Auftraggebers

Der Auftraggeber kann die nach Kündigung des Auftragnehmers entstandenen Mehrkosten der Ersatzvornahme, also der Fertigstellung der Bauleistung durch einen Dritt-
unternehmer, dem Vergütungsanspruch des Auftragnehmers entgegenhalten: *Nach der
Entziehung des Auftrags ist der Auftraggeber berechtigt, den noch nicht vollendeten Teil
der Leistung zu Lasten des Auftragnehmers durch einen Dritten ausführen zu lassen, doch
bleiben seine Ansprüche auf Ersatz des etwa entstehenden weiteren Schadens bestehen*
(§ 8 Nr. 3 Abs. 2 Satz 1 VOB/B).

Dabei ist zu beachten, dass nicht sämtliche Kosten der Ausführung der Restleistungen
durch ein Drittunternehmen erstattungsfähig sind, sondern nur die tatsächlichen Mehrkosten. Abzuziehen sind also die Kosten, die bei weiterer Ausführung durch den gekündigten Auftragnehmer ebenfalls entstanden wären. Konkret bestehen die Mehrkosten
in der Differenz zwischen den tatsächlich angefallenen Kosten (also der Summe der Vergütung des gekündigten Auftragnehmers und des Unternehmens, das mit der Fertigstellung betraut wurde) und der Vergütung, die vom gekündigten Unternehmer ursprünglich für die vollständige Leistungserbringung veranschlagt war.[13] Die so entstandenen
Mehrkosten der Ersatzvornahme hat der Auftraggeber alsbald gegenüber dem gekündigten
Auftragnehmer abzurechnen (§ 8 Abs. 3 Nr. 4 VOB/B).

6.5.7   Inanspruchnahme von Geräten und Baustoffen

Der Auftraggeber kann außerdem auf der Baustelle vorhandene Baustoffe, Geräte etc.
gegen angemessene Vergütung in Anspruch nehmen (§ 8 Abs. 3 Nr. 3 VOB/B).

Allerdings hat der Auftraggeber kein Selbsthilferecht, sondern muss seinen Anspruch
auf Weiterverwendung der auf der Baustelle lagernden Materialien und Geräte gerichtlich
mit einer einstweiligen Verfügung durchsetzen.[14]

---

[13] KG, Urteil v. 29.04.2008 – 6 U 17/07, IBR 2009, 572 (Schmitz).
[14] OLG Düsseldorf, Urteil v. 28.11.2007 – 11 U 19/07, IBR 2008, 429 (Sprajcar/Wilhelm).

6.5.8 Ablaufdiagramm: Kündigung bei Nachunternehmereinsatz, §§ 8 Abs. 3, 4 Abs. 8 VOB/B

Hat der Auftragnehmer Leistungen auf einen Nachunternehmer übertragen?

> **nein:** freie Kündigung (§ 8 Abs. 1 VOB/B)

ja

Liegt eine schriftliche Zustimmungserklärung vor?

> **ja:** freie Kündigung (§ 8 Abs. 1 VOB/B)

nein

Ist der Betrieb des Auftragnehmers auf die übertragenen Leistungen eingerichtet?

> **nein:** freie Kündigung (§ 8 Abs. 1 VOB/B)

ja

Hat der Auftraggeber eine angemessene Nachfrist gesetzt und die Kündigung für den Fall des fruchtlosen Fristablaufs angedroht?

> **nein:** Hat der Auftraggeber die Ausführung der Arbeiten im eigenen Betrieb endgültig und ernsthaft verweigert (§ 8 Abs. 1 VOB/B)
>
> > **nein:** Freie Kündigung (§ 8 Abs. 1 VOB/B)

ja   **ja**

Liegt eine schriftliche Kündigungserklärung vor?

> **nein:** keine wirksame Kündigung (§ 8 Abs. 5 VOB/B)

ja

Außerordentliche Kündigung nach §§ 4 Abs. 8, 8 Abs. 3 VOB/B liegt vor.

6.5.9 Ablaufdiagramm: Abrechnung Vergütung und Schadensersatz, § 8 Abs. 3 VOB/B

Hat Auftraggeber auf der Baustelle vorhandene Bauteile, Baustoffe oder -geräte in Anspruch genommen?

ja: Anspruch des Auftragnehmers auf angemessene Vergütung (§ 8 Abs. 3 Nr. 3 VOB/B)

nein

Hat der Auftraggeber die Restleistungen durch Drittunternehmen ausführen lassen und sind bei dieser Ersatzvornahme Mehrkosten entstanden?

nein: Auftragnehmer hat einen Anspruch auf Werklohn für erbrachte Leistungen; der Auftraggeber ist berechtigt, gegen diesen mit einer Schadensersatzforderung aufzurechnen (§ 8 Abs. 3 Nr. 2 Satz 2 VOB/B)

ja

Der Auftragnehmer hat zwar einen Anspruch auf Werklohn für die erbrachten Leistungen, aber der Auftraggeber kann mit seinem Erstattungsanspruch für die Mehrkosten der Ersatzvornahme aufrechnen (§ 8 Abs. 3 Nr. 2 Satz 1 VOB/B). Er muss diese allerdings gegenüber dem Auftragnehmer abrechnen (§ 8 Abs. 3 Nr. 4 VOB/B).

6.6   Außerordentliches Kündigungsrecht bei Verzug des Auftragnehmers (§§ 8 Abs. 3, 5 Abs. 4 VOB/B)

6.6.1   Überblick

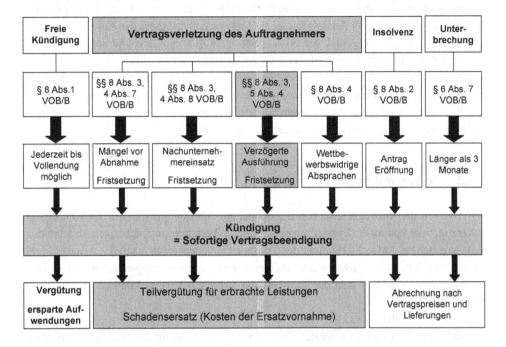

Die nachfolgenden Voraussetzungen der Abschn. 6.6.2 und 6.6.3 sind alternativ, es muss also nur eine von beiden vorliegen.

6.6.2   Verzögerte Leistungserbringung

6.6.2.1 Verstoß gegen Abhilfepflichten

Wenn Arbeitskräfte, Geräte, Gerüste, Stoffe oder Bauteile so unzureichend sind, dass die Ausführungsfristen offenbar nicht eingehalten werden können, muss der Auftragnehmer auf Verlangen unverzüglich Abhilfe schaffen (§ 5 Abs. 3 VOB/B). Stellt der Auftraggeber im Rahmen seiner Überwachung schon frühzeitig fest, dass der Auftragnehmer nur zögerlich die Arbeiten beginnt oder fortführt, und dass insbesondere sein Personaleinsatz nicht genügt, um die rechtzeitige Fertigstellung sicherzustellen, kann er von diesem Abhilfe verlangen. Hiervon abzugrenzen sind die Anordnungen des Bauherrn, die die Bauzeit ändern, insbesondere verkürzen (siehe Abschn. 1.6.2.1).

6.6.2.2 Verzögerter Ausführungsbeginn

Lässt der Auftragnehmer die vertragliche Frist für den Beginn der Ausführung verstreichen, so liegt ohne weiteres eine Verzögerung vor, wenn der Ausführungsbeginn nach dem Kalender bestimmt oder bestimmbar gewesen ist (siehe Abschn. 5.2.3). Vorsorglich ist dem Auftraggeber aber stets zu empfehlen, den Auftragnehmer schriftlich zu mahnen.

War für den Beginn der Ausführung keine Frist vereinbart, muss der Auftraggeber den Auftragnehmer ohnehin gemäß § 5 Abs. 2 Satz 2 VOB/B zur Leistung auffordern. Der Auftragnehmer hat dann innerhalb von 12 Arbeitstagen zu beginnen. Seit der Schuldrechtsreform zum 01.01.2002 ist umstritten, ob über den Wortlaut in § 5 Abs. 4 VOB/B hinaus die weiteren Verzugsvoraussetzungen aus § 286 BGB vorliegen müssen.[15] Dies ist von Bedeutung, wenn sich der Auftragnehmer in Bezug auf sein Verschulden an der Verzögerung des Ausführungsbeginns entlasten kann (§ 286 Abs. 4 BGB).

6.6.3   Verzug mit der Vollendung

(4) Verzögert der Auftragnehmer den Beginn der Ausführung, gerät er mit der Vollendung in Verzug, oder kommt er der in Absatz 3 erwähnten Verpflichtung nicht nach, so kann der Auftraggeber bei Aufrechterhaltung des Vertrages Schadensersatz nach § 6 Absatz 6 verlangen oder dem Auftragnehmer eine angemessene Frist zur Vertragserfüllung setzen und erklären, dass er nach fruchtlosem Ablauf der Frist den Vertrag kündigen werde (§ 8 Absatz 3).

(§ 5 Abs. 4 VOB/B)

Die Regelung benennt weiter den Verzug mit der Vollendung der Bauleistungen. Dies setzt zunächst voraus, dass der Auftragnehmer die vertraglich vereinbarte Fertigstellungsfrist verstreichen lässt und der Auftraggeber anschließend eine Mahnung ausspricht. War der Fertigstellungstermin nach dem Kalender bestimmt oder bestimmbar (siehe Abschn. 5.2.4), ist eine Mahnung auch hier entbehrlich. Vorsorglich ist allerdings dem Auftraggeber stets zu empfehlen, den Auftragnehmer schriftlich zu mahnen. Dies gilt insbesondere, weil in der Praxis während der Bauausführung häufig Behinderungen auftreten, die zu einer Verlängerung der Bauzeit führen. In diesem Fall ist eine Mahnung auch dann erforderlich, wenn der ursprünglich vereinbarte Fertigstellungstermin nach dem Kalender bestimmt oder bestimmbar war (siehe Abschn. 5.2.4). Die Nichteinhaltung einer Zwischenfrist ist grundsätzlich nicht mit dem Verzug bei der Vollendung des Gesamtwerks gleichzusetzen[16]; anderes gilt nur, wenn eine Zwischenfrist als verbindliche Vertragsfrist vereinbart worden ist.[17] Dies gilt unabhängig davon, ob der Auftragnehmer trotz der

---

[15] So Kapellmann/Messerschmidt, B § 5 Rndr. 106; a. A. Heiermann/Riedl/Rusam, B § 5 Rdnr. 17.

[16] OLG Celle, Urteil v. 07.07.2009 – 14 U 45/09, IBR 2010, 132 (Schmitz).

[17] Franke/Kemper/Zanner/Grünhagen, B § 5 Rdnr. 39.

Überschreitung der Zwischenfrist noch zur rechtzeitigen Fertigstellung des Gesamtwerks in der Lage gewesen wäre.[18]

6.6.4   Fristsetzung mit Kündigungsandrohung

Kommt der Auftragnehmer dem Abhilfeverlangen des Auftraggebers nicht unverzüglich nach (§ 5 Abs. 3 VOB/B), verzögert sich der Ausführungsbeginn oder befindet sich der Auftragnehmer mit der Vollendung der Bauleistungen in Verzug (§ 5 Abs. 4 VOB/B), so kann ihm der Auftraggeber eine angemessene Nachfrist setzen, verbunden mit der Androhung, bei erfolglosem Ablauf der Nachfrist den Auftrag zu entziehen. Die Fristsetzungserklärung muss deutlich zum Ausdruck bringen, welche Leistungen gemeint sind und auf welche konkreten Fristen sich der Auftraggeber bezieht.[19] Die Angemessenheit der Nachfrist bemisst sich nach dem Einzelfall. Grundsätzlich muss sie jedoch so bemessen sein, dass Auftragnehmer die geschuldete Leistung innerhalb der Frist vornehmen kann. Nach fruchtlosem Fristablauf kann der Auftraggeber den Vertrag kündigen. Die Fristsetzung ist ausnahmsweise entbehrlich, wenn von vornherein feststeht, dass der Auftragnehmer eine Vertragsfrist aus von ihm zu vertretenden Gründen nicht einhalten wird und die Vertragsverletzung von erheblichem Gewicht ist.[20]

Fehlt es an einer der genannten Voraussetzungen, so liegt keine außerordentliche Kündigung gemäß §§ 5 Abs. 3, 8 Abs. 3 VOB/B vor, sondern eine freie Kündigung nach § 8 Abs. 1 VOB/B mit den für den Auftraggeber nachteiligen Vergütungsfolgen (siehe Abschn. 7.3.4).

6.6.5   Schriftliche Kündigung und Abrechnung

Die Kündigung ist schriftlich zu erklären (§ 8 Abs. 6 VOB/B) und muss innerhalb einer angemessenen Frist nach dem Vorliegen der Kündigungsvoraussetzungen erfolgen (siehe Abschn. 6.5.4). Für die anschließende Abrechnung von Vergütung und Schadensersatz gilt das unter Abschn. 6.5.5 Gesagte.

---

[18] OLG Düsseldorf, Urteil v. 09.05.2008 – I-22 U 191/07, BauR 2009, 1445 = IBR 2009, 373 (Karczewski).

[19] Franke/Kemper/Zanner/Grünhagen, B § 5 Rdnr. 43.

[20] OLG Düsseldorf, Urteil v. 09.05.2008 – I-22 U 191/07, IBR 2009, 261 (Karczewski).

6.6.6   Ablaufdiagramm: Kündigung bei Verzug, §§ 5 Abs. 4, 8 Abs. 3 VOB/B

Ist der Auftragnehmer einem Abhilfeverlangen nach § 5 Abs. 3 VOB/B nicht unverzüglich nachgekommen, hat sich der vereinbarte Ausführungsbeginn verzögert oder befindet sich der Auftragnehmer mit der Vollendung bzw. einem als Vertragsfrist verbindlich vereinbarten Zwischentermin in Verzug?

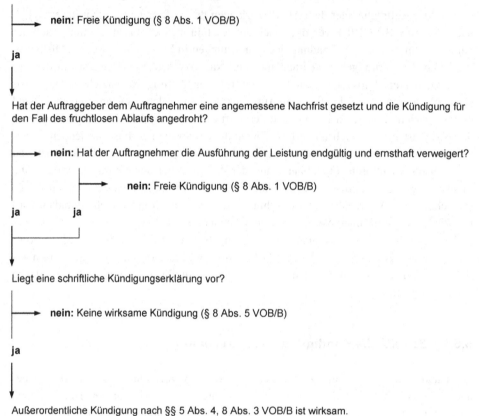

nein: Freie Kündigung (§ 8 Abs. 1 VOB/B)

ja

Hat der Auftraggeber dem Auftragnehmer eine angemessene Nachfrist gesetzt und die Kündigung für den Fall des fruchtlosen Ablaufs angedroht?

nein: Hat der Auftragnehmer die Ausführung der Leistung endgültig und ernsthaft verweigert?

nein: Freie Kündigung (§ 8 Abs. 1 VOB/B)

ja   ja

Liegt eine schriftliche Kündigungserklärung vor?

nein: Keine wirksame Kündigung (§ 8 Abs. 5 VOB/B)

ja

Außerordentliche Kündigung nach §§ 5 Abs. 4, 8 Abs. 3 VOB/B ist wirksam.

6.7   Außerordentliches Kündigungsrecht wegen vergaberechtlicher Gründen (§§ 8 Abs. 4 und Abs. 5 VOB/B)

6.7.1   Überblick

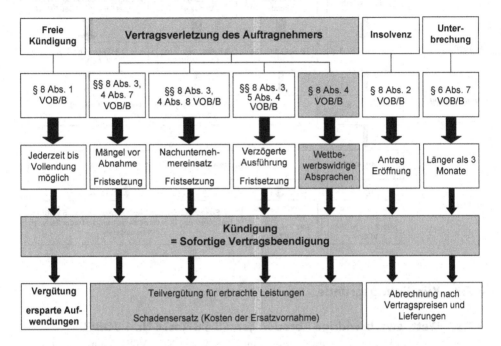

6.7.2   Einleitung

Mit der neuen VOB/B 2016 kam es in § 8 VOB/B zu wesentlichen Änderungen. Hierbei handelt es sich um den neu eingefügten § 8 Abs. 4 Nr. 2 VOB/B, wonach dem Auftraggeber zusätzliche Kündigungsrecht eingeräumt werden, sofern der Vertrag im Anwendungsbereich des 4. Teils des GWB geschlossen wurde. Des Weiteren gibt § 8 Abs. 5 VOB/B dem Auftragnehmer ein Sonderkündigungsrecht, sofern er Leistungen, die im Anwendungsbereich des 4. Teils des GBW beauftragt worden sind, an Nachunternehmer weitervergeben hat.

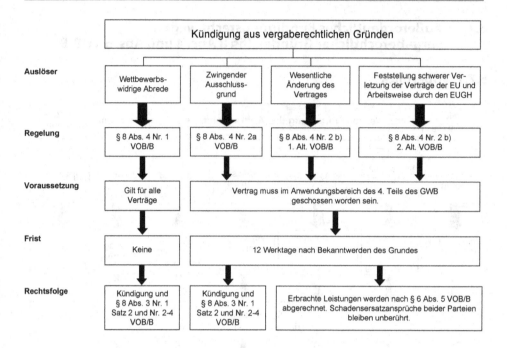

6.7.3 Kündigungsgründe

6.7.3.1 Wettbewerbswidrige Abreden gemäß § 8 Abs. 4 Nr. 1 VOB/B

Der Auftraggeber kann den Vertrag ferner gemäß § 8 Abs. 4 Nr. 1 VOB/B außerordentlich kündigen, wenn sich nach Vertragsschluss herausstellt, dass der Auftragnehmer im Zusammenhang mit der Auftragsvergabe unzulässige Preisabsprachen mit anderen Bietern getroffen hat. Das Kündigungsrecht besteht nicht nur bei Vergabeverfahren öffentlicher Auftraggeber nach der VOB/A, sondern gilt auch für private Auftraggeber, die eine entsprechende Ausschreibung vorgenommen haben.

6.7.3.2 Weitere Kündigungsmöglichkeiten gemäß § 8 Abs. 4 Nr. 2 VOB/B (Neufassung 2016)

Aus der Neufassung in § 8 Abs. 4 Nr. 2 VOB/B ergeben sich neue Kündigungsmöglichkeiten aus vergaberechtlichen Gründen:

- bei nachträglichem Erkennen eines zwingenden Ausschlussgrundes im Sinne von §§ 6 e, 16 EU VOB/A (§ 8 Abs. 4 Nr. 2 a) VOB/B oder
- bei einer wesentlichen Änderung des Vertrages im Sinne der §§ 132, 133 GWB, der zu einer erneuten Ausschreibung zwingt (§ 8 Abs. 4 Nr. 2 b, 1. Alt. VOB/B) oder
- für den Fall einer schwerwiegenden Verletzung des EU-Vergaberechts, die zu einer Einleitung eines Vertragsverletzungsverfahrens Anlass gibt und der EuGH dies bestätigt (§ 8 Abs. 2 Nr. 2 b, 2. Alt. VOB/B).

Die Kündigungsvoraussetzungen ergeben sich aus den vergaberechtlichen Vorgaben von §§ 132 GWB, 22 EU VOB/B.

Daneben sind für Nachträge bei Bauleistungen vor allem die Regelung in §§ 132 Abs. 2 Satz 2 und 3 GWB, 22 Abs. 2 Satz 2 und 3 EU VOB/A, die eine wertmäßige Grenze von 50 % des ursprünglichen Auftrags vorsieht und §§ 132 Abs. 3 Nr. 2 GWB, 22 Abs. 3 Nr. 2 EU VOB/A, die eine – ggf. kumulierte – Wertgrenze von 15 % des ursprünglichen Auftrags bestimmt, zu berücksichtigen.

6.7.4 Kündigungsvoraussetzungen

6.7.4.1 Schriftform
Die Kündigung ist gemäß § 8 Abs. 6 VOB/B nur wirksam, wenn sie schriftlich erfolgt. Hinsichtlich der Kündigungsfolgen verweist § 8 Abs. 4 Satz 3 VOB/B auf § 8 Abs. 3 Nr. 1 Satz 2 und Nr. 2 bis 4 VOB/B. Für die Abrechnung von Vergütung und Schadensersatz gilt somit das dort Gesagte (siehe Abschn. 6.5.5).

6.7.4.2 Frist
Der Auftraggeber muss die Kündigung innerhalb von 12 Werktagen nach Kenntniserlangung aussprechen (§ 8 Abs. 4 Satz 5 VOB/B).

6.7.5 Kündigungsfolgen

Die Kündigungsfolgen ergeben sich aus § 8 Abs. 3 Nr. 1 Satz 2 und Nr. 2 bis 4 VOB/B, wonach der AN die Vergütung der erbrachten Leistungen geltend machen kann und der Auftraggeber entsprechend seine Gegenansprüche (§ 8 Abs. 4 Nr. 1, Nr. 2a VOB/B), vgl. auch oben Abschn. 6.5.5. Erfolgt die Kündigung nach § 8 Abs. 4 Nr. 2b, soll der Auftragnehmer berechtigt sein, seine Leistung gemäß § 6 Abs. 5 VOB/B abzurechnen, vgl. hierzu Abschn. 4.8.3.

6.7.6 Anwendbarkeit im Nachunternehmerverhältnis nach § 8 Abs. 5 VOB/B

Sofern der Auftragnehmer die Leistung, ungeachtet des Anwendungsbereichs des 4. Teils des GWB, ganz oder teilweise an Nachunternehmer weitervergeben hat, steht auch ihm das Kündigungsrecht gemäß Absatz 4 Nummer 2 Buchstabe b zu, wenn der ihn als Auftragnehmer verpflichtende Vertrag (Hauptauftrag) gemäß Absatz 4 Nummer 2 Buchstabe b gekündigt wurde. Entsprechendes gilt für jeden Auftraggeber der Nachunternehmerkette, sofern sein jeweiliger Auftraggeber den Vertrag gemäß Satz 1 gekündigt hat (§ 8 Abs. 5 VOB/B).

Die Regelung stellt klar, dass für den Fall, dass der Auftraggeber nach § 8 Abs. 4 Nr. 2b VOB/B den Vertrag mit seinem Auftragnehmer kündigt, letzterer auch seine Nachunternehmer kündigen kann und der Nachunternehmer gegenüber seinem Subunternehmer die Kündigung erklären kann usw.

Eine Klarstellung, ob hier auch die 12-Werktage-Frist gilt, besteht nicht. Die gekündigten Nachunternehmer bzw. Subunternehmer können Ihre Leistungen gemäß § 6 Abs. 5 VOB/B abrechnen.

6.7.7 Ablaufdiagramm: Kündigung bei wettbewerbswidrigen Abreden, § 8 Abs. 4 VOB/B

Liegen vergaberechtliche Kündigungsgründe gemäß § 8 Abs. 4 VOB/B vor?

———▶ **nein:** Freie Kündigung (§ 8 Abs. 1 VOB/B)

ja

Hat der Auftraggeber die Kündigung innerhalb von 12 Werktagen nach Bekanntwerden des Kündigungsgrundes ausgesprochen?

———▶ **nein:** Freie Kündigung (§ 8 Abs. 1 VOB/B)

ja

Liegt eine schriftliche Kündigungserklärung vor?

———▶ **nein:** Keine wirksame Kündigung (§ 8 Abs. 5 VOB/B)

ja

Außerordentliche Kündigung nach § 8 Abs. 4 VOB/B ist wirksam.

6.8 Außerordentliches Kündigungsrecht bei Insolvenzverfahren/ Zahlungseinstellung des Auftragnehmers (§ 8 Abs. 2 VOB/B)

6.8.1 Überblick

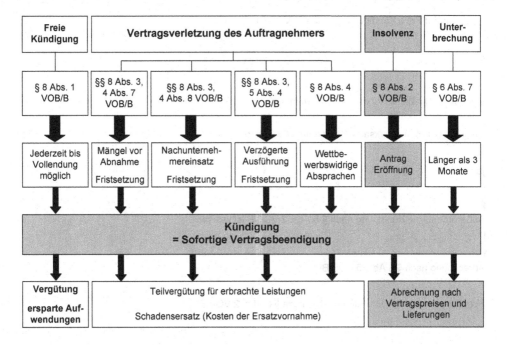

6.8.2 Insolvenz/Zahlungseinstellung

Der Auftraggeber kann den Vertrag gemäß § 8 Abs. 2 Nr. 1 VOB/B ebenfalls außerordentlich kündigen, wenn der Auftragnehmer seine Zahlungen einstellt, also zahlungsunfähig ist (§ 17 InsO), oder das Insolvenzverfahren beantragt, eröffnet bzw. die Eröffnung mangels Masse abgelehnt wird. Liegen die Voraussetzungen nicht vor, handelt es sich um eine freie Kündigung nach § 8 Abs. 1 VOB/B (siehe Abschn. 6.3).

6.8.3 Kündigung

Die Kündigung ist gemäß § 8 Abs. 5 VOB/B nur wirksam, wenn sie schriftlich und innerhalb einer angemessenen Frist nach dem Vorliegen der Kündigungsvoraussetzungen erklärt wird. Die Abrechnung der bereits erbrachten Leistungen erfolgt nach § 6 Abs. 5 VOB/B (siehe Abschn. 4.8.3). Der Auftraggeber kann zudem hinsichtlich der noch nicht erbrachten Leistungen Schadensersatz wegen Nichterfüllung verlangen.

6.8.4 Ablaufdiagramm: Kündigung bei Insolvenz/ Zahlungseinstellung, § 8 Abs. 2 Nr. 1 VOB/B

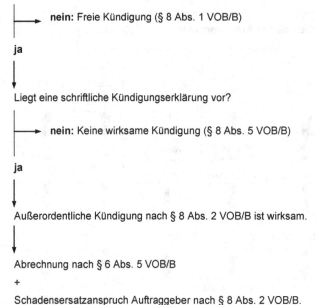

Ist ein Insolvenzverfahren beantragt, eröffnet bzw. Eröffnung mangels Masse abgelehnt worden oder hat der Auftragnehmer Zahlungen eingestellt?

→ **nein:** Freie Kündigung (§ 8 Abs. 1 VOB/B)

ja

Liegt eine schriftliche Kündigungserklärung vor?

→ **nein:** Keine wirksame Kündigung (§ 8 Abs. 5 VOB/B)

ja

Außerordentliche Kündigung nach § 8 Abs. 2 VOB/B ist wirksam.

Abrechnung nach § 6 Abs. 5 VOB/B

+

Schadensersatzanspruch Auftraggeber nach § 8 Abs. 2 VOB/B.

6.9 Außerordentliches Kündigungsrecht bei mehr als 3-monatiger Unterbrechung gemäß § 6 Abs. 7 VOB/B

Dauert eine Unterbrechung der Bauausführung (siehe Abschn. 4.8.2) länger als drei Monate, so können sowohl der Auftraggeber als auch der Auftragnehmer gemäß § 6 Abs. 7 VOB/B den Vertrag schriftlich kündigen.

6.9.1 Überblick

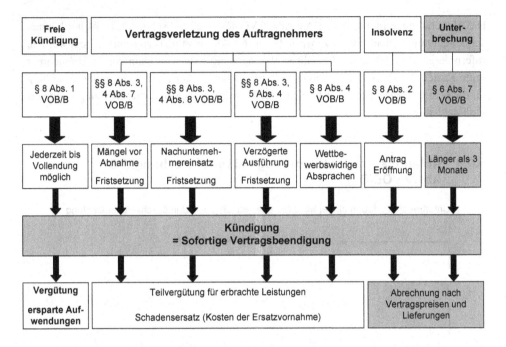

6.9.2 Unterbrechung länger als 3 Monate

Voraussetzung ist zunächst wie in § 6 Abs. 5 VOB/B, dass nicht nur eine Behinderung vorliegt, sondern die Arbeiten zum vollständigen Stillstand gekommen sind. Daneben muss eine der nachfolgenden Voraussetzungen vorliegen:

- Die Unterbrechung dauert mehr als drei Monate an.
- Bereits vor Ablauf der 3-Monatsfrist steht mit Sicherheit fest, dass die Unterbrechung länger als drei Monate dauern wird, so dass ein Zuwarten bis zum Ablauf der 3 Monate bloße Förmelei wäre.[21]
- Der vereinbarte Beginn der Arbeiten verschiebt sich um mehr als drei Monate bzw. es steht mit Sicherheit fest, dass er sich um mehr als drei Monate verschieben wird.[22]

Die Kündigungserklärung muss auch hier schriftlich und innerhalb einer angemessenen Frist nach dem Vorliegen der Kündigungsvoraussetzungen erfolgen (§ 6 Abs. 7 Satz 1 VOB/B).

---

[21] BGH, Urteil v. 13.05.2004 – VII ZR 363/02, BauR 2004, 1285, IBR 2004, 413 (Buscher).
[22] BGH BauR 2004, 1285, IBR 2004, 413 (Buscher).

6.9.3 Abrechnung und Schadensersatz

Die Abrechnung richtet sich nach § 6 Abs. 5 VOB/B (siehe Abschn. 4.8.3). Weiter können der Abrechnung Schadensersatzansprüche aus § 6 Abs. 6 VOB/B zugrunde gelegt werden, sofern deren Voraussetzungen erfüllt sind. Unabhängig hiervon kann der Auftragnehmer seine Kosten der Baustellenräumung geltend machen, wenn diese nicht in der Vergütung für die bereits ausgeführten Leistungen enthalten sind und er die Unterbrechung nicht verschuldet hat.

6.9.4 Ablaufdiagramm: Kündigung bei Unterbrechung, § 6 Abs. 7 VOB/B

Unterbrechung dauert länger als 3 Monate, jedoch keine Unmöglichkeit der Leistung

⊢─────────────▶ **nein:** Kein Kündigungsanspruch

ja

↓

Kündigungsrecht des Auftraggebers und des Auftragnehmers

+

Abrechnung nach § 6 Abs. 5 VOB/B der erbrachten Leistungen.

Literatur

1. Franke, Horst; Kemper, Ralf; Zanner, Christian; Grünhagen, Matthias: VOB-Kommentar, München (Werner Verlag) 5. Auflage 2013 *zitiert*: Franke/Kemper/Zanner/Grünhagen
2. Heiermann, Wolfgang; Riedl, Richard; Rusam, Martin: Handkommentar zur VOB, Wiesbaden und Berlin (Vieweg Verlag) 13. Auflage 2013 *zitiert*: Heiermann/Riedl/Rusam
3. Kapellmann, Klaus; Messerschmidt, Burkhard: VOB, München (Verlag C. H. Beck) 2015 *zitiert*: Kapellmann/Messerschmidt
4. Palandt: Bürgerliches Gesetzbuch, München (Verlag C. H. Beck) 75. Auflage 2016 *zitiert*: Palandt
5. Prütting Wegen Weinreich: BGB-Kommentar, Neuwied (Luchterhand Verlag) 8. Auflage 2013 *zitiert*: PWW/*Bearbeiter*

Kündigung durch den Auftragnehmer (§ 9 VOB/B)

Im Gegensatz zum Auftraggeber hat der Auftragnehmer kein freies Kündigungsrecht, sondern kann sich nur bei Vorliegen bestimmter Kündigungsgründe vom Vertrag lösen.

7.1 Überblick

Auslöser	Unterlassene Mit-wirkungshandlung	Verzug	Unterbrechung
Regelung	§ 9 Abs. 1 Nr. 1 VOB/B	§ 9 Abs. 1 Nr. 2 VOB/B	§ 6 Abs. 7 VOB/B
Voraussetzung	Annahmeverzug Fristsetzung	insb. Zahlungsverzug Fristsetzung	Länger als 3 Monate
Rechtsfolge	Kündigung = Sofortige Vertragsbeendigung		
Abrechnung	Vergütung und Entschädigung § 9 Abs. 3 VOB/B, § 642 BGB		Abrechnung nach Vertragspreisen und Lieferungen

© Springer Fachmedien Wiesbaden GmbH, ein Teil von Springer Nature 2021
C. Zanner, *VOB/B nach Ansprüchen*, Bau- und Architektenrecht nach Ansprüchen,
https://doi.org/10.1007/978-3-658-34025-4_7

7.2 Kündigung bei Annahmeverzug des Auftraggebers wegen unterlassener Mitwirkungshandlung (§ 9 Abs. 1 Nr. 1 VOB/B)

7.2.1 Überblick

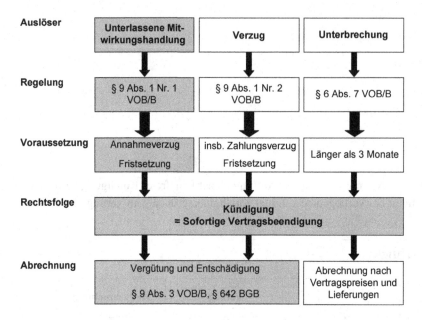

7.2.2 Mitwirkungspflichten des Auftraggebers

Der Auftraggeber hat eine Reihe von Mitwirkungspflichten bei der Bauausführung, die in §§ 3, 4 VOB/B im Einzelnen geregelt sind (z. B. Herbeiführung der öffentlich-rechtlichen Genehmigungen, Übergabe von Ausführungsplänen, Abruf der Bauleistungen). Kommt der Auftraggeber seinen Mitwirkungspflichten nicht nach und gerät er hierdurch in Annahmeverzug (§§ 293 ff. BGB), so kann der Auftragnehmer den Vertrag gemäß § 9 Abs. Nr. 1 VOB/B kündigen. Zur Begründung des Annahmeverzuges genügt in der Regel ein wörtliches Angebot des Auftragnehmers, die betreffende Leistung auszuführen (§ 295 BGB).

7.2.3 Fristsetzung mit Kündigungsandrohung/Schriftform

Die Kündigung ist schriftlich zu erklären. Sie ist erst zulässig, wenn der Auftragnehmer dem Auftraggeber ohne Erfolg eine angemessene Frist zur Vertragserfüllung gesetzt und erklärt hat, dass er nach fruchtlosem Ablauf der Frist den Vertrag kündigen werde (§ 9 Abs. 2 VOB/B). Die formalen Voraussetzungen entsprechen also denjenigen bei der außerordentlichen Kündigung durch den Auftraggeber nach § 8 Abs. 3 VOB/B (siehe Abschn. 6.5.3 und 6.5.4).

Beispiel

Gegenstand des Bauauftrages ist der Neubau eines zehnstöckigen Geschäftshauses. Nach Insolvenz des mit der Herstellung des Bauplanums beauftragten Unternehmens kann der Auftraggeber die Baugrube nicht zu dem vertraglich vereinbarten Termin an den mit dem Rohbau beauftragten Auftragnehmer übergeben.

Hat der Rohbauunternehmer hier – z. B. wegen steigender Stahlpreise oder der Annahme eines lukrativen, aber personalbindenden Drittauftrages – ein Interesse an der Vertragskündigung, so muss er dem Auftraggeber nach Verstreichen des vertraglichen Übergabetermins zunächst eine angemessene Nachfrist zur Baugrubenübergabe setzen und dabei androhen, dass er den Bauvertrag bei fruchtlosem Ablauf der Nachfrist kündigen werde. ◄

7.2.4 Vergütung und Entschädigung

Der Auftragnehmer kann zunächst die Vergütung für seine bis zur Kündigung erbrachten Leistungen nach den Vertragspreisen verlangen. Darüber hinaus kann er auch eine angemessene Entschädigung für die infolge der Kündigung nicht mehr zu erbringenden Leistungteile verlangen (§ 9 Abs. 3 VOB/B). Ob diese auch den entgangenen Gewinn des Auftragnehmers beinhaltet, ist strittig.[1] Jedenfalls kann der Auftraggeber demgegenüber nicht die Mehrkosten ersetzt verlangen, die ihm dadurch entstehen, dass ein Drittunternehmen die restlichen Vertragsleistungen zu Ende führen muss.

---

[1] Dafür Franke/Kemper/Zanner/Grünhagen, B § 9 Rdnr. 24; OLG Celle, Urteil v. 24.02.1999 – 14a (6) U 4/98, BauR 2000, 416, IBR 1999, 515 (Schwenker); a. A. BGH, Urteil v. 21.10.1999 – VII ZR 185/98, BauR 2000, 722, IBR 2000, 218 (Kraus) für Entschädigung bei Behinderungen durch einen Vorunternehmer.

7.2.5 Ablaufdiagramm: Kündigung bei unterlassener Mitwirkungshandlung, § 9 Abs. 1 Nr. 1 VOB/B

Hat der Auftraggeber eine ihm obliegende Mitwirkungshandlung (z. B. Herbeiführung der öffentlich-rechtlichen Genehmigungen, Übergabe von Ausführungsplänen, Abruf der Bauleistungen) unterlassen?

⊢——▶ **nein:** Kündigung unwirksam (§ 9 Abs. 1 Nr .1 VOB/B)

ja
↓

Befindet sich der Auftraggeber in Annahmeverzug, hat insbesondere der Auftragnehmer die Ausführung der betroffenen Leistung wörtlich angeboten?

⊢——▶ **nein:** Kündigung unwirksam (§ 9 Abs. 1 Nr. 1 VOB/B)

ja
↓

Hat der Auftragnehmer vor der Kündigung eine angemessene Nachfrist mit Kündigungsandrohung gesetzt?

⊢——▶ **nein:** Kündigung unwirksam (§ 9 Abs. 2 Satz 2 VOB/B)

ja
↓

Liegt eine schriftliche Kündigungserklärung des Auftragnehmers vor?

⊢——▶ **nein:** Kündigung unwirksam (§ 9 A bs.2 Satz 1 VOB/B)

ja
↓

Die Kündigung ist wirksam.

▷ Vergütungsfolge (§ 9 Abs. 3 VOB/B):

- Der Auftragnehmer kann erbrachte Leistungen nach den Vertragspreisen abrechnen.
- Der Auftragnehmer kann für nicht mehr zu erbringende Leistungen eine angemessene Entschädigung verlangen (§ 642 BGB).

7.3 Kündigung bei Zahlungsverzug (§ 9 Abs. 1 Nr. 2 VOB/B)

7.3.1 Überblick

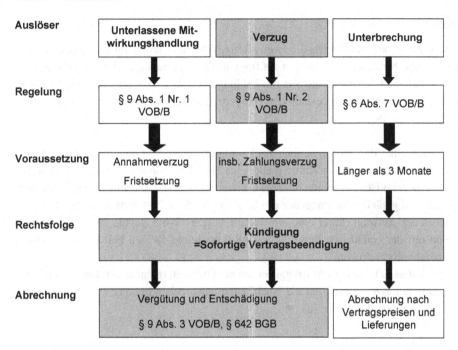

7.3.2 Zahlungsverzug

Der Auftragnehmer kann zudem gemäß § 9 Abs. 1 Nr. 2 VOB/B den Vertrag kündigen, wenn der Auftraggeber in Schuldnerverzug gerät, insbesondere die Abschlagszahlungen nicht vertragsgemäß leistet. Abschlagszahlungen sind binnen 18 Werktagen nach Rechnungszugang zu erbringen (§ 16 Abs. 1 Nr. 3 VOB/B). Für den Zahlungsverzug des Auftraggebers enthält § 16 Abs. 5 Nr. 3 VOB/B die besondere Voraussetzung, dass ihm der Auftragnehmer zunächst eine angemessene Nachfrist (in der Regel etwa 7 Werktage) setzen muss. Erst bei erfolglosem Fristablauf gerät der Auftraggeber in Verzug, wenn die Nachfrist nicht ausnahmsweise wegen einer endgültigen Zahlungsablehnung entbehrlich war.

7.3.3 Fristsetzung mit Kündigungsandrohung/Schriftform

Wie bei der Kündigung wegen Annahmeverzuges (§ 9 Abs. 1 Nr. 1 VOB/B) hat der Auftragnehmer dem Auftraggeber zuvor eine angemessene Nachfrist verbunden mit einer

Kündigungsandrohung zu setzen (§ 9 Abs. 2 Satz 2 VOB/B). Erst nach deren fruchtlosen Ablauf ist die Kündigung zulässig. Die Kündigungserklärung muss schriftlich erfolgen (§ 9 Abs. 2 Satz 1 VOB/B).

Beispiel

Der Auftraggeber zahlt bereits die zweite fällige Abschlagsrechnung nur zu einem kleinen Teil und beruft sich im Übrigen auf fragwürdige Gegenrechte. Hat der Auftragnehmer deshalb kein Vertrauen mehr in die Zahlungswilligkeit bzw. Zahlungsfähigkeit des Auftraggebers und will er deshalb den Bauvertrag kündigen, so muss er zwei Fristsetzungen vornehmen:

- Zunächst hat der Auftragnehmer nach Ablauf von 18 Werktagen seit Zugang der Abschlagsrechnung dem Auftraggeber eine Nachfrist von mindestens 7 Werktagen für einen vollständigen Rechnungsausgleich zu setzen. Erst mit Verstreichen der Nachfrist gerät der Auftraggeber gemäß § 16 Abs. 5 Nr. 3 VOB/B in Verzug. Danach muss der Auftragnehmer eine weitere mindestens 7-werktägige Nachfrist setzten und mit der Nachfristsetzung die Vertragskündigung für den Fall des fruchtlosen Fristablaufs androhen.
- Handelt es sich bei dem Auftraggeber um ein Großunternehmen mit langen internen Bearbeitungszeiten, so sind die Nachfristen entsprechend länger zu bemessen (jeweils etwa 10–12 Werktage). ◄

7.3.4 Vergütung und Entschädigung

Zur Vergütung der bei Kündigung schon geleisteten Arbeiten und Entschädigung für die noch nicht geleisteten Arbeiten gilt das unter Abschn. 7.2.4 Gesagte.

7.3.5   Ablaufdiagramm: Kündigung bei Verzug, § 9 Abs. 1 Nr. 2 VOB/B

Hat der Auftraggeber fällige Leistungen, insbesondere Abschlagszahlungen unterlassen?

→ **nein:** Kündigung unwirksam (§ 9 Abs. 1 Nr. 2 VOB/B)

ja
↓

War die Leistung nach dem Kalender bestimmt oder bestimmbar (§ 286 Abs. 2 BGB) bzw. hat der Auftragnehmer den Auftraggeber gemahnt?

→ **nein:** Kündigung unwirksam (§ 9 Abs. 1 Nr. 2 VOB/B)

ja
↓

Kann sich der Auftraggeber bezüglich seines Verschuldens entlasten (§ 286 Abs. 4 BGB)?

→ **ja:** Kündigung unwirksam

nein
↓

Hat der Auftragnehmer vor der Kündigung eine angemessene Nachfrist mit Kündigungsandrohung gesetzt?

→ **nein:** Kündigung unwirksam (§ 9 Abs. 2 Satz 2 VOB/B)

ja
↓

Liegt eine schriftliche Kündigungserklärung des Auftragnehmers vor?

→ **nein:** Kündigung unwirksam (§ 9 Abs. 2 Satz 1 VOB/B)

ja
↓

Die Kündigung ist wirksam.

▭⇒   Vergütungsfolge (§ 9 Abs. 3 VOB/B):

- Der Auftragnehmer kann erbrachte Leistungen nach den Vertragspreisen abrechnen.
- Der Auftragnehmer kann für nicht mehr zu erbringende Leistungen eine angemessene Entschädigung verlangen (§ 642 BGB).

7.4 Außerordentliches Kündigungsrecht bei mehr als 3-monatiger Unterbrechung (§ 6 Abs. 7 VOB/B)

Wird die Bauausführung für mehr als 3 Monate unterbrochen, kann der Auftragnehmer ebenso wie der Auftraggeber gemäß § 6 Abs. 7 VOB/B den Vertrag außerordentlich kündigen. Die unter Abschn. 6.9 dargestellten Voraussetzungen und Rechtsfolgen gelten hier gleichermaßen.

Literatur

1. Franke, Horst; Kemper, Ralf; Zanner, Christian; Grünhagen, Matthias: VOB-Kommentar, München (Werner Verlag) 5. Auflage 2013 *zitiert*: Franke/Kemper/Zanner/Grünhagen

Abnahme der Leistung (§ 12 VOB/B)

8

8.1 Einleitung

§ 12 VOB/B regelt die Voraussetzungen des Anspruchs des Auftragnehmers auf Abnahme der Bauleistungen und benennt einige Abnahmearten. Die Rechtsfolgen der Abnahme ergeben sich dann im Wesentlichen aus den gesetzlichen Regelungen des BGB sowie teilweise aus der VOB/B.[1]

8.2 Ansprüche des Auftragnehmers auf Abnahme der Leistung (§ 12 Abs. 1 VOB/B)

8.2.1 Überblick

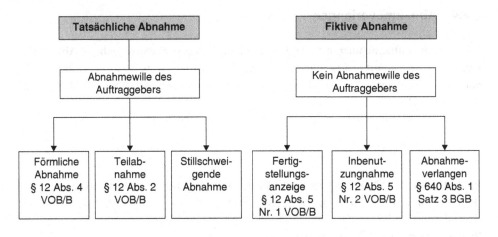

---

[1] Franke/Kemper/Zanner/Grünhagen, B § 12 Rdnr. 6 ff.

© Springer Fachmedien Wiesbaden GmbH, ein Teil von Springer Nature 2021
C. Zanner, *VOB/B nach Ansprüchen*, Bau- und Architektenrecht nach Ansprüchen,
https://doi.org/10.1007/978-3-658-34025-4_8

8.2.2 Begriff der Abnahme

Abnahme bedeutet die körperliche Hinnahme der Leistung des Auftragnehmers durch den Auftraggeber verbunden mit der Erklärung, dass er das Werk als zumindest im Wesentlichen vertragsgemäß anerkennt.[2]

Beispiele

• Rügelose Entgegennahme des Bauwerks und Inbenutzungnahme durch den Auftraggeber[3]
• Vorbehaltlose Zahlung des Werklohns (vgl. § 212 Abs. 1 Nr. 1 BGB) ◄

8.2.3 Abnahmepflicht des Auftraggebers

Die Abnahme der Leistung stellt eine Vertragspflicht des Auftraggebers dar.[4]

Nimmt der Auftraggeber die Leistung unberechtigterweise nicht ab, so gilt die Abnahme als erfolgt, wenn die Voraussetzungen des § 640 Abs. 2 BGB vorliegen.[5] Der Auftraggeber gerät zudem in Annahmeverzug mit der Folge, dass die Gefahr der zufälligen Beschädigung oder Zerstörung der Gewerke auf ihn übergeht (§ 644 Abs. 1 Satz 2 BGB; siehe Abschn. 6.1).

Darüber hinaus gerät der Auftraggeber, sofern die fehlende Abnahme der Leistung nicht entschuldigt ist (§ 286 Abs. 4 BGB), nach Mahnung durch den Auftragnehmer in Schuldnerverzug und kann für einen eventuellen aus der Abnahmeverweigerung entstehenden Schaden ersatzpflichtig werden.[6]

8.2.4 Abnahmeverlangen

Verlangt der Auftragnehmer nach der Fertigstellung – gegebenenfalls auch vor Ablauf der vereinbarten Ausführungsfrist – die Abnahme der Leistung, so hat sie der Auftraggeber binnen 12 Werktagen durchzuführen; eine andere Frist kann vereinbart werden (§ 12 Abs. 1 VOB/B).

---

[2] BGH, Urteil v. 19.12.2002 – VII ZR 103/00, BauR 2003, 689, IBR 2003, 190 (Leitzke).
[3] BGH, Urteil v. 18.02.2003 – X ZR 245/00, BauR 1994, 242; 2004, 337, IBR 2003, 596 (Garcia-Scholz).
[4] Franke/Kemper/Zanner/Grünhagen B § 12 Rdn. 70.
[5] Siehe auch BGH, Urteil v. 15.10.2002 – X ZR 69/01, BauR 2003, 236, IBR 2003, 7 (Schwenker).
[6] Franke/Kemper/Zanner/Grünhagen, B § 12 Rdnr. 70.

Die Pflicht des Auftraggebers zur Abnahme der Leistung setzt also zunächst voraus, dass der Auftragnehmer ein entsprechendes Abnahmeverlangen erklärt.

8.2.5 Fertigstellung der Leistung

Fertig gestellt sind die Leistungen im Sinne dieser Regelung, wenn sie abnahmefähig sind, d. h. frei von wesentlichen Mängeln erbracht wurden.[7] Entscheidend ist, dass die Leistung nach dem vertraglich vorgesehenen Gebrauch funktionsfähig ist.

Die Abnahmefähigkeit einer Leistung kann im Einzelfall von den vertraglich vereinbarten oder gesetzlich vorgeschriebenen (Neben-)Pflichten abhängen. So entschied das OLG Bamberg,[8] dass eine Leistung nicht abnahmefähig ist, wenn der Auftragnehmer verpflichtet war, die durchgeführten Arbeiten zu dokumentieren und dem Besteller diese Informationen zu übergeben (hier nach dem Medizinproduktegesetz) und er dieser Dokumentationspflicht nicht nachgekommen ist.

Beispiele

- Bei der Errichtung eines Wohnhauses einschließlich der Außenanlagen kann eine Fertigstellung dann nicht angenommen werden, wenn zwar das Gebäude fertiggestellt ist, wegen fehlender Außenanlagen (z. B. Beleuchtung) ein Bezug der Bewohner jedoch nicht möglich ist.
- Optische Beeinträchtigungen oder eine gewisse Anzahl unwesentlicher Mängel schließen eine Fertigstellung grundsätzlich nicht aus.
- Dagegen kann eine Vielzahl für sich betrachtet geringfügiger Mängel die Abnahmereife ausschließen, wenn sie in ihrer Gesamtheit dem Auftraggeber nicht mehr zugemutet werden können.[9] ◄

8.2.6 Abnahmefrist

Gemäß § 12 Abs. 1 VOB/B ist der Auftraggeber verpflichtet, die fertig gestellte Leistung innerhalb von 12 Werktagen nach dem Abnahmeverlangen abzunehmen, wenn der Bauvertrag keine andere Fristenregelung enthält. Nach Ablauf der Frist treten die Abnahmewirkungen ohne weiteres ein, sofern die Leistung keine wesentlichen Mängel aufweist (siehe Abschn. 8.2.10).

---

[7] BGH, Urteil v. 10.06.1999 – VII ZR 170/98, BauR 1999, 1186, IBR 1999, 405 (Marian).
[8] OLG Bamberg, Urteil v. 08.12.2010 – 3 U 93/09, IBR 2011, 575 (Ludgen).
[9] Franke/Kemper/Zanner/Grünhagen, B § 12 Rdnr. 101.

8.2.7   Berechtigte Abnahmeverweigerung

Wegen wesentlicher Mängel kann die Abnahme bis zur Beseitigung verweigert werden (§ 12 Abs. 3 VOB/B).

Der Auftraggeber ist berechtigt, die Abnahme wegen wesentlicher Mängel zu verweigern. Ob ein wesentlicher Mangel vorliegt, bemisst sich nach Art, Umfang und Auswirkung des Mangels auf die vertraglich vorgesehene Nutzung. Was unter einem Mangel zu verstehen ist, ist ausführlich in Abschn. 12.2.2 ff. dargestellt. Gemäß § 13 Nr. 1 Satz 2 VOB/B muss die Leistung in jedem Fall den anerkannten Regeln der Technik entsprechen. Maßgeblich für die Wesentlichkeit eines Mangels sind insbesondere Abweichungen von der vertraglich vereinbarten Beschaffenheit der Leistung, die zur Beeinträchtigung der Gebrauchstauglichkeit führen, sowie eine Vielzahl von Mängeln, die in ihrer Gesamtheit als wesentliche Beeinträchtigung angesehen werden müssen (siehe Abschn. 8.2.5).

Beispiele

- Vertragswidrig eingebrachte Estrichstärken und –höhen.[10]
- Sicherheitsrelevante Mängel, z. B. fehlende Absturzsicherung der Parkplatzfläche zum tiefer gelegenen Gehweg bei einem Wohn- und Geschäftshaus, sind auch bei geringfügigen Beseitigungskosten wesentlich.[11] ◄

Demgegenüber ist ein Mangel unwesentlich, wenn er von seiner Bedeutung so weit zurücktritt, dass dem Aufraggeber unter Berücksichtigung sämtlicher rechtlicher Konsequenzen die Abnahme der Leistung zumutbar ist.[12]

Beispiele

- Teilweise unsachgemäße Verfugung von Fliesen in Nassräumen (= Nebenräume) eines Wohngebäudes.
- Optische Beeinträchtigungen ohne Einfluss auf die vorgesehene Nutzung, z. B. unterschiedliche Anzahl von Einzelteilen von im Übrigen gleich ausgestalteten Haustürschwellen einer Reihenhausanlage.[13] ◄

---

[10] OLG Karlsruhe, Urteil v. 30.06.1994 – 18a U 47/93, BauR 1995, 246.

[11] OLG Hamm, Urteil v. 26.11.2003 – 12 U 112/02; BGH, Beschluss v. 26.08.2004 – VII ZR 42/04, BauR 2005, 731, IBR 2005, 420 (Ganten).

[12] BGH, Urteil v. 26.02.1981 – VII ZR 287/79, BauR 1981, 284; OLG Hamm, Urteil v. 24.03.2003 – 17 U 88/02, BauR 2003, 1403.

[13] OLG Hamm, Urteil v. 24.03.2003 – 17 U 88/02, BauR 2003, 1403.

8.2.8   Unberechtigte Abnahmeverweigerung: Eintritt der Abnahmewirkungen

Kommt der Auftraggeber dem Abnahmeverlangen des Auftragnehmers nicht nach, obwohl der Auftragnehmer ihm hierfür eine Frist gesetzt hat und die Leistung ohne wesentliche Mängel fertig gestellt ist, oder verweigert der Auftraggeber in diesem Fall ausdrücklich die Abnahme, so treten die im Einzelnen unter Abschn. 8.2.10 dargestellten Abnahmewirkungen nach Ablauf von 12 Werktagen ohne weiteres ein (§ 640 Abs. 1 Satz 3 BGB). Ist die Abnahmeverweigerung des Auftraggebers unberechtigt, weil die Werkleistung abnahmefähig ist, so tritt mit der Abnahmeverweigerung insbesondere auch die Fälligkeit des Werklohnanspruchs ein.[14]

Daneben gerät der Auftraggeber in Annahmeverzug und, sofern die weiteren Voraussetzungen vorliegen, in Schuldnerverzug, mit der Folge, dass er sich gegebenenfalls schadensersatzpflichtig macht (siehe Abschn. 8.2.3).

8.2.9   Stillschweigende Abnahme

Eine stillschweigende Abnahme ist anzunehmen, wenn der Auftraggeber durch sein Verhalten zum Ausdruck bringt, dass er die vom Auftragnehmer erbrachten Leistungen als vertragsgemäß ansieht und beide Vertragsparteien nachweislich nicht auf eine förmliche Abnahme zurückkommen wollen.[15] Dies kann beispielsweise durch den Einzug in das fertig gestellte Gebäude ohne Mängelvorbehalte erfolgen.[16]

Voraussetzung für eine stillschweigende Abnahme ist im Gegensatz zu den fiktiven Abnahmen gemäß § 12 Abs. 5 VOB/B und § 640 Abs. 2 BGB, dass der Auftraggeber einen *Abnahmewillen* hat. Im Unterschied zu den Abnahmefiktionen kommt eine stillschweigende Abnahme daher nur in Betracht, wenn das Verhalten des Auftraggebers darauf schließen lässt, dass er die Leistung als im Wesentlichen vertragsgemäß anerkennt.[17]

8.2.10 Abnahmewirkungen

8.2.10.1 Beendigung der Vorleistungspflicht

Mit der Abnahme der Leistung endet die Vorleistungspflicht des Auftragnehmers. Das vertragliche Erfüllungsstadium ist abgeschlossen.

---

[14] OLG Stuttgart, Urteil v. 24.05.2011 – 10 U 147/10, IBR 2011, 1393 (Bolz).
[15] OLG München, Urteil v. 02.06.2009 – 9 U 2142/06, BauR 2009, 1923.
[16] OLG Düsseldorf, Urteil v. 08.04.2016 – I-22 U 165/15, 22 U 165/15.
[17] Vgl. BGH, Urteil v. 18.02.2003 – X ZR 245/00, BauR 2004, 337, IBR 2003, 596 (Garcia-Scholz).

8.2.10.2 Übergang der Leistungsgefahr/Vergütungsgefahr

Daneben geht mit der Abnahme die Gefahr des zufälligen Untergangs der Leistung durch Beschädigung oder Zerstörung auf den Auftraggeber über, d. h., der Auftragnehmer ist dann nicht mehr verpflichtet, die Leistung erneut ohne zusätzliche Vergütung zu erbringen. Zufällig ist der Untergang immer dann, wenn ihn keine Vertragspartei oder Personen, die in dem Pflichtenkreis einer Vertragspartei tätig wurden (§ 278 BGB) wie z. B. Subunternehmer, verschuldet haben.[18] Die nur unwesentlich anders ausgestaltete Gefahrtragungsregel in § 7 VOB/B ist dagegen in Bauverträgen häufig ausgeschlossen.

Parallel geht auch die Vergütungsgefahr auf den Auftraggeber über, d. h. im Falle des zufälligen Untergangs erhält der Auftragnehmer trotzdem die vereinbarte Vergütung.

8.2.10.3 Beweislastumkehr

Bis zur Abnahme trägt der Auftragnehmer die Beweislast dafür, dass die von ihm erbrachten Leistungen mangelfrei und vertragsgemäß sind. Mit der Abnahme dreht sich die Beweislast zu Lasten des Auftraggebers um. Ab diesem Zeitpunkt muss er – z. B. durch ein gerichtliches Sachverständigengutachten – nachweisen, dass die von ihm behaupteten Mängel auch tatsächlich vorhanden sind (siehe Abschn. 13.2.1.2 ff.).

8.2.10.4 Haftungsausschluss bei fehlendem Mangelvorbehalt

Für bei der Abnahme bereits bekannte Mängel muss sich der Auftraggeber die Geltendmachung von Mängelrechten vorbehalten. Nimmt er die Leistung in Kenntnis der Mängel ab, ohne einen solchen Vorbehalt zu erklären, so verliert er gemäß § 640 Abs. 3 BGB alle werkvertraglichen Mängelrechte für diese Mängel.

Gleiches gilt für Ansprüche auf Zahlung von Vertragsstrafe. Nach § 11 Abs. 4 VOB/B kann der Auftraggeber die Vertragsstrafe nur geltend machen, wenn er bei der Abnahme einen entsprechenden Vorbehalt erklärt hat (siehe Abschn. 5.3.5).

8.2.10.5 Beginn der Verjährungsfristen

Mit der Abnahme beginnen die Verjährungsfristen für die Mängelrechte (siehe Abschn. 12.2.8) zu laufen. Beim BGB-Vertrag sind dies gemäß § 634a Abs. 1 Nr. 2 BGB fünf Jahre, beim VOB-Vertrag beträgt die Verjährung hinsichtlich mangelhafter Bauleistungen gemäß § 13 Abs. 4 VOB/B regelmäßig vier Jahre, wenn im Bauvertrag nichts anderes vereinbart ist.

8.2.10.6 Fälligkeitsvoraussetzung für die Schlusszahlung

Die Abnahme ist schließlich Voraussetzung für die Fälligkeit des Anspruchs auf die Schlusszahlung im Sinne des § 16 Abs. 3 VOB/B (siehe Abschn. 10.5.2).

---

[18] Kapellmann/Messerschmidt, B § 7 Rdnr. 3.

8.2.10.7 Sonstige Wirkungen

Die Abnahme der Leistung des Auftragnehmers kann als Anerkenntnis i. S. des § 2 Nr. 8 Abs. 2 Satz 1 VOB/B zu werten sein. Dies ist z. B. der Fall, wenn ein Großteil der Zusatzaufträge im Abnahmeprotokoll aufgelistet ist und der Auftraggeber dieses ohne Einwendungen unterzeichnet oder wenn die dem Protokoll anliegende Mängelliste zum Teil auch die Zusatzarbeiten betrifft.

Das OLG Brandenburg hat jedoch zutreffend entschieden, dass ohne weitere Anhaltspunkte, insbesondere wenn der Auftraggeber die zusätzliche Leistung des Auftragnehmers gar nicht erst erkannt hat, in der Abnahme der Werkleistung kein Anerkenntnis der Zusatzarbeiten im Sinne des § 2 Nr. 8 Abs. 2 Satz 1 VOB/B gesehen werden kann.[19]

---

[19] OLG Brandenburg, Urteil v. 25.08.2011 – 12 U 69/10, IBR 2011, 627 (Illies).

8.2.11 Ablaufdiagramm: Anspruch auf Abnahme

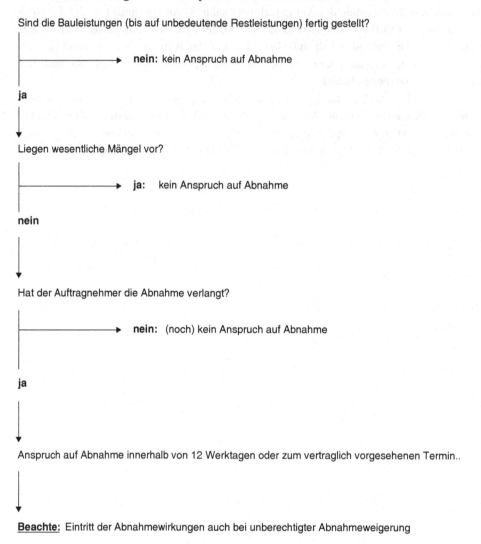

Sind die Bauleistungen (bis auf unbedeutende Restleistungen) fertig gestellt?

nein: kein Anspruch auf Abnahme

ja

Liegen wesentliche Mängel vor?

ja: kein Anspruch auf Abnahme

nein

Hat der Auftragnehmer die Abnahme verlangt?

nein: (noch) kein Anspruch auf Abnahme

ja

Anspruch auf Abnahme innerhalb von 12 Werktagen oder zum vertraglich vorgesehenen Termin..

<u>Beachte:</u> Eintritt der Abnahmewirkungen auch bei unberechtigter Abnahmeweigerung

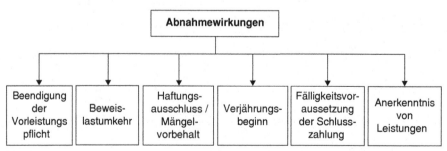

Abnahmewirkungen					
Beendigung der Vorleistungs pflicht	Beweis-lastumkehr	Haftungs-ausschluss / Mängel-vorbehalt	Verjährungs-beginn	Fälligkeitsvor-aussetzung der Schluss-zahlung	Anerkenntnis von Leistungen

8.3 Die einzelnen Abnahmearten

8.3.1 Überblick

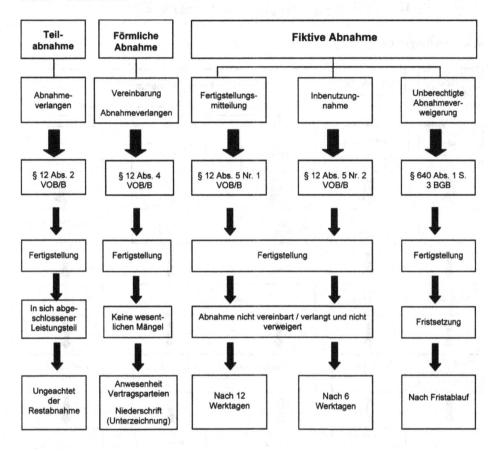

8.3.2 Der Anspruch auf Teilabnahme (§ 12 Abs. 2 VOB/B)

Auf Verlangen sind in sich abgeschlossene Teile der Leistung besonders abzunehmen (§ 12 Abs. 2 VOB/B).

Grundsätzlich hat der Auftragnehmer einen Anspruch auf Teilabnahme von in sich abgeschlossenen Leistungsteilen. Auch hier gilt die Abnahmefrist von 12 Werktagen aus § 12 Abs. 1 VOB/B, da sich der Regelungsgehalt der Teilabnahme in § 12 Abs. 2 VOB/B darin erschöpft zu bestimmen, in welchen Fällen von dem Grundsatz der Gesamtabnahme abgewichen werden kann.

In der Praxis wird der Anspruch auf Teilabnahme aus § 12 Abs. 2 VOB/B allerdings häufig in den allgemeinen Geschäftsbedingungen des Auftraggebers wirksam ausgeschlossen. Der Ausschluss der Teilabnahme in AGBs nach § 12 Abs. 2 VOB/B ist zulässig, da dies keinen Verstoß gegen das gesetzliche Leitbild darstellt.

8.3.2.1 Überblick

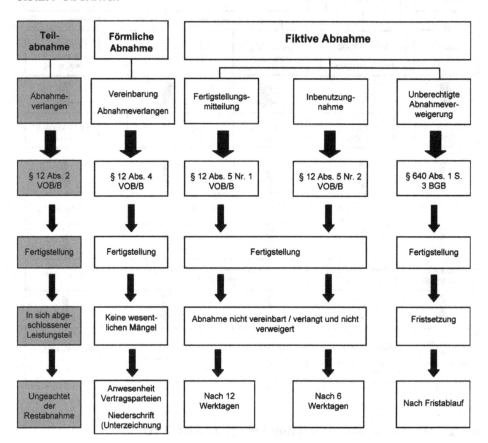

8.3.2.2 Abnahmeverlangen

Ein Anspruch auf Teilabnahme entsteht dann, wenn die Teilabnahme von einer der Vertragsparteien ausdrücklich verlangt wird. Ferner müssen die in Abschn. 8.2 aufgeführten Voraussetzungen vorliegen, die Teilleistung muss also fertig gestellt sein und darf keine wesentlichen Mängel aufweisen.

8.3.2.3 In sich abgeschlossene Teile der Leistung

Daneben muss es sich um „in sich abgeschlossene Teile der Leistung" handeln, d. h. um Leistungsteile, die im Hinblick auf ihre Gebrauchsfähigkeit isoliert betrachtet werden können und als unabhängig und selbstständig anzusehen sind. Die Gebrauchsfähigkeit ist anzunehmen, wenn die der Leistung zugedachte Funktion nach den Bestimmungen des Vertrages erfüllt ist.

Beispiele

- Selbstständig zu beurteilende Sanitärarbeiten in einzelnen Wohnungen eines Gebäudes.[20]
- Umstritten ist dagegen die Möglichkeit einer Teilabnahme nach Geschossen.
- Leistungsteile innerhalb eines Gewerks gelten grundsätzlich nicht als in sich abgeschlossen, es sei denn, sie werden räumlich oder zeitlich getrennt erbracht.[21]
- Erstellung einer Baugrube. ◀

8.3.2.4 Abnahmewirkung

Die rechtliche Wirkung der Teilabnahme entspricht derjenigen der Gesamtabnahme, d. h. für die teilabgenommenen Leistungen treten die Abnahmewirkungen (siehe Abschn. 8.2.10) unabhängig von der Restabnahme ein.

8.3.2.5 Sonderfall: Zustandsfeststellung von Teilen der Leistung

Von der rechtlichen Teilabnahme ist die Zustandsfeststellung von Teilen der Leistung (früher: technische Abnahme) im Sinne des § 4 Abs. 10 VOB/B zu unterscheiden. Die Zustandsfeststellung dient lediglich der Beweissicherung, indem der Zustand von Leistungsteilen dokumentiert wird, bevor diese durch Folgegewerke verdeckt und damit der Prüfung entzogen werden. Die Zustandsfeststellung gemäß § 4 Abs. 10 VOB/B hat nicht die rechtliche Wirkung der Teilabnahme. Zu Einzelheiten siehe Abschn. 3.4.

---

[20] BGH, Urteil v. 21.12.1978 – VII ZR 269/77, BauR 1979, 159.

[21] BGH, Urteil v. 20.08.2009 – VII ZR 212/07; Kniffka in: ibr-Online-Kommentar Bauvertragsrecht, Stand: 12.03.2018, § 640 BGB, B. II. Rn. 102.

8.3.2.6 Ablaufdiagramm: Anspruch auf Teilabnahme

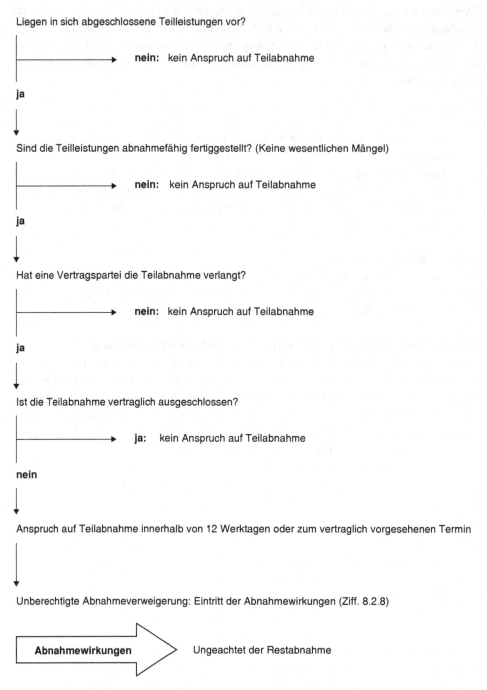

Liegen in sich abgeschlossene Teilleistungen vor?

→ **nein:** kein Anspruch auf Teilabnahme

ja

Sind die Teilleistungen abnahmefähig fertiggestellt? (Keine wesentlichen Mängel)

→ **nein:** kein Anspruch auf Teilabnahme

ja

Hat eine Vertragspartei die Teilabnahme verlangt?

→ **nein:** kein Anspruch auf Teilabnahme

ja

Ist die Teilabnahme vertraglich ausgeschlossen?

→ **ja:** kein Anspruch auf Teilabnahme

nein

Anspruch auf Teilabnahme innerhalb von 12 Werktagen oder zum vertraglich vorgesehenen Termin

Unberechtigte Abnahmeverweigerung: Eintritt der Abnahmewirkungen (Ziff. 8.2.8)

Abnahmewirkungen → Ungeachtet der Restabnahme

8.3.3 Der Anspruch auf förmliche Abnahme (§ 12 Abs. 4 VOB/B)

Die häufigste Abnahmeform bei Bauverträgen ist die förmliche Abnahme, weil damit erreicht wird, dass der Zustand der vom Auftragnehmer erbrachten Leistungen vollumfänglich dokumentiert ist und gleichzeitig die Erklärungen der Vertragsparteien schriftlich festgehalten werden, z. B. Mängel- und Vertragsstrafenvorbehalte etc.

8.3.3.1 Überblick

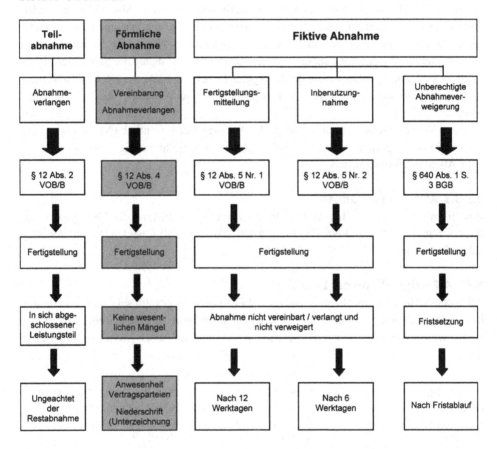

8.3.3.2 Vertragliche Vereinbarung/Kein Verzicht

In der Regel ist in allgemeinen Geschäftsbedingungen oder in Bauverträgen vorgesehen, dass ausschließlich eine förmliche Abnahme durchzuführen ist. In diesem Fall sind die stillschweigende Abnahme, aber auch die fiktiven Abnahmen des § 12 Abs. 5 VOB/B nach Fertigstellungsmitteilung oder durch Ingebrauchnahme der Leistung grundsätzlich ausgeschlossen.[22] Haben die Vertragsparteien die förmliche Abnahme vereinbart und wird sie vom Auftragnehmer verlangt, so besteht nach einer Abnahmeverweigerung des Auftraggebers für die Abnahmefiktion des § 12 Abs. 5 Nr. 1 VOB/B kein Raum.[23]

Nicht ausgeschlossen ist allerdings die gesetzliche Abnahmefiktion gemäß § 640 Abs. 1 Satz 3 BGB, der zufolge bei unberechtigter Abnahmeverweigerung des Auftraggebers nach Fristablauf die Abnahmewirkungen eintreten.[24] Sofern die Folgen des § 640 Abs. 1 Satz 3 BGB überhaupt vertraglich abdingbar sind, kann dies jedenfalls nicht wirksam in den allgemeinen Geschäftsbedingungen des Auftraggebers geschehen.[25]

Weiter ist zu beachten, dass auch die fiktiven Abnahmen des § 12 Abs. 5 VOB/B wieder aufleben, wenn die Parteien während der Bauausführung auf die vertraglich vereinbarte förmliche Abnahme *verzichtet* haben. Ein solcher Verzicht wird in der Rechtsprechung zum Teil schon dann angenommen, wenn die Parteien nach Eingang der Schlussrechnung beim Auftraggeber nicht innerhalb der 12-tägigen Frist aus § 12 Abs. 5 Nr. 1 VOB/B einen Abnahmetermin anberaumen oder der Auftraggeber die Abnahme ausdrücklich verweigert.[26]

Einen Verzicht stellt es nicht dar, wenn der Auftraggeber wesentliche Mängel oder Unvollständigkeiten gerügt hat, bringt damit nicht einen Verzicht auf die vereinbarte förmliche Abnahme zum Ausdruck.[27]

8.3.3.3 Abnahmeverlangen

Eine förmliche Abnahme hat auch dann stattzufinden, wenn eine der Vertragsparteien diese verlangt, § 12 Abs. 4 Nr. 1 VOB/B. Auch in diesem Fall scheiden die anderen Abnahmeformen aus.

8.3.3.4 Fertigstellung der Leistung

Auch bei der förmlichen Abnahme muss die Leistung fertig gestellt sein, bzw. es müssen in sich abgeschlossene Teilleistungen vorliegen, sofern eine förmliche Teilabnahme gefordert wurde. Das Werk darf keine wesentlichen Mängel aufweisen (siehe Abschn. 8.2.7).

---

[22] BGH, Urteil v. 25.01.1996 – VII ZR 233/94, BauR 1996, 378, IBR 1996, 182 (Schulze-Hagen); OLG Schleswig, Urteil v. 04.04.2003 – 1 U 162/02, IBR 2003, 1079 (Groß) nur online; siehe zu Ausnahmen OLG Bamberg, Urteil v. 05.05.1997 – 4 U 188/96, BauR 1998, 892, IBR 1997, 450 (Knychalla); OLG Düsseldorf, Urteil v. 20.11.1998 – 22 U 104/98, BauR 1999, 404, IBR 1999, 205 (Pasker).

[23] OLG Schleswig, Urteil v. 10.02.2012 – 1 U 20/11, IBR 2012, 326 (Groß).

[24] Franke/Kemper/Zanner/Grünhagen, B § 12 Rdnr. 113.

[25] Kniffka, ibr-online-Kommentar, Bauvertragsrecht, Stand: 18.09.2016, § 640 BGB Rdnr. 73.

[26] KG, Urteil v. 04.04.2006 – 7 U 247/05, IBR 2006, 324 (Miernik); ähnlich OLG Bamberg, Urteil v. 05.05.1997 – 4 U 188/96, BauR 1998, 892, IBR 1997, 450 (Knychalla); OLG Düsseldorf, Urteil v. 20.11.1998 – 22 U 104/98, BauR 1999, 404, IBR 1999, 205 (Pasker).

[27] OLG Brandenburg, Urteil v. 25.01.2012 – 4 U 7/10, NZBau 2012, 293, NJW-RR 2012, 655, IBR 2012, 252 (Zanner).

8.3.3.5 Durchführung der förmlichen Abnahme

Termin zur Abnahme Aus § 12 Abs. 4 Nr. 2 Satz 1 VOB/B folgt, dass die Abnahme in einem zu vereinbarenden Termin in Anwesenheit beider Vertragsparteien durchgeführt wird. Der Termin ist zwischen den Vertragsparteien abzustimmen und darf nicht einseitig vom Auftragnehmer festgelegt werden. In der Regel ist der Auftraggeber jedoch verpflichtet, innerhalb der Frist des § 12 Abs. 1 VOB/B von 12 Werktagen einem Abnahmetermin zuzustimmen.

Zum Abnahmetermin kann auch ein Sachverständiger hinzugezogen werden, was sich aus Gründen der Beweiserleichterung empfiehlt. Die Feststellungen des Sachverständigen sind jedoch für die Parteien nicht verbindlich.[28]

Niederschrift Die Feststellungen der Abnahmebegehung sind schriftlich niederzulegen. Die Niederschrift ist von den Vertragsparteien zu unterzeichnen. Die Unterzeichnung ist aber kein Teil der förmlichen Abnahme. Verweigert der Auftraggeber die Unterschrift, ohne die Abnahme selbst in Frage zu stellen, treten die Abnahmewirkungen deshalb dennoch ein.[29]

Erscheint der Auftragnehmer unentschuldigt nicht zur Abnahme, kann der Auftraggeber gemäß § 12 Abs. 4 Nr. 2 VOB/B die Abnahme in Abwesenheit des Auftragnehmers durchführen. Er muss dann dem Auftragnehmer das Ergebnis der Abnahme alsbald mitteilen.

Vorbehalt Von besonderer Bedeutung ist, dass im Rahmen der förmlichen Abnahme sämtliche Vorbehalte nach § 12 Abs. 4 Nr. 1 Satz 4 VOB/B in die Abnahmeniederschrift aufgenommen werden müssen. Dies sind die Vorbehalte des Auftraggebers bezüglich der bei der Abnahmebegehung festgestellten Mängel und der Vorbehalt bezüglich der Geltendmachung einer Vertragsstrafe (siehe Kap. 5).

Unterlässt der Auftraggeber einen Vorbehalt für Mängel, die ihm bekannt sind, stehen ihm für diese Mängel keine Mängelansprüche mehr zu. Er kann lediglich Schadenersatzansprüche geltend machen, sofern die weiteren Voraussetzungen vorliegen (siehe Abschn. 13.2.4 ff.).

Wird ein Vorbehalt bezüglich der verwirkten Vertragsstrafe nicht erklärt, entfällt der Vertragsstrafeanspruch gemäß § 11 Abs. 4 VOB/B.

Beispiel

Vor der Abnahme hat der Auftraggeber diverse Beschädigungen der Türzargen in dem Bauvorhaben gerügt. Bei der Abnahmebegehung fällt beiden Parteien auf, dass auch der Wandanstrich an vielen Stellen durch den Transport von Baumaterial und Geräten beschädigt ist. Hierüber wird jedoch nicht gesprochen. In das Abnahmeprotokoll wird deshalb nur ein Vorbehalt hinsichtlich der Türzargen aufgenommen.

---

[28] Franke/Kemper/Zanner/Grünhagen B § 12 Rdnr. 124.
[29] Heiermann/Riedl/Rusam, B § 12 Rdnr. 95.

Sofern der Auftragnehmer nachweisen kann (z. B. durch Zeugen bei der Abnahme-begehung), dass der Auftraggeber auch die Beschädigungen des Wandanstrichs bemerkt hat, kann der Auftraggeber diese anschließend nicht mehr geltend machen. ◄

8.3.3.6 Ablaufdiagramm: Anspruch auf förmliche Abnahme

Wurde die förmliche Abnahme vertraglich ausdrücklich vereinbart oder von einer Vertragspartei gefordert?

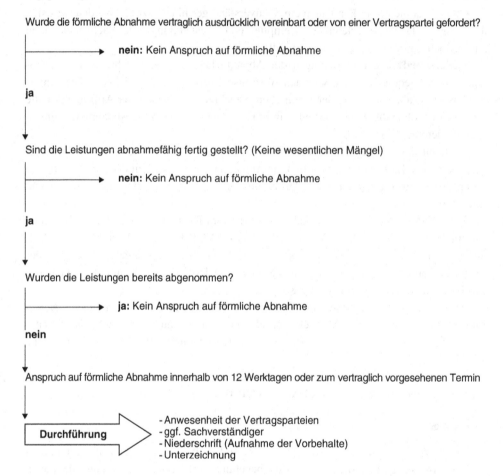

Wurde die förmliche Abnahme vertraglich ausdrücklich vereinbart oder von einer Vertragspartei gefordert?

nein: Kein Anspruch auf förmliche Abnahme

ja

Sind die Leistungen abnahmefähig fertig gestellt? (Keine wesentlichen Mängel)

nein: Kein Anspruch auf förmliche Abnahme

ja

Wurden die Leistungen bereits abgenommen?

ja: Kein Anspruch auf förmliche Abnahme

nein

Anspruch auf förmliche Abnahme innerhalb von 12 Werktagen oder zum vertraglich vorgesehenen Termin

Durchführung
- Anwesenheit der Vertragsparteien
- ggf. Sachverständiger
- Niederschrift (Aufnahme der Vorbehalte)
- Unterzeichnung

8.3.4   Fiktive Abnahme (§ 12 Abs. 5 VOB/B)

8.3.4.1 Einleitung

In § 12 Abs. 5 VOB/B sind zwei Sondertatbestände geregelt, nämlich die Abnahme infolge einer Fertigstellungsanzeige des Auftragnehmers und die Abnahme durch Ingebrauchnahme der Leistung durch den Auftraggeber.

Die in § 12 Abs. 5 VOB/B geregelten Abnahmeformen unterscheiden sich von allen übrigen Abnahmeformen der VOB/B darin, dass das Verhalten des Auftraggebers nicht auf einen Abnahmewillen schließen lassen muss.[30] Die Abnahme wird hier also durch die VOB/B fingiert. Allerdings kommen die Abnahmefiktionen des § 12 Abs. 5 VOB/B nicht in Betracht, wenn die Abnahme zuvor ausdrücklich gefordert oder verweigert wurde.[31] Gleiches gilt, wenn im Bauvertrag eine förmliche Abnahme vereinbart ist (siehe Abschn. 8.3.3.2). In diesen Fällen verbleiben nur die fiktiven Abnahmen des BGB, insbesondere diejenige aus § 640 Abs. 1 Satz 3 BGB (Abschn. 8.3.5.1).

Von den Abnahmefiktionen ist die stillschweigende Abnahme zu unterscheiden (siehe Abschn. 8.2.9). Bei dieser Form der Abnahme muss das Verhalten des Auftraggebers auf einen *Abnahmewillen* schließen lassen.

8.3.4.2 Fertigstellungsmitteilung, § 12 Abs. 5 Nr. 1 VOB/B

Überblick

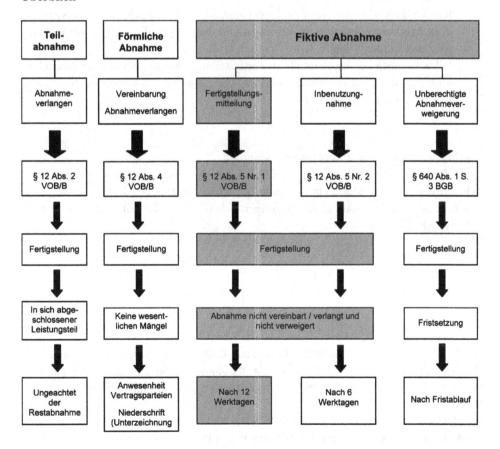

---

[30] BGH, Urteil v. 12.06.1975 – VII ZR 55/73, BauR 1975, 344.
[31] BGH, Urteil v. 25.04.2002 – IX ZR 254/00, NZBau 2002, 437, IBR 2002, 415 (Schmitz).

Fertigstellungsmitteilung
Nach § 12 Abs. 5 Nr. 1 VOB/B hat der Auftragnehmer schriftlich dem Auftraggeber mitzuteilen, dass die Arbeiten von ihm fertiggestellt wurden. Aus der Erklärung muss sich für den Auftraggeber zweifelsfrei erkennen lassen, dass der Auftragnehmer von einer Gesamtfertigstellung seiner Leistung ausgeht.[32]

Da es sich auch bei der fiktiven Abnahme um eine Form der Abnahme handelt, muss die Leistung zudem tatsächlich fertiggestellt sein und darf daher keine wesentlichen Mängel aufweisen (siehe Abschn. 8.2.7).[33]

Beispiel

- Als Fertigstellungsmitteilung kann auch die Übersendung der Schlussrechnung angesehen werden.[34]
- Teilrechnungen können ebenfalls als Fertigstellungsanzeige gelten, wenn erkennbar wird, dass damit abschließend umfassend die Leistungen des Auftragnehmers abgerechnet werden sollen.[35]
- Teilrechnungen können ebenfalls als Fertigstellungsanzeige gelten, wenn erkennbar wird, dass damit abschließend umfassend die Leistungen des Auftragnehmers abgerechnet werden sollen.[36] ◀

Kein Abnahmeverlangen/Abnahmeverweigerung
Die Regelung in § 12 Abs. 5 Nr. 1 VOB/B setzt weiterhin voraus, dass zuvor von keiner der Vertragsparteien eine Abnahme gefordert wurde. Auch darf der Auftraggeber die Abnahme ausdrücklich verweigert haben.[37] In beiden Fällen scheidet die fiktive Abnahme aus.

---

[32] OLG Düsseldorf, Urteil v. 25.04.2002 – IX ZR 254/00, BauR 1997, 842, IBR 1997, 321 (Reinecke).

[33] Heiermann/Riedl/Rusam, B § 12 Rdnr. 106; a. A. Kapellmann/Messerschmidt, B § 12 Rdnr. 99.

[34] BGH, Urteil v. 20.04.1989 – VIII ZR 334/87, BauR 1989, 603; KG, Urteil v. 04.04.2006 – 7 U 247/05, IBR 2006, 324 (Miernik).

[35] BGH, Urteil v. 22.01.1987 – ZR 96/85, ZfBR 1987, 146.

[36] BGH, Urteil v. 22.01.1987 – VII ZR 96/85 ZfBR 1987, 146.

[37] Siehe Fußnote 27.

Eine fiktive Abnahme scheidet ebenfalls aus, wenn ausschließlich eine förmliche Abnahme vereinbart wurde oder die Regelungen des § 12 Abs. 5 VOB/B im Bauvertrag wirksam ausgeschlossen sind, was auch durch allgemeine Geschäftsbedingungen möglich ist.[38]

Abnahmefiktion nach 12 Werktagen
Mit dem Ablauf von 12 Werktagen ab Zugang der schriftlichen Fertigstellungsmitteilung ist die Leistung als abgenommen anzusehen (§ 12 Abs. 5 Nr. 1 VOB/B).

Vorbehalt wegen bekannter Mängel und Vertragsstrafe
Der Auftraggeber ist nach § 12 Abs. 5 Nr. 3 VOB/B gehalten, seine Vorbehalte wegen bekannter Mängel oder wegen Vertragsstrafen innerhalb dieser Frist zu erklären. Erklärt er keinen Vorbehalt, verliert er seine diesbezüglichen Mängelrechte und Ansprüche auf Zahlung einer Vertragsstrafe.[39]

---

[38] Franke/Kemper/Zanner/Grünhagen, B § 12 Rdnr. 173.
[39] OLG Düsseldorf, Urteil v. 07.12.1976 – 20 U 40/76, BauR 1977, 281.

Ablaufdiagramm: fiktive Abnahme, § 12 Abs. 5 Nr. 1 VOB/B

Liegt eine schriftliche Fertigstellungsmitteilung vor? (z. B. Schlussrechnung)

nein: Keine Abnahmewirkung

ja

Ist im Bauvertrag eine förmliche Abnahme vereinbart oder die fiktive Abnahme ausdrücklich ausgeschlossen?

ja: Keine Abnahmewirkung

nein

Wurde vorher von einer Vertragspartei eine Abnahme gefordert oder ausdrücklich verweigert?

ja: Keine Abnahmewirkung

nein

Sind die Leistungen ohne wesentliche Mängel fertiggestellt?

nein: Keine Abnahmewirkung

ja

Die Leistung gilt nach Ablauf von 12 Werktagen als abgenommen.

8.3.4.3 Inbenutzungnahme der Leistung, § 12 Abs. 5 Nr. 2 VOB/B

Überblick

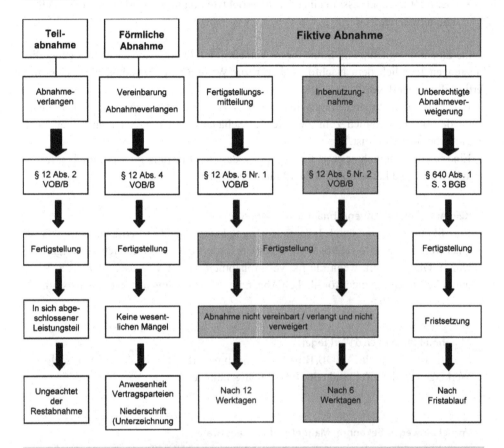

Inbenutzungnahme

Nach § 12 Abs. 5 Nr. 2 VOB/B setzt die fiktive Abnahme eine Inbenutzungnahme der Leistung durch den Auftraggeber voraus. Eine Inbenutzungnahme im Sinne dieser Vorschrift ist anzunehmen, wenn die Leistung entsprechend dem beabsichtigten Endzweck in Gebrauch genommen wurde.[40]

---

[40] BGH, Urteil v. 22.02.1971 – VII ZR 243/69, BauR 1971, 126, NJW 1971, 838; OLG Düsseldorf, Urteil v. 12.11.1993 – 22 U 91/93, 22 U 95/93, NJW-RR 1994, 408, IBR 1994, 154 (Olowson).

Beispiel

- Der Auftraggeber zieht in das für ihn errichtete Wohnhaus ein.
- Der Auftraggeber lässt in einer für ihn errichteten Fabrikhalle Maschinen aufstellen und montieren.[41] ◄

Keine Inbenutzungnahme im Sinne dieser Vorschrift liegt vor, wenn der Auftraggeber die Leistungen lediglich dem Nachfolgegewerk zur Weiterarbeit im Rahmen der Gesamt-fertigstellung überlässt.[42]

Ebenfalls keine Inbenutzungnahme durch Bezug eines Gebäudes ist anzunehmen, wenn der Bezug lediglich zum Zwecke der Schadensminderung oder aus einer Not-situation heraus erfolgt ist.[43]

Eine Inbenutzungnahme setzt ferner voraus, dass die Leistung im Wesentlichen fertig gestellt wurde und keine wesentlichen Mängel aufweist.

Kein Abnahmeverlangen/Abnahmeverweigerung
Eine fiktive Abnahme durch Ingebrauchnahme kommt nicht in Betracht, wenn von einer Vertragspartei eine Abnahme bereits gefordert oder ausdrücklich verweigert wurde. Gleiches gilt, wenn die fiktiven Abnahmen nach § 12 Abs. 5 VOB/B z. B durch Vereinbarung einer förmlichen Abnahme im Bauvertrag ausgeschlossen sind.

Abnahmefiktion nach 6 Werktagen
Nach § 12 Abs. 5 Nr. 2 VOB/B tritt die Abnahmewirkung nach Ablauf von sechs Werktagen ab dem Zeitpunkt der Inbenutzungnahme ein.

Vorbehalt wegen bekannter Mängel und Vertragsstrafe
Auch hier ist der Auftraggeber gemäß § 12 Abs. 5 Nr. 3 VOB/B gehalten, seine Vor-behalte wegen bekannter Mängel und Zahlung von Vertragsstrafe innerhalb der 6-Tagefrist zu erklären, da er sonst seine diesbezüglichen Mängelrechte und Ver-tragsstrafenansprüche verliert.

---

[41] BGH, Urteil v. 12.06.1975 – VII ZR 55/73 WM 1975, 833.

[42] Franke/Kemper/Zanner/Grünhagen B § 12 Rdnr. 147.

[43] BGH, Urteil v. 23.11.1978 – VII ZR 29/78, BauR 1979, 152; OLG Düsseldorf, Urteil v. 12.11.1993 – 22 U 91/93, 22 U 95/93, NJW-RR 1994, 408, IBR 1994, 154 (Olowson).

Ablaufdiagramm: fiktive Abnahme, § 12 Abs. 5 Nr. 2 VOB/B

Wurden die Leistungen durch den Auftraggeber in Benutzung genommen?

nein: Keine Abnahmewirkung

ja

Ist im Bauvertrag eineförmliche Abnahme vereinbart oder die fiktive Abnahme ausdrücklich ausgeschlossen?

ja: Keine Abnahmewirkung

nein

Wurde von einer Vertragspartei eine Abnahme verlangt oder ausdrücklich verweigert?

ja: Keine Abnahmewirkung

nein

Sind die Leistungen fertiggestellt und weisen keine wesentlichen Mängel auf?

nein :   Keine Abnahmewirkung

ja

Die Abnahmewirkung tritt mit Ablauf von 6 Werktagen ab Inbenutzungnahme der Bauleistung ein.

8.3.5   Abnahmefiktion des § 640 Abs. 2 BGB

8.3.5.1 Überblick

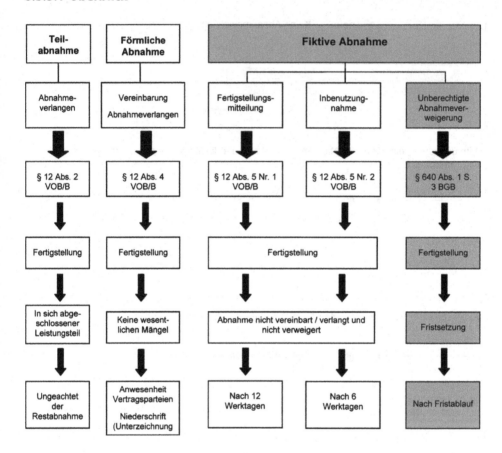

8.3.5.2 Fertigstellung der Leistung

Die gesetzliche Abnahmefiktion des § 640 Abs. 2 BGB hat in der Praxis erhebliche Bedeutung erlangt und die Abnahmefiktionen des § 12 Abs. 5 VOB/B in ihrem Anwendungsbereich weitgehend abgelöst. Dies liegt daran, dass die gesetzliche Abnahmefiktion des
§ 640 Abs. 2 BGB nach einer Ansicht in der Baurechtsliteratur nicht durch allgemeine
Geschäftsbedingungen des Auftraggebers und auch nicht durch Vereinbarung einer förmlichen Abnahme im Bauvertrag abbedungen werden kann.[44] Eine klärende Entscheidung
des Bundesgerichtshofs existiert hierzu allerdings noch nicht.

---

[44] Kniffka, ibr-online Kommentar Bauvertragsrecht, Stand: 18.09.2016, § 640 BGB Rdnr. 73; Prüt-
ting/Wegen/Weinreich-Leupertz, § 640 BGB Rdnr. 7.

Im Bauvertrag ist eine förmliche Abnahme vereinbart. Die fiktiven Abnahmen der VOB/B und des BGB sind durch Formulartext ausgeschlossen. Verweigert der Auftraggeber die Abnahme, so kann sich der Auftragnehmer zwar nicht auf die Abnahmefiktionen des § 12 Abs. 5 VOB/B berufen, wohl aber auf die Abnahmefiktion des § 640 Abs. 2 BGB. ◄

Nach § 640 Abs. 2 BGB setzt der Eintritt der Abnahmewirkungen zunächst voraus, dass der Auftraggeber zur Abnahme verpflichtet ist. Auch die fingierte Abnahme des BGB kommt also nur dann in Betracht, wenn die Leistung keine wesentlichen Mängel aufweist (siehe Abschn. 8.2.7).[45]

8.3.5.3 Fristsetzung

Weiter setzt § 640 Abs. 1 Satz 3 BGB voraus, dass der Auftragnehmer innerhalb einer angemessenen Frist die Abnahme verlangt und der Auftraggeber diese Frist verstreichen lässt. Als angemessen dürfte die Frist des § 12 Abs. 1 VOB/B von 12 Werktagen anzusehen sein.

8.3.5.4 Entbehrlichkeit bei ausdrücklicher Abnahmeverweigerung

Verweigert der Auftraggeber die Abnahme ausdrücklich, ist eine Fristsetzung ausnahmsweise als bloße Formelei entbehrlich.[46] Vorsorglich ist dem Auftragnehmer jedoch stets zu empfehlen, eine angemessene Frist zur Abnahme zu setzten.

8.3.5.5 Vorbehalt wegen bekannter Mängel/Vertragsstrafe

Im Unterschied zu den Abnahmefiktionen nach § 12 Abs. 5 VOB/B muss der Auftraggeber im Rahmen von § 640 Abs. 2 BGB bis zum Fristablauf einen Vorbehalt lediglich für seinen Vertragsstrafenanspruch erklären, nicht jedoch für seine Rechte wegen bekannter Mängel.[47]

---

[45] Franke/Kemper/Zanner/Grünhagen B § 12 Rdnr. 162.

[46] OLG Brandenburg, Urteil v. 08.01.2003 – 4 U 82/02, IBR 2003, 470 (Moufang); offen gelassen in BGH, Urteil v. 15.10.2002 – X ZR 69/01, BauR 2003, 236, IBR 2003, 007 (Schwenker).

[47] Franke/Kemper/Zanner/Grünhagen B § 12 Rdnr. 165; OLG Celle, Urteil v. 18.09.2003 – 11 U 11/03, IBR 2004, 1002 (Zanner).

8.3.5.6 Ablaufdiagramm: fiktive Abnahme, § 640 Abs. 2 BGB

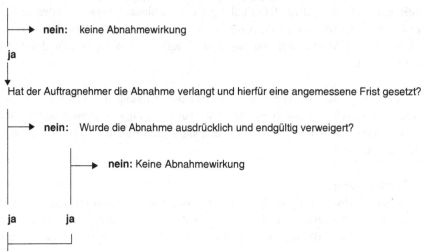

Sind die Bauleistungen ohne wesentliche Mängel fertig gestellt?

nein: keine Abnahmewirkung

ja

Hat der Auftragnehmer die Abnahme verlangt und hierfür eine angemessene Frist gesetzt?

nein: Wurde die Abnahme ausdrücklich und endgültig verweigert?

nein: Keine Abnahmewirkung

ja   ja

Die Abnahmewirkung tritt gemäß § 640 Abs. 1 Satz 3 BGB mit Fristablauf ein.

Literatur

1. Franke, Horst; Kemper, Ralf; Zanner, Christian; Grünhagen, Matthias: VOB-Kommentar, München (Werner Verlag) 5. Auflage 2013 *zitiert*: Franke/Kemper/Zanner/Grünhagen
2. Heiermann, Wolfgang; Riedl, Richard; Rusam, Martin: Handkommentar zur VOB, Wiesbaden und Berlin (Vieweg Verlag) 13. Auflage 2013 *zitiert*: Heiermann/Riedl/Rusam
3. Kapellmann, Klaus; Messerschmidt, Burkhard: VOB, München (Verlag C. H. Beck) 2015 *zitiert*: Kapellmann/Messerschmidt
4. Zanner, Christian; Henning, Jana: Abnahme im Bauwesen nach Ansprüchen, Wiesbaden (Springer Vieweg Verlag) 2016

Der Anspruch des Auftraggebers auf prüfbare Abrechnung

9

9.1 Einleitung

In § 14 VOB/B sind die Mindestanforderungen an die Abrechnung von Leistungen geregelt. Daneben können weitere Anforderungen vertraglich vereinbart sein. Die Bestimmungen in § 14 VOB/B gelten für die Abschlagsrechnung nach § 16 Abs. 1 VOB/B, für die Schlussrechnung nach § 16 Abs. 3 VOB/B sowie entsprechend für die Abrechnung von Stundenlohnarbeiten nach § 15 VOB/B.

Besondere Bedeutung hat die Prüfbarkeit von Abrechnungen, da sie stets Fälligkeitsvoraussetzung für den Vergütungsanspruch des Auftragnehmers ist.[1]

Daneben regelt § 14 Abs. 3 und Abs. 4 VOB/B die Verpflichtung des Auftragnehmers eine prüfbare Schlussrechnung zu erteilen bzw. die rechtlichen Möglichkeiten des Auftraggebers, wenn der Auftragnehmer dieser Pflicht nicht nachkommt.

Im neuen Bauvertragsrecht des BGB findet sich eine ähnliche Regelung in § 650 g 4. Abs. BGB.

---

[1] BGH, Urteil v. 20.10.1988 – VII ZR 302, 87, BauR 1989, 87.

© Springer Fachmedien Wiesbaden GmbH, ein Teil von Springer Nature 2021
C. Zanner, *VOB/B nach Ansprüchen*, Bau- und Architektenrecht nach Ansprüchen,
https://doi.org/10.1007/978-3-658-34025-4_9

9.2   Überblick

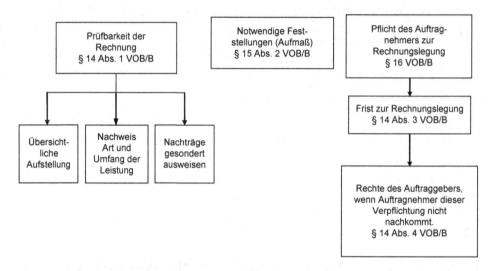

9.3   Reihenfolge der Posten

Der Auftragnehmer hat sämtliche Rechnungen *übersichtlich aufzustellen und dabei die Reihenfolge der Posten einzuhalten und die in dem Vertragsbestandteil enthaltenen Bezeichnungen zu verwenden* (§ 14 Abs. 1 Satz 2 VOB/B).

Daraus ergibt sich, dass die Rechnung spiegelbildlich in der Reihenfolge der einzelnen Positionen der Leistungsbeschreibung aufzustellen ist. Dies ist der Regelfall und sollte, wenn möglich, stets beachtet werden. In der Rechtsprechung gibt es jedoch anerkannte Ausnahmefälle.

Beispiel

- Wenn die Schlussrechnung nur die Zusammenfassung der Abschlagsrechnungen darstellt und diese im Einzelnen bereits das Erfordernis der Prüfbarkeit erfüllen, muss die Schlussrechnung nicht nochmals als Spiegelbild der Leistungsbeschreibung ausgestaltet sein.[2]
- Die Einhaltung der Reihenfolge der Rechnungsposition ist nicht erforderlich, wenn die Überprüfung der Rechnung dadurch nicht wesentlich erschwert wird.[3] ◄

---

[2] BGH, Urteil v. 29.04.1999 – VII ZR 127/98, IBR 1999, 510 (Schulze-Hagen).
[3] OLG Brandenburg, Urteil v. 02.11.1999 – 11 U 3/99, BauR 2000, 583.

9.4   Beizufügende Unterlagen

Nach § 14 Abs. 1 Satz 3 VOB/B hat der Auftragnehmer der Abrechnung sämtliche Unterlagen, die zum Nachweis von Art und Umfang der Leistung erforderlich sind, beizufügen. Damit ist in der Regel das Aufmaß gemeint. Dieses ist erforderlich, wenn die Abrechnung der Bauleistung eine Mengenfeststellung voraussetzt.

Beispiele

- Mengenberechnungen
- Zeichnungen
- Belege ◄

Für den Umfang der zu übergebenen Unterlagen kommt es auf die Fachkunde des Auftraggebers selbst oder die von ihm eingeschalteten Sonderfachleute (Architekt, Projektsteuerer etc.) an bzw. welche Unterlagen bereits beim Auftraggeber vorliegen, die eine Prüfung der Abrechnung ermöglichen.

9.5   Kenntlichmachung von Leistungsänderungen

Leistungsänderungen oder Ergänzungen infolge von Anordnungen des Auftraggebers sind nach § 14 Abs. 1 Satz 4 VOB/B in der Abrechnung gesondert kenntlich zu machen. Auf Verlangen des Auftraggebers hat eine getrennte Abrechnung zu erfolgen.

9.6   Notwendige Feststellungen

Nach § 14 Abs. 2 Satz 1 VOB/B soll zur Beweiserleichterung möglichst ein gemeinsames Aufmaß erstellt werden. Eine Verpflichtung der Vertragsparteien besteht hierzu jedoch nicht. Ist vertraglich vereinbart, dass ein gemeinsames Aufmaß durchzuführen ist und verweigert der Auftraggeber die Durchführung, ändert dies nichts an der Fälligkeit des Vergütungsanspruchs des Auftragnehmers. Daneben kann sich die Beweislast zulasten des Auftraggebers umkehren.[4]

Haben die Vertragsparteien ein gemeinsames Aufmaß erstellt und unterzeichnet, so sind sie daran gebunden.[5]

Daneben ist in § 14 Abs. 2 Satz 2 VOB/B nochmals klargestellt, dass der Auftragnehmer die vertraglichen Abrechnungsbestimmungen einzuhalten hat. Dies ergibt sich in der Regel jedoch bereits aus dem Bauvertrag.

---

[4] BGH, Urteil v. 29.04.1999 – VII ZR 127/98, IBR 1999, 510 (Schulze-Hagen); OLG Stuttgart, Urteil v. 14.02.2017 – 10 U 107/16, BauR 2017, 1533.
[5] BGH, Urteil v. 24.01.1974 – VII ZR 74/73, BauR 1974, 210.

Sofern im Rahmen der Fortführung der Arbeiten Leistungen nur noch schwer feststellbar sind, hat der Auftragnehmer gemäß § 14 Abs. 2 Satz 3 VOB/B die Verpflichtung, eine rechtzeitige gemeinsame Feststellung zu beantragen. Den Auftraggeber trifft insoweit eine Mitwirkungspflicht. In der Regel wird dann eine Zustandsfeststellung nach § 4 Abs. 10 VOB/B durchgeführt (siehe Abschn. 3.4).

9.7 Frist zur Rechnungslegung

In § 14 Abs. 3 VOB/B sind entsprechende Fristen geregelt, in denen der Auftragnehmer seine Leistung abzurechnen hat.

Kommt der Auftragnehmer dieser Verpflichtung nicht nach, kann der Auftraggeber ihm gemäß § 14 Abs. 4 VOB/B eine entsprechende Frist zur Abrechnung setzen. Hält der Auftragnehmer diese Frist nicht ein, kann der Auftraggeber im Wege der Ersatzvornahme die Abrechnung auf Kosten des Auftragnehmers selbst oder durch Dritte erstellen lassen. Die Abrechnung des Auftraggebers muss angemessen sein.

9.8 Ablaufdiagramm: Prüfbare Abrechnung, § 14 VOB/B

Hat der Auftragnehmer eine Abrechnung innerhalb der Fristen des § 14 Abs. 3 VOB/B erstellt?

      → **ja:**   Ist die Abrechnung prüfbar gemäß § 14 Abs. 1 VOB/B?

                → **ja:** kein Anspruch

nein   **nein**

Hat der Auftraggeber eine angemessene Nachfrist zur Abrechnung gesetzt und ist diese fruchtlos verstrichen?

      → **nein:** kein Anspruch

ja

Der Auftraggeber kann gemäß § 14 Abs. 4 VOB/B die Abrechnung selbst oder durch Dritte erstellen lassen und die Kosten vom Auftragnehmer erstattet verlangen.

9.9   Prüfbare Abrechnung gemäß § 650 g 4. Abs. BGB

„(4) Die Vergütung ist zu entrichten, wenn
1. der Besteller das Werk abgenommen hat oder die Abnahme nach § 641 Absatz 2 ent-
behrlich ist und
2. der Unternehmer dem Besteller eine prüffähige Schlussrechnung erteilt hat.
Die Schlussrechnung ist prüffähig, wenn sie eine übersichtliche Aufstellung der erbrachten
Leistungen enthält und für den Besteller nachvollziehbar ist. Sie gilt als prüffähig, wenn der
Besteller nicht innerhalb von 30 Tagen nach Zugang der Schlussrechnung begründete Ein-
wendungen gegen ihre Prüffähigkeit erhoben hat.“ § 650 4. Abs. BGB

Nach den Regelungen des BGB ist die Schlussrechnung prüffähig, wenn sie eine übersichtliche Aufstellung der erbrachten Leistungen enthält und für den Besteller nachvollziehbar ist. Im Wesentlichen kann damit auf die Anforderungen gemäß § 14 VOB/B
abgestellt werden. Diese sind oben unter Ziffer 9.3 ff. dargestellt.

Besonderheit bei der Regelung des BGB ist jedoch, dass wenn der Besteller nicht
innerhalb von 30 Tagen nach Zugang der Schlussrechnung begründete Einwendungen
gegen ihre Prüffähigkeit erhebt, diese als prüffähig gilt. Eine vergleichbare Regelung findet sich in § 16 Abs. 3 VOB/B in Kombination mit der dazu bestehenden Rechtsprechung,
ohne dass es in § 16 Abs. 3 VOB/B, der sich mit der Fälligkeit der Schlussrechnung be-
fasst, explizit ausgedrückt ist.

Zahlungsansprüche des Auftragnehmers aus Leistungsabrechnung und Ansprüche aus Zahlungsverzug Verzug

10.1 Einleitung

Die Voraussetzungen, insbesondere für die Fälligkeit der Vergütungsansprüche des Auftragnehmers aus Abschlagsrechnungen, Schlussrechnungen und Teilschlussrechnungen sind in § 16 VOB/B geregelt. Daneben enthält § 16 VOB/B Bestimmungen über die Voraussetzungen des Zahlungsverzuges, die Höhe von Zinsen sowie Wirkung der Schlusszahlungserklärung des Auftraggebers und die Voraussetzungen für Direktzahlungen an die vom Auftragnehmer beauftragten Subunternehmer.

Des Weiteren enthält § 650 c Abs. 3 BGB eine Sonderregelung für Nachträge im Bauvertragsrecht

© Springer Fachmedien Wiesbaden GmbH, ein Teil von Springer Nature 2021
C. Zanner, *VOB/B nach Ansprüchen*, Bau- und Architektenrecht nach Ansprüchen,
https://doi.org/10.1007/978-3-658-34025-4_10

10.2   Überblick

10.2.1 Zahlungsansprüche aus Leistungsabrechnung

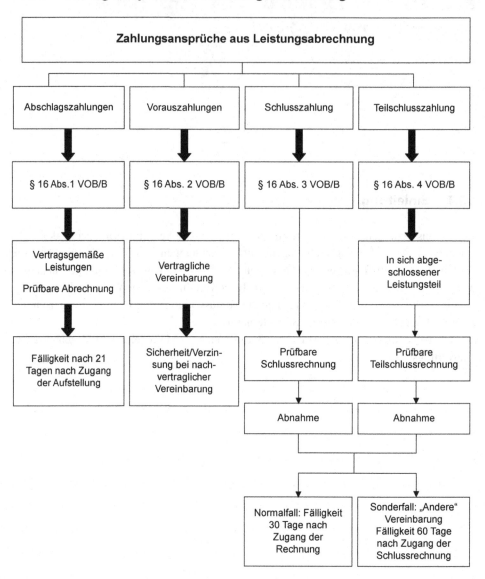

10.2.2 Ansprüche aus Verzug

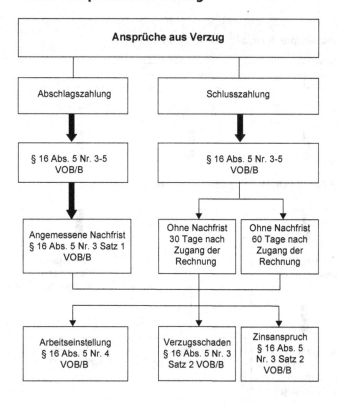

10.3   Ansprüche auf Abschlagszahlungen (§ 16 Abs. 1 VOB/B)

§ 16 Abs. 1 VOB/B räumt dem Auftragnehmer die Möglichkeit ein, Abschlagszahlungen für erbrachte Leistungen in bestimmten Zeitabständen zu fordern.

10.3.1 Überblick

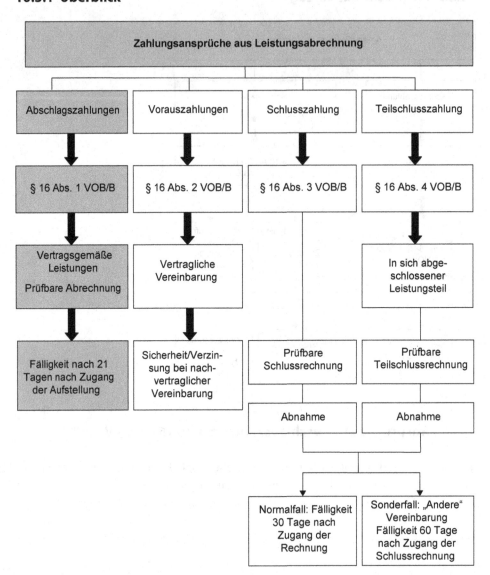

10.3.2 Vertragsgemäße Leistungen

Gemäß § 16 Abs. 1 Nr. 1 VOB/B kann der Auftragnehmer für sämtliche vertraglich geschuldeten Leistungsteile Abschlagszahlungen verlangen. Dazu gehören zunächst sämtliche Bauleistungen. Daneben umfasst die Regelung auch eigens angefertigte und bereit-
gestellte Bauteile, wie Sonderanfertigungen etc. sowie auf der Baustelle angelieferte

Stoffe und Bauteile, sofern dem Auftraggeber hieran das Eigentum übertragen oder hierfür eine Sicherheit gewährt wurde.

Beispiel

Lässt der Unternehmer gemäß dem Bauvertrag Sonderanfertigungen (z. B. spezielle Leuchten für ein Luxushotel) erstellen, so kann er hierfür gemäß § 16 Abs. 1 Nr. 1 Satz 3 VOB/B bereits eine Abschlagszahlung verlangen, bevor diese in das Bauvorhaben eingebaut sind. Er muss jedoch eine entsprechende Sicherheit, in der Praxis zumeist in Form einer Bankbürgschaft stellen. ◀

Die Leistungen müssen vertragsgemäß erbracht sein. Sind sie mangelhaft, konnte der Auftraggeber früher einen Betrag zurückhalten, der den dreifachen Mängelbeseitigungskosten entspricht (§ 641 Abs. 3 BGB a. F.). Seit der Neufassung des § 641 Abs. 3 BGB durch das Forderungssicherungsgesetz darf der Auftraggeber in der Regel nur noch die doppelten Mängelbeseitigungskosten einbehalten.

10.3.3 Prüfbare Abrechnung

Gemäß § 16 Abs. 1 Nr. 1 Satz 2 VOB/B hat der Auftragnehmer auch die Leistungen, für die er eine Abschlagszahlung begehrt, prüfbar im Sinne von § 14 Abs. 1 VOB/B abzurechnen (siehe Kap. 9). Daneben ist er verpflichtet, den hierauf entfallenden Umsatzsteueranteil auszuweisen.

10.3.4 Höhe und Zeitabstände der Rechnung

Grundsätzlich darf der Auftragnehmer die erbrachten Leistungen vollständig abrechnen. Teilweise ist in den allgemeinen Geschäftsbedingungen des Auftraggebers vorgesehen, dass lediglich 90 % bzw. 95 % der erbrachten Leistungen abrechenbar sind. Diese Bestimmung ist in der Regel zulässig.

Der Auftraggeber hat die Abschlagszahlungen in *möglichst kurzen Zeitabständen* oder *zu den vereinbarten Zeitpunkten* zu gewähren. Sofern kein vertraglicher Zahlungsplan vereinbart ist, richtet sich die Bemessung des Zeitabstands nach Auftragswert, Leistungsintensität und Gesamtbauzeit. Angemessen dürften Zeiträume sein, in denen ca. 5 % bis 10 % der Leistungen erbracht werden.

10.3.5 Fälligkeit innerhalb von 21 Tagen

Die Prüf- und Zahlungsfrist von 18 Werktagen gemäß § 16 Abs. 1, Nr. 3 VOB/B a. F. ist auf nunmehr 21 Tage erhöht worden. Eine tatsächliche Verlängerung der Frist resultiert daraus jedoch nicht, da bei Werktagen die Sonntage nicht mitgerechnet werden, so dass die früher geltenden 18 Werktage den jetzigen 21 Kalendertagen entsprechen.

Nach § 16 Abs. 1 Nr. 3 VOB/B sind Abschlagszahlungen innerhalb von 21 Tagen ab Zugang der Aufstellung zu leisten. Die Frist beginnt mit Zugang der prüfbaren Abrechnung beim Auftraggeber zu laufen. Die Regelungen des § 14 Abs. 1 und 2 VOB/B sind entsprechend anwendbar. Die Anforderungen an die Prüffähigkeit sind jedoch geringer, da die Abschlagsrechnung im Gegensatz zur Schlussrechnung lediglich vorläufigen Charakter hat.[1] Mit Ablauf der Frist ist die Abschlagszahlung fällig.

Zu beachten ist jedoch, dass der Auftraggeber nach § 16 Abs. 1 Nr. 2 VOB/B berechtigt ist, Gegenforderungen einzubehalten. Dabei handelt es sich in der Regel um Ansprüche wegen vertragswidriger Leistungen, z. B. Mängel oder verspätete Fertigstellung.

10.3.6 Einbehalte (§ 16 Abs. 1 Nr. 2 VOB/B)

10.3.6.1 Gegenforderungen (§ 16 Abs. 1 Nr. 2 Satz 1 VOB/B)

Nach dieser Regelung ist der Auftraggeber berechtigt, bei Abschlagszahlungsforderungen des Auftragnehmers seine **Gegenforderungen** einzubehalten.

Infolge des vorläufigen Charakters von Abschlagszahlungen ist auch die Geltendmachung von Gegenforderungen vorläufiger Natur. Daraus folgt, dass, sofern der Auftraggeber Einbehalte wegen eigener aufrechnungsfähiger Zahlungsansprüche vornimmt, damit nicht die endgültige Wirkung der Aufrechnung herbeiführt.

§ 16 Abs. 1 Nr. 2 Satz 1 VOB/B sieht keine Beschränkung im Hinblick des **29** Anspruchsgrundes des Gegenanspruchs vor, d. h. der Gegenanspruch kann aus anderen Vertrags- oder sonstigen Rechtsverhältnissen stammen.

10.3.6.2 Andere Einbehalte

Der Auftraggeber ist nur berechtigt, solche Einbehalte vorzunehmen, die im Vertrag vorgesehen sind oder sich aus gesetzlichen Bestimmungen ergeben.

Häufig in Vertragsbestimmungen vorgesehener Einbehalt ist der Sicherheitseinbehalt i. S. v. § 17 Abs. 7 Satz 2 VOB/B.

Einbehalte aus **gesetzlichen Bestimmungen** können sich bspw. aus §§ 320 oder 273 BGB ergeben.

Häufiger Fall ist ein Zurückbehaltungsrecht aufgrund von Ausführungsmängeln in Zusammenhang mit einem Nachbesserungsanspruch des Auftraggebers i. S. v. § 4 Abs. 7 Satz 1 VOB/B.[2] Der Einbehalt kann mindestens i. H. d. dreifachen Wertes der mutmaßlichen Mangelbeseitigungskosten geltend gemacht werden (vgl. § 641 Abs. 3 BGB).

---

[1] BGH, Urteil v. 09.01.1997 – VII ZR 69/96, BauR 1997, 468; OLG Düsseldorf, Urteil v. 10.06.1997 – 21 U 205/96, BauR 1997, 1041; BGH, Urt. v. 19.03.2002 – X ZR 125/00, BauR 2002, 1257.

[2] BGH, Urteil v. 21.04.1988 – VII ZR 65/87, BauR 1988, 474.

10.3.7 Kein Einfluss auf die Haftung des Auftragnehmers

Nach § 16 Abs. 1 Nr. 4 VOB/B ist die Abschlagszahlung ohne Einfluss auf die Haftung des Auftragnehmers wegen etwaiger Mängel der Bauleistung. Sie gilt auch nicht als Abnahme von Teilen der Leistung.

Insbesondere kann die Zahlung von Abschlägen nicht als Anerkenntnis gewertet werden, so dass zu viel gezahlte Abschläge später zurückgefordert werden können. Im Übrigen folgt aus der Abschlagszahlung auch kein Anerkenntnis hinsichtlich des abgerechneten Leistungsumfangs.

10.3.8 Erlöschen des Anspruchs nach Schlussrechnungsreife

Der Anspruch auf Abschlagszahlung kann nicht mehr geltend gemacht werden, wenn die Bauleistung abgenommen ist und der Auftragnehmer die Schlussrechnung gestellt hat bzw. die Frist zur Stellung der Schlussrechnung abgelaufen ist. Daran ändert nichts, dass bereits eine Klage auf Abschlagszahlung erhoben worden ist. Diese Klage kann allerdings – auf die Schlussrechnung gestützt – umgestellt werden.[3]

---

[3] BGH, Urteil v. 20.08.2009 – VII ZR 205/07.

10.3.9 Ablaufdiagramm: Abschlagszahlungen, § 16 Abs. 1 VOB/B

Sind die erbrachten Leistungen vertraglich geschuldet, bzw. handelt es sich um vertragsgemäße Leistungen nach § 16 Abs. 1 Satz 3 VOB/B?

nein: Kein Anspruch auf Abschlagszahlung

ja

Sind die erbrachten Leistungen mangelfrei?

nein: Auftraggeber kann den 2-fachen Betrag der Mängelbeseitigungskosten einbehalten

ja

Wurden die Leistungen prüfbar im Sinne von § 14 VOB/B abgerechnet?

nein: Kein Anspruch auf Abschlagszahlung

ja

Der Auftragnehmer hat einen Anspruch auf Abschlagszahlung. Die Fälligkeit tritt in 21 Tagen nach Zugang der Abrechnung ein.

Keine Anerkenntnis- oder Abnahmewirkung.
Zuviel gezahlte Beträge können zurückgefordert werden.

10.4   Ansprüche auf Vorauszahlungen (§ 16 Abs. 2 VOB/B)

10.4.1 Überblick

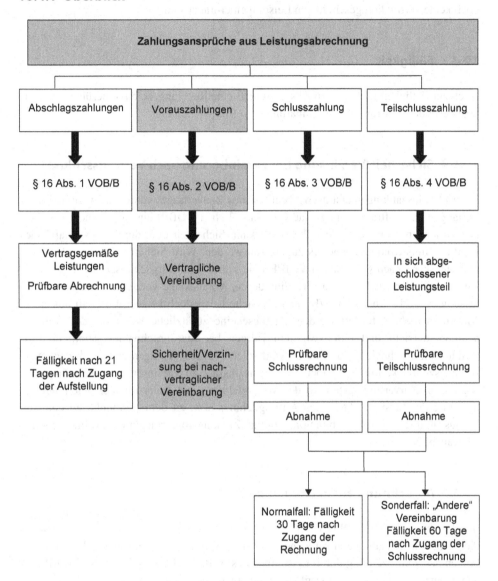

10.4.2 Vertragliche Vereinbarung erforderlich

§ 16 Abs. 2 VOB/B regelt die Möglichkeit, Vorauszahlungen vertraglich zu vereinbaren, gibt dem Auftragnehmer jedoch keinen Anspruch auf solche Zahlungen. Daher ist hier eine ausdrückliche vertragliche Vereinbarung erforderlich, die auch nach Abschluss des Bauvertrages getroffen werden kann.

Im Unterschied zu Abschlagszahlungen müssen für den Anspruch auf Vorauszahlungen noch keine vertraglich geschuldeten Leistungen erbracht sein.[4]

10.4.3 Fälligkeit

Auch zur Fälligkeit fehlt in § 16 Abs. 2 VOB/B eine Regelung, so dass hierüber ebenfalls eine besondere vertragliche Vereinbarung getroffen werden muss.

10.4.4 Sicherheit/Verzinsung bei Vereinbarung nach Vertragsschluss

Sofern Vorauszahlungen erst nach Abschluss des Bauvertrages vereinbart wurden, ist auf Verlangen des Auftraggebers gemäß § 16 Abs. 2 Nr. 1 VOB/B eine ausreichende Sicherheit zu leisten. Gem. § 17 Abs. 2 VOB/B kann Sicherheit u. a. durch Bürgschaft eines Kreditinstituts/Kreditversicherers zugelassen werden. Wird Sicherheit durch Bürgschaft geleistet, kann nach § 17 Abs. 4 VOB/B eine schriftliche Bürgschaftserklärung verlangt werden, mit der ein Bürge auf die Einrede der Vorausklage verzichtet. Nach der Neufassung des § 17 Abs. 4 VOB/B kann als Sicherheit jedoch keine Bürgschaft auf erstes Anfordern mehr gefordert werden, da diese eine zusätzliche Belastung des Auftragnehmers darstellt und ihm bzw. dem Bürgen bei Inanspruchnahme sämtliche Einwendungen abschneidet. Im Zweifel sind solche Vorauszahlungen zudem ab dem Auszahlungszeitpunkt mit 3 % über dem Basiszinssatz zu verzinsen. Der **Zinsanspruch** beginnt ab Zurverfügungstellung der Vorauszahlung und endet mit der anteiligen Erbringung der Leistung durch den Auftragnehmer bzw. zu dem Zeitpunkt, zu dem die Vorauszahlung durch Anrechnung auf fällige Zahlungsforderungen des Auftragnehmers verbraucht ist.

10.4.5 Anrechnung auf nächstfällige Zahlungen

In § 16 Abs. 2 Nr. 2 VOB/B ist des Weiteren geregelt, dass geleistete Vorauszahlungen auf die nächst fällige Zahlung anzurechnen sind. Der Auftraggeber braucht also bis zum Verbrauch der Vorauszahlung durch Leistungen des Auftragnehmers keine weiteren Zahlungen zu leisten, es sei denn, vertraglich wurde etwas anderes vereinbart.

---

[4]Vgl. BGH, Urteil v. 04.11.1999 – IX ZR 320/98, BauR 2000, 413, IBR 2000, 72 (Horschitz).

10.4.6 Ablaufdiagramm: Vorauszahlungen, § 16 Abs. 2 VOB/B

Wurden Vorauszahlungen bei Abschluss des Bauvertrages oder später vereinbart?

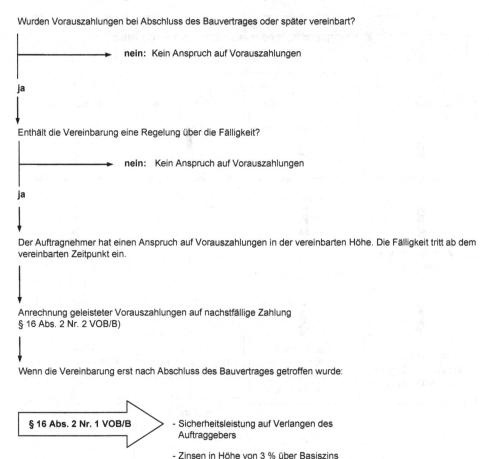

                     nein: Kein Anspruch auf Vorauszahlungen

ja

Enthält die Vereinbarung eine Regelung über die Fälligkeit?

                     nein: Kein Anspruch auf Vorauszahlungen

ja

Der Auftragnehmer hat einen Anspruch auf Vorauszahlungen in der vereinbarten Höhe. Die Fälligkeit tritt ab dem vereinbarten Zeitpunkt ein.

Anrechnung geleisteter Vorauszahlungen auf nachstfällige Zahlung § 16 Abs. 2 Nr. 2 VOB/B)

Wenn die Vereinbarung erst nach Abschluss des Bauvertrages getroffen wurde:

§ 16 Abs. 2 Nr. 1 VOB/B   - Sicherheitsleistung auf Verlangen des Auftraggebers

                                     - Zinsen in Höhe von 3 % über Basiszins

10.5   Der Anspruch auf Schlusszahlung (§ 16 Abs. 3 VOB/B)

In § 16 Abs. 3 VOB/B sind die Modalitäten der Schlusszahlung, die Fälligkeit sowie die Wirkung der Schlusszahlungserklärung des Auftraggebers geregelt. Bei dem Anspruch auf Schlusszahlung geht es um offene Restforderung des Auftragnehmers, die nach Abzug der Abschlags- und Vorauszahlungen verbleiben.

10.5.1 Überblick

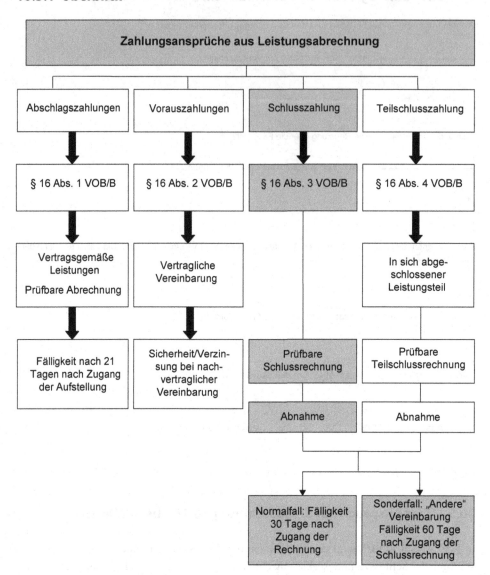

10.5.2 Abnahme

Die Fälligkeit des Anspruchs auf Schlusszahlung setzt voraus, dass der Auftraggeber die vertraglich geschuldeten Leistungen abgenommen hat. Diese Anforderung ergibt sich zwar nicht aus § 16 VOB/B, folgt jedoch aus den gesetzlichen Regelungen (§ 641 BGB).

Nach der heutigen Rechtsprechung des Bundesgerichtshofs entfällt das Erfordernis der Abnahme auch dann nicht, wenn der Bauvertrag ganz oder teilweise gekündigt wurde.[5]

Beispiel

Nachdem der Auftraggeber den Bauvertrag außerordentlich gekündigt hat, legt der Auftragnehmer seine Schlussrechnung. In diesen Fällen war früher eine Abnahme entbehrlich. Nach heutiger Rechtsprechung wird die Schlussrechnung dagegen nur fällig, wenn die erbrachten Leistungen des Auftragnehmers abgenommen sind.

Allerdings ist eine Abnahme wie immer auch hier entbehrlich, wenn der Auftraggeber keine Nachbesserung mehr verlangt, sondern ausschließlich Minderung oder Schadensersatz geltend macht oder die Abnahme der Bauleistungen ernsthaft und endgültig abgelehnt hat.[6] ◄

10.5.3 Prüffähige Schlussrechnung

Voraussetzung für den Anspruch des Auftragnehmers auf die Schlusszahlung ist weiter die Übermittlung der Schlussrechnung. Die Schlussrechnung muss grundsätzlich prüffähig im Sinne von § 14 Abs. 1 VOB/B sein (siehe Kap. 9). Sind aber lediglich einzelne Positionen nicht prüfbar abgerechnet, wird der übrige Teil dennoch fällig.[7]

Eine Schlussrechnung kann sich daher etwa auch aus mehreren Einzelrechnungen ergeben, sofern der Auftragnehmer erkennbar beabsichtigt, damit seine gesamten Leistungen abzurechnen.

Auf die Prüffähigkeit der Schlussrechnung kommt es allerdings nicht an, wenn sich der Auftraggeber nicht innerhalb der 30/60-Tagefrist auf die fehlende Prüfbarkeit berufen hat (siehe Abschn. 10.5.5).

---

[5] BGH, Urteil v. 11.05.2006 – VII ZR 146/04, BauR 2006, 1294.
[6] BGH, Urteil v. 11.05.2006 – VII ZR 146/04, BauR 2006, 1294.
[7] BGH, Urteil v. 22.12.2005 – VII ZR 316/03, IBR 2006, 128.

10.5.4 Fälligkeit

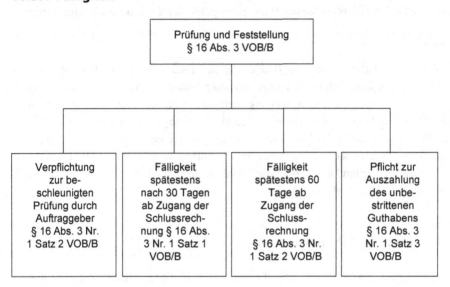

Die Schlusszahlung wird gemäß § 16 Abs. 3 Nr. 1 VOB/B nach Prüfung und Feststellung der Schlussrechnung durch den Auftraggeber fällig. Der Auftraggeber ist gehalten, die Prüfung zu beschleunigen. Ein unstreitiges Guthaben hat er sofort auszuzahlen.

Mit der VOB 2012 wird die Prüffrist des § 16 Abs. 3 Nr. 1 VOB/B a. F. von 2 Monaten modifiziert. Gemäß § 16 Abs. 3, Nr. 1 VOB/B wird der Anspruch auf Schlusszahlung spätestens innerhalb von „30 Tagen nach Zugang der Schlussrechnung" fällig. Eine Verlängerung der Frist durch ausdrückliche Vereinbarung der Parteien auf „höchstens 60 Tage" kommt nur unter besonderen Voraussetzungen in Betracht. Damit wurde § 16 Abs. 3 Nr. 1 VOB/B a. F. an die Vorgaben der Richtlinie und § 271 a Abs. 2 des BGB-Entwurfs[8] angepasst, die eine Beschleunigung von Zahlungen bezwecken.

Gem. § 16 Abs. 3 Nr. 1 Satz 1 VOB/B wird der Anspruch auf Schlusszahlung alsbald nach Prüfung und Feststellung fällig, spätestens innerhalb von 30 Tagen nach Zugang der Schlussrechnung. Die Frist verlängert sich auf höchstens 60 Tage, wenn sie aufgrund der besonderen Natur oder Merkmale der Vereinbarung sachlich gerechtfertigt ist und ausdrücklich vereinbart wurde. Diese neu eingeführte Regelung stellt eine wesentliche Änderung gegenüber den Regelungen des § 16 Abs. 3 Nr. 1 Satz 1 VOB/B a. F. dar. Die Fristregelung in § 16 Abs. 3 Nr. 1 Satz 1 und 2 VOB/B ist nunmehr zweistufig aufgebaut. Die grundsätzliche Frist zur Prüfung und Feststellung beträgt gemäß § 16 Abs. 3 Nr. 1 Satz 1 VOB/B 30 Tage. Gemäß § 16 Abs. 3 Nr. 1 Satz 2 VOB/B kann diese Frist nur ausnahms-

---

[8] Referentenentwurf des BMJ vom 16.01.2012 zur Umsetzung der Richtlinie 2011/7/EU.

weise verlängert werden, wenn zum einen die besondere Natur oder Merkmale der Vereinbarung die Fristverlängerung sachlich rechtfertigt „und" die Verlängerung ausdrücklich vereinbart wird. Dies bedeutet, dass diese Voraussetzungen kumulativ vorliegen müssen.

Sowohl im Falle der Frist von 30 Tagen gemäß § 16 Abs. 3 Nr. 1 Satz 1 VOB/B, wie auch einer Fristverlängerung gemäß § 16 Abs. 3 Nr. 1 Satz 2 VOB/B gilt, dass die **Fälligkeit bereits zu einem früheren Zeitpunkt** eintritt und der Auftraggeber dann die Schlusszahlung bereits vor Ablauf der jeweiligen Frist zu leisteten hat, wenn die Prüfung und Feststellung vor Ablauf der jeweiligen Frist durch den Auftraggeber abschließend erfolgt ist.

10.5.5 Einwendungsausschluss nach 2 Monaten

Hat der Auftraggeber innerhalb der 30/60-Tagesfrist gemäß aus § 16 Abs. 3 Nr. 1 VOB/B keine konkreten Einwendungen gegen die Prüffähigkeit der Schlussrechnung erhoben, so ist er hiermit ausgeschlossen. Nach der neuen Rechtsprechung des Bundesgerichtshofs wird Schlusszahlung dann auch fällig, wenn die Schlussrechnung objektiv nicht prüfbar ist.[9] Eine entsprechende Klarstellung wurde nunmehr in § 16 Abs. 1 Nr. 1 Satz 2 VOB/B aufgenommen.

Beispiel

Der Auftraggeber lehnt die Zahlung der Schlussrechnung mit einem kurzen Verweis auf die fehlende Prüfbarkeit ab. Dies ist nicht ausreichend, so dass die Schlussrechnung nach Ablauf der 2-Monatsfrist trotzdem fällig wird. Der Auftraggeber hätte vielmehr konkret benennen müssen, an welchen Stellen die Schlussrechnung aus welchen Gründen im Einzelnen nicht prüfbar ist (z. B. weil einzelne Posten der Schlussrechnung nicht den Positionen des Leistungsverzeichnisses zugeordnet sind). ◄

10.5.6 Skontoabzüge

Unter Skonto ist ein prozentualer Abzug vom Rechnungsbetrag zu verstehen, der bei sofortiger oder kurzfristiger Zahlung innerhalb einer vereinbarten Frist gewährt wird.

§ 16 Abs. 5 Nr. 2 VOB/B stellt klar, dass Skontoabzüge nur zulässig sind, wenn sie zwischen den Vertragsparteien vereinbart wurden. Die Vereinbarung muss zum einen die Höhe des Skontos und zum anderen die Frist enthalten, in der der Auftraggeber Zahlungen zu leisten hat, damit er zum Abzug berechtigt ist.

---

[9] BGH, Urteil v. 23.09.2004 – VII ZR 173/03, BauR 2004, 1937; BGH, Urteil v. 22.12.2005 – ZR 316/03, IBR 2006, 128 (Vogel).

Die Skontofrist beginnt mit dem Zugang der prüffähigen Rechnung zu laufen.[10] Ist im Vertrag nichts anderes vereinbart, so kommt es für die Rechtzeitigkeit der Zahlung darauf an, dass der Auftraggeber den Überweisungsauftrag innerhalb der Frist einreicht und das belastete Konto die erforderliche Deckung aufweist. Demgegenüber ist der Zeitpunkt des Eingangs auf dem Konto des Auftragnehmers nicht entscheidend.[11]

10.5.7 Verjährung

Der Anspruch auf Schlusszahlung verjährt in drei Jahren, Die Verjährung beginnt am Ende des Jahres zu laufen, in dem die Fälligkeit eingetreten ist (§§ 195, 199 Abs. 1 BGB). Dies ist nach § 16 Abs. 1 Nr. 1 VOB/B spätestens mit Ablauf der 2-Monatsfrist der Fall.

10.5.8 Vorbehaltlose Annahme der Schlusszahlung/ Ausschlusswirkung

In § 16 Abs. 3 Nr. 2 bis 6 VOB/B sind die für den Auftragnehmer riskanten Voraussetzungen für den Ausschluss weiterer Forderungen geregelt. Anknüpfungspunkt ist die Schlusszahlungserklärung des Auftraggebers.

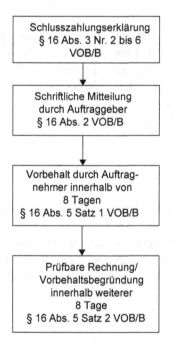

[10] Heiermann/Riedl/Rusam B § 16 RdNr. 138.
[11] Franke/Kemper/Zanner/Grünhagen B § 16 RdNr. 200.

In der Praxis kommt den Ausschlussregelungen jedoch keine große Bedeutung zu, da sie, sofern die VOB/B wie zumeist im Bauvertrag nicht „als Ganzes" vereinbart ist (siehe Abschn. 1.3.2), nach § 307 BGB unwirksam sind.[12]

Wird die VOB/B doch einmal unverändert in den Bauvertrag einbezogen, so setzt die Ausschlusswirkung gemäß § 16 Abs. 3 Nr. 2 VOB/B voraus, dass der Auftraggeber den Auftragnehmer schriftlich über die Schlusszahlung unterrichtet und auf die Ausschlusswirkung hingewiesen hat.

Die Ausschlusswirkungen treten nicht ein, wenn der Auftraggeber gemäß § 16 Abs. 3 Nr. 5 VOB/B innerhalb von 28 Tagen nach Zugang der Mitteilung über die Schlusszahlung den Vorbehalt weiterer Forderungen erklärt und darüber hinaus innerhalb von weiteren 28 Tagen eine prüfbare Rechnung über die vorbehaltenen Nachforderungen einreicht oder seinen Vorbehalt eingehend begründet.

---

[12] BGH, Urteil v. 09.10.2001 – X ZR 153/99 = BauR 2002, 775, IBR 2002, 1 (Dähne).

10.5.9 Ablaufdiagramm: Schlusszahlung, § 16 Abs. 3 VOB/B

Wurden die Leistungen abgenommen oder sind die Voraussetzungen einer fiktiven Abnahme erfüllt (siehe Kapitel 8.3.4 – 8.3.5)?

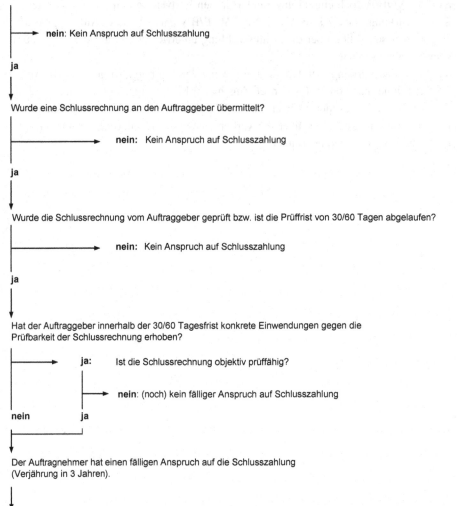

nein: Kein Anspruch auf Schlusszahlung

ja

Wurde eine Schlussrechnung an den Auftraggeber übermittelt?

nein: Kein Anspruch auf Schlusszahlung

ja

Wurde die Schlussrechnung vom Auftraggeber geprüft bzw. ist die Prüffrist von 30/60 Tagen abgelaufen?

nein: Kein Anspruch auf Schlusszahlung

ja

Hat der Auftraggeber innerhalb der 30/60 Tagesfrist konkrete Einwendungen gegen die Prüfbarkeit der Schlussrechnung erhoben?

ja: Ist die Schlussrechnung objektiv prüffähig?

nein: (noch) kein fälliger Anspruch auf Schlusszahlung

nein   ja

Der Auftragnehmer hat einen fälligen Anspruch auf die Schlusszahlung
(Verjährung in 3 Jahren).

Bei Vereinbarung der VOB/B „als Ganzes" Ausschlusswirkung der Schlusszahlung bei vorbehaltloser Annahme
(§ 16 Abs. 3 Nr. 2 - 6 VOB/B).

10.6   Ansprüche auf Teilschlusszahlung (§ 16 Abs. 4 VOB/B)

Nach § 16 Abs. 4 VOB/B hat der Auftragnehmer einen Anspruch auf die endgültige Zahlung von in sich abgeschlossenen Teilleistungen.

10.6.1 Überblick

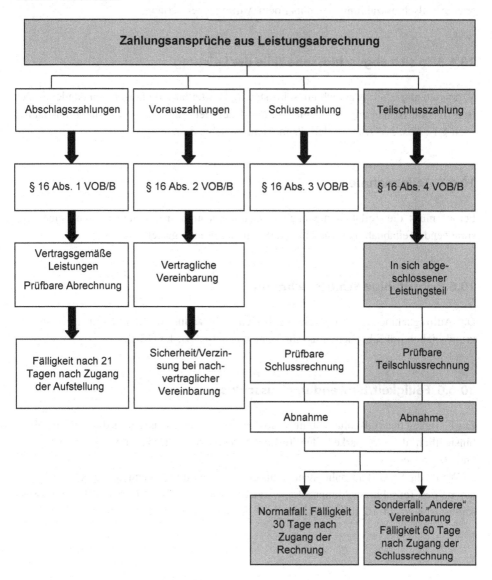

10.6.2 Zahlungsverlangen

In § 16 Abs. 4 VOB/B ist die grundsätzliche Möglichkeit der Teilschlusszahlung geregelt. Aus der Regelung zur Teilabnahme in § 12 Abs. 2 VOB/B folgt, dass der Auftragnehmer einen entsprechenden Zahlungsanspruch für die abgenommenen Leistungsteile hat, wenn er eine Teilschlusszahlung gegenüber dem Auftraggeber verlangt.[13]

10.6.3 In sich abgeschlossene Teile der Leistung

Voraussetzung ist, dass es sich um selbstständig beurteilbare Bauleistungen handelt.[14] Der Begriff umfasst diejenigen Leistungen, bei denen der Auftragnehmer eine Teilabnahme nach § 12 Abs. 2 VOB/B fordern kann (siehe Abschn. 8.3.2.3).

10.6.4 Teilabnahme

Ferner muss die Teilabnahme auch tatsächlich stattgefunden haben. Ohne eine entsprechende Teilabnahme kann keine Teilschlussrechnung gestellt werden.

10.6.5 Prüffähige Schlussrechnung

Der Auftragnehmer hat dem Auftraggeber eine Teilschlussrechnung zu übermitteln, die grundsätzlich prüffähig sein muss im Sinne von § 14 Abs. 1 VOB/B.

10.6.6 Fälligkeit/Einwendungsausschluss

Zur Fälligkeit der Teilschlusszahlung und dem Einwendungsausschluss des Auftraggebers hinsichtlich der Prüfbarkeit der Teilschlussrechnung gilt das unter Abschn. 10.5.4 und 10.5.5 Gesagte.

Wurde die VOB/B ausnahmsweise „als Ganzes" vereinbart, kann die vorbehaltlose Annahme des Teilschlusszahlungsbetrages nach § 16 Abs. 3 Nr. 2 bis 5 VOB/B zum Ausschluss von Nachforderungen in Bezug auf die abgerechnete Teilleistung führen.

---

[13] Franke/Kemper/Zanner/Grünhagen B § 16 RdNr. 182.
[14] Franke/Kemper/Zanner/Grünhagen B § 16 RdNr. 183.

10.6.7 Ablaufdiagramm: Teilschlusszahlung, § 16 Abs. 4 VOB/B

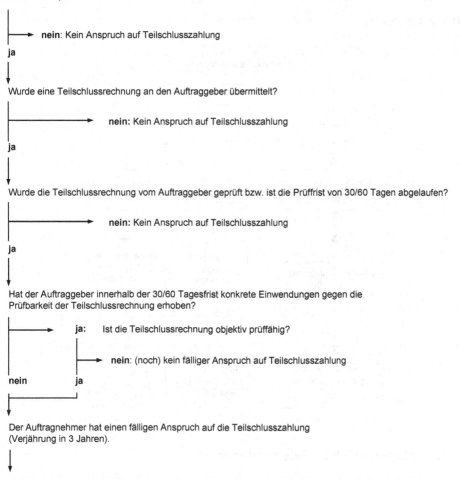

Wurden die Leistungen abgenommen oder sind die Voraussetzungen einer fiktiven Abnahme erfüllt (siehe Kapitel 8.3.4 – 8.3.5)?

nein: Kein Anspruch auf Teilschlusszahlung

ja

Wurde eine Teilschlussrechnung an den Auftraggeber übermittelt?

nein: Kein Anspruch auf Teilschlusszahlung

ja

Wurde die Teilschlussrechnung vom Auftraggeber geprüft bzw. ist die Prüffrist von 30/60 Tagen abgelaufen?

nein: Kein Anspruch auf Teilschlusszahlung

ja

Hat der Auftraggeber innerhalb der 30/60 Tagesfrist konkrete Einwendungen gegen die Prüfbarkeit der Teilschlussrechnung erhoben?

ja: Ist die Teilschlussrechnung objektiv prüffähig?

nein: (noch) kein fälliger Anspruch auf Teilschlusszahlung

nein   ja

Der Auftragnehmer hat einen fälligen Anspruch auf die Teilschlusszahlung (Verjährung in 3 Jahren).

Bei Vereinbarung der VOB/B „als Ganzes" Ausschlusswirkung der Teilschlusszahlung bei vorbehaltloser Annahme (§ 16 Abs. 3 Nr. 2 - 6 VOB/B).

10.7   Ansprüche aus Verzug mit Abschlagszahlungen (§ 16 Abs. 5 VOB/B)

10.7.1 Ansprüche aus Verzug (§ 16 Abs. 5 VOB/B)

Grundsätzlich gilt nach § 16 Abs. 5 Nr. 1 VOB/B, dass Zahlungen des Auftraggebers aufs Äußerste zu beschleunigen sind. In § 16 Abs. 5 Nr. 3 VOB/B sind die Voraussetzungen des

Zahlungsverzuges des Auftraggebers mit Abschlagszahlungen sowie die daran anschließenden Rechtsfolgen geregelt.

10.7.2 Überblick

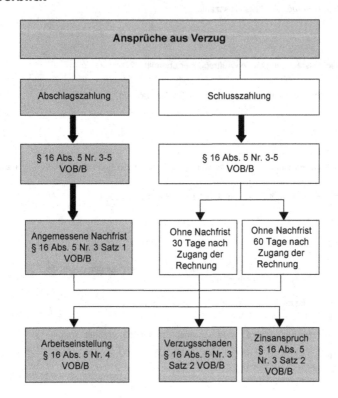

10.7.3 Fälligkeit nach 21 Kalendertagen

Gemäß § 16 Abs. 1 VOB/B sind Abschlagszahlungen innerhalb von 21 Tagen nach Zugang der prüffähigen Abschlagsrechnung fällig.

10.7.4 Angemessene Nachfrist

Voraussetzung für den Verzug des Auftraggebers ist nach § 16 Abs. 5 Nr. 3 VOB/B, dass der Auftragnehmer dem Auftraggeber eine angemessene Nachfrist setzt.[15] In der Regel

---

[15] Im Einzelnen Heiermann/Riedl/Rusam B § 16 RdNr. 146 ff.

sind dies sechs bis sieben Werktage. Ausnahmsweise ist die Fristsetzung entbehrlich, wenn der Auftraggeber die Zahlung ernstlich verweigert.[16]

10.7.5 Einstellung der Arbeiten/Zinsanspruch

Zahlt der Auftraggeber innerhalb der gesetzten Nachfrist nicht, so kann der Auftragnehmer seine Leistungen bis zur Zahlung einstellen (§ 16 Abs. 5 Nr. 4 VOB/B).

Daneben hat er einen Anspruch auf Zinsen in Höhe von 8 % über dem Basiszinssatz (§§ 16 Abs. 5 Nr. 3 VOB/B, 288 Abs. 2 BGB). Handelt es sich bei dem Auftraggeber ausnahmsweise einmal um einen Verbraucher, also um eine Einzelperson, die den Bauauftrag nicht im Zusammenhang mit ihrer gewerblichen Tätigkeit erteilt hat (§ 14 BGB), beläuft sich der zu beanspruchende Zinssatz gemäß § 288 Abs. 1 BGB auf 5 % über dem Basiszins.

Der Auftragnehmer kann darüber hinaus weitere Verzugsschäden geltend machen. Diese können sich z. B. aus der Inanspruchnahme eines höher verzinslichen Bankkredits ergeben.

10.7.6 Verzugsende nach Erteilung der Schlussrechnung

Da der Anspruch auf Abschlagszahlungen nur vorläufiger Rechtsnatur ist und lediglich bis zur Feststellung der endgültigen Vergütung des Auftragnehmers durch die Schlussrechnung besteht, endet der Verzug des Auftraggebers mit der Abschlagszahlung, sobald der Auftragnehmer die Schlussrechnung erteilt hat.[17] Der Auftraggeber kann nun bei Vorliegen der in Abschn. 10.8 dargestellten Voraussetzungen in Verzug mit der Schlusszahlung geraten.

---

[16] OLG Düsseldorf, Urteil v. 13.03.2003 – 5 U 102/02, BauR 2003, 1939, IBR 2003, 403 (Rosse).
[17] BGH, Urteil v. 15.04.2004 – VII ZR 471/01, BauR 2004, 1146, IBR 2004, 361 (Miernik).

10.7.7 Ablaufdiagramm: Verzug mit Abschlagszahlungen, § 16 Abs. 5 VOB/B

Sind die erbrachten Leistungen vertragsgemäß im Sinne von § 16 Abs. 1 VOB/B?

⟶ **nein:** Kein Verzug

ja

Sind die erbrachten Leistungen mangelfrei?

⟶ **nein:**   Verzug nur, sofern die Abschlagssumme die doppelten Mängelbeseitigungskosten übersteigt

ja

Wurden die Leistungen prüfbar im Sinne von § 14 VOB/B abgerechnet?

⟶ **nein:** (noch) kein Verzug

ja

Sind seit Zugang der Abschlagsrechnung beim Auftraggeber 21 Tage vergangen?

⟶ **nein:** (noch) kein Verzug

ja

Wurde eine angemessene Nachfrist (etwa 6 - 7 Werktage) gesetzt und ist diese abgelaufen?

⟶ **nein:** Hat der Auftraggeber die Zahlungen der Abschlagsrechnung ernstlich und endgültig verweigert?

⟶ **nein:**   Ist die 30/60-Tagefrist gemäß § 16 Abs. 5 Nr. 3 Satz 3 VOB/B abgelaufen?

⟶ **nein:** (derzeit) keine Ansprücheaus Verzug

ja   **ja**   **ja**

- Auftragnehmer kann Arbeiten bis zur Zahlung einstellen
- Anspruch auf Zinsen in Höhe von 8 % über Basiszinssatz (5 % bei Verbraucher)
- Verzugsschaden

10.8   Ansprüche aus Verzug mit der Schlusszahlung (§ 16 Abs. 5 VOB/B)

Auch für die Schlusszahlung gilt der Grundsatz aus § 16 Abs. 5 Nr. 1 VOB/B, dass diese aufs Äußerste zu beschleunigen ist. Die Voraussetzungen des Zahlungsverzuges des Auftraggebers mit der Schlusszahlung sowie die daran anschließenden Rechtsfolgen sind in § 16 Abs. 5 Nr. 3–5 VOB/B geregelt.

10.8.1 Überblick

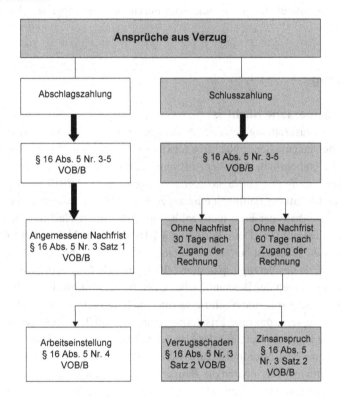

10.8.2 Fälligkeit der Schlussrechnung

Gemäß § 16 Abs. 3 VOB/B ist die Schlusszahlung bzw. die Teilschlusszahlung innerhalb von 30/60 Tagen nach Eingang der prüffähigen Schlussrechnung oder Teilschlussrechnung fällig.

Gemäß § 16 Abs. 3 Nr. 1 Satz 1 VOB/B wird der Anspruch auf Schlusszahlung alsbald nach Prüfung und Feststellung fällig, spätestens **innerhalb von 30 Tagen** nach Zugang der Schlussrechnung. Haben die Vertragsparteien nach Maßgabe des § 16 Abs. 3 Nr. 1 Satz

2 VOB/B eine **Fristverlängerung auf 60 Tage** wirksam vereinbart, so wird der Anspruch auf Schlusszahlung nach Ablauf von 60 Tagen nach Zugang der Schlussrechnung fällig. Ist die Fristverlängerung gemäß § 16 Abs. 3 Nr. 1 Satz 2 VOB/B unwirksam, weil die Voraussetzungen für eine Fristverlängerung nicht gegeben sind, so wird der Anspruch auf Schlusszahlung gemäß § 16 Abs. 3 Nr. 1 Satz 1 VOB/B innerhalb von 30 Tagen nach Zugang der Schlussrechnung fällig.

Sowohl im Falle der Frist von 30 Tagen gemäß § 16 Abs. 3 Nr. 1 Satz 1 VOB/B, wie auch einer Fristverlängerung gemäß § 16 Abs. 3 Nr. 1 Satz 2 VOB/B gilt, dass die **Fälligkeit bereits zu einem früheren Zeitpunkt** eintritt und der Auftraggeber dann die Schlusszahlung bereits vor Ablauf der jeweiligen Frist zu leisteten hat,[18] wenn die Prüfung und Feststellung vor Ablauf der jeweiligen Frist durch den Auftraggeber abschließend erfolgt ist.

10.8.3 Verzug

10.8.3.1 Angemessene Nachfrist

Auch mit der Schlusszahlung gerät der Auftraggeber nach § 16 Abs. 5 Nr. 3 VOB/B erst mit Ablauf einer angemessenen Nachfrist (etwa 6–7 Werktage) in Verzug. Die Nachfrist ist ausnahmsweise entbehrlich, wenn der Auftraggeber die Zahlung ernstlich verweigert.

Grundsätzlich kann der Auftragnehmer auch nach der VOB 2012 weiterhin dem Auftraggeber nach Eintritt der Fälligkeit eine angemessene Nachfrist setzen und – soweit der Auftraggeber innerhalb der Frist nicht zahlt – mit Ablauf der Nachfrist den Verzug des Auftraggebers herbeiführen. Dem Wortlaut des § 16 Abs. 5 Nr. 3 VOB/B zufolge, kann der Auftragnehmer die Nachfrist bereits vor Ablauf der 30 Tage gemäß § 16 Abs. 5 Nr. 3 Satz 3 VOB/B setzen, da der Verzug „spätestens" 30 Tage nach Zugang der Rechnung eintritt. Nach den Erläuterungen der Bekanntmachung des Bundesministeriums für Verkehr, Bau und Stadtentwicklung soll eine Nachfristsetzung auch im Falle des § 16 Abs. 5 Nr. 3 Satz 4 VOB/B möglich sein, der eine Fristverlängerung auf 60 Tage zulässt. Dies ist unverständlich, da die Regelung gemäß § 16 Abs. 5 Nr. 3 Satz 4 VOB/B damit vollständig entwertet wird, wenn eine Nachfristsetzung des Auftragnehmers auch in diesem Falle als zulässig erachtet wird. Vereinbaren die Bauvertragsparteien nach § 16 Abs. 5 Nr. 3 Satz 4 VOB/B eine Fristverlängerung auf 60 Tage ausdrücklich und liegen die weiteren Voraussetzungen vor, d. h. die Fristverlängerung ist aufgrund der besonderen Natur oder Merkmale der Vereinbarung sachlich gerechtfertigt, so sollte eine Nachfristsetzung seitens des Auftragnehmers nach dem Sinn und Zweck dieser Vorschrift ausgeschlossen sein. Für den Auftraggeber entsteht mit der Konzeption dieser Vorschrift nämlich eine erhebliche Rechtsunsicherheit. Denn trotz einer ausdrücklichen Vereinbarung und des Vorliegens von

---

[18] BGH, Urteil v. 19.01.2006 – IX ZR 104/03, IBR 2006, 260 (Vogel).

Umständen, die eine Fristverlängerung als gerechtfertigt erscheinen lassen, kann der Auftragnehmer nach dieser Vorschrift sogleich nach Eintritt der Fälligkeit eine Nachfrist setzen und den Verzug vorzeitig – entgegen der ausdrücklichen Vereinbarung – herbeiführen. Auftraggeber sollten sich vor diesem Hintergrund nicht auf die vertragliche Fristverlängerung verlassen, wenn sie rechtliche und finanzielle Nachteile vermeiden wollen.

10.8.3.2 Verzugsbeginn nach 30 Tagen

Gemäß § 16 Abs. 5 Nr. 3 Satz 3 VOB/B. kommt der Auftraggeber spätestens 30 Tage nach Zugang der Rechnung oder der Aufstellung bei Abschlagsrechnung u. a. nur dann in Verzug, wenn der Auftragnehmer seine **vertraglichen und gesetzlichen Verpflichtungen erfüllt hat**. Was unter vertraglichen und gesetzlichen Verpflichtungen des Auftragnehmers verstanden wird, wird in der Vorschrift selbst nicht definiert. Den vertraglichen Verpflichtungen dürfte keine besondere Bedeutung zukommen, denn der Verzugseintritt gemäß § 16 Abs. 5 Nr. 3 Satz 3 VOB/B setzt bereits voraus, dass der Anspruch des Auftragnehmers fällig ist. Die Fälligkeit setzt ihrerseits voraus, dass der Auftragnehmer die nach dem Vertrag geschuldete Leistung erbracht hat, diese vom Auftraggeber abgenommen worden ist und eine prüfbare Rechnung vorgelegt worden ist (oder zwar keine prüfbare Rechnung erteilt worden ist, aber die Prüfungsfrist gemäß § 16 Abs. 3 Nr. 1 VOB/B ohne Erhebung von Einwendungen abgelaufen ist). Damit sind grundsätzlich alle wesentlichen vertraglichen Verpflichtungen des Auftragnehmers erfüllt.

10.8.3.3 Verlängerung der Zahlungsfrist auf 60 Tage

Entsprechend zu § 16 Abs. 3 Nr. 1 Satz 2 VOB/B, demzufolge die Frist für die Prüfung und Feststellung der Schlussrechnung auf höchstens 60 Tage verlängert werden kann, kann auch gem. § 16 Abs. 5 Nr. 3 Satz 4 VOB/B die Zahlungsfrist auf höchstens 60 Tage verlängert werden, wenn sie aufgrund der besonderen Natur oder Merkmale der Vereinbarung sachlich gerechtfertigt ist und ausdrücklich vereinbart wurde.

10.8.3.4 Unbestrittenes Guthaben

Gemäß § 16 Abs. 5 Nr. 4 VOB/B ist eine Nachfrist auch hinsichtlich unbestrittener Guthaben nicht erforderlich. Dies sind diejenigen Positionen, gegen die der Auftraggeber nach Prüfung und Feststellung der Schlussrechnung keine Einwendungen erhoben hat. Der Auftraggeber gerät hier ohne weiteres nach Ablauf der Prüfungsfristen aus § 16 Abs. 3 Nr. 1 VOB/B in Verzug.

10.8.4 Einstellung der Arbeiten/Zinsanspruch

Die Rechte des Auftragnehmers bei Verzug des Auftraggebers mit der Schlusszahlung entsprechen den Folgen des Verzuges mit Abschlagszahlungen (Abschn. 10.7.4). Allerdings macht das Recht des Auftragnehmers zur Einstellung der Arbeiten aus § 16 Abs. 5 Nr. 4 VOB/B hier wörtlich betrachtet keinen Sinn, da die Bauleistungen vor Schlussrechnungserteilung bereits abgenommen und damit im Wesentlichen fertiggestellt sein müssen. Es spricht daher Einiges dafür, das Leistungsverweigerungsrecht des Auftragnehmers hier gegenüber der vom Auftraggeber geforderten Beseitigung von Restmängeln anzuwenden.[19]

Daneben hat der Auftragnehmer einen Zinsanspruch in Höhe von 8 % über dem Basis-zinssatz (§ 16 Abs. 5 Nr. 3 VOB/B i. V. m. § 288 Abs. 2 BGB). Der regelmäßige Zins-anspruch von 5 % (§ 288 Abs. 1 BGB) findet keine Anwendung, da Verbraucher an VOB/B-Verträgen i. d. R. nicht beteiligt sind.

Der Auftragnehmer kann darüber hinaus weitere Verzugsschäden geltend machen, z. B. aus der Inanspruchnahme eines höher verzinslichen Bankkredits.

---

[19] So BGH, Urteil v. 22.01.2004, VII ZR 183/02, BauR 2004, 826, IBR 2004, 201 (Schulze-Hagen) zum ähnlich formulierten Leistungsverweigerungsrecht in § 648a BGB a. F.

10.8.5   Ablaufdiagramm: Verzug mit der Schlusszahlung, § 16 Abs. 5 VOB/B

Wurden die Leistungen abgenommen oder sind die Voraussetzungen einer fiktiven Abnahme erfüllt (siehe Kapitel 8.3.4 – 8.3.5)?

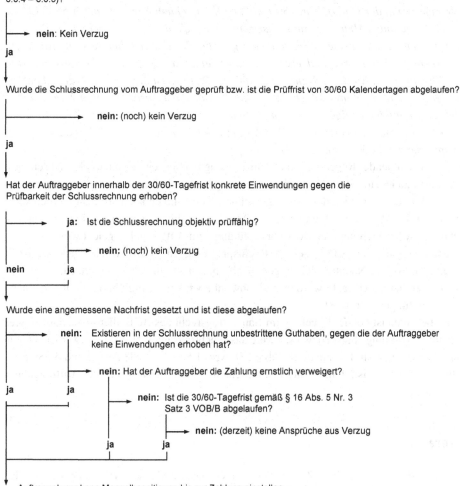

Wurde die Schlussrechnung vom Auftraggeber geprüft bzw. ist die Prüffrist von 30/60 Kalendertagen abgelaufen?

Hat der Auftraggeber innerhalb der 30/60-Tagefrist konkrete Einwendungen gegen die Prüfbarkeit der Schlussrechnung erhoben?

Wurde eine angemessene Nachfrist gesetzt und ist diese abgelaufen?

- Auftragnehmer kann Mangelbeseitigung bis zur Zahlung einstellen
- Anspruch auf Zinsen in Höhe von 8 % über Basiszinssatz (5 % bei Verbraucher)
- Verzugsschaden

10.9   Ansprüche des AN auf Abschlagszahlung bei nicht vereinbarten Nachträgen

„(3) Bei der Berechnung von vereinbarten oder gemäß § 632a geschuldeten Abschlags-zahlungen kann der Unternehmer 80 Prozent einer in einem Angebot nach § 650b Absatz 1 Satz 2 genannten Mehrvergütung ansetzen, wenn sich die Parteien nicht über die Höhe geeinigt haben oder keine anderslautende gerichtliche Entscheidung ergeht. Wählt der Unternehmer diesen Weg und ergeht keine anderslautende gerichtliche Entscheidung, wird die nach den Absätzen 1 und 2 geschuldete Mehrvergütung erst nach der Abnahme des Werks fällig. Zahlungen nach Satz 1, die die nach den Absätzen 1 und 2 geschuldete Mehrvergütung übersteigen, sind dem Besteller zurückzugewähren und ab ihrem Eingang beim Unternehmer zu verzinsen. § 288 Absatz 1 Satz 2, Absatz 2 und § 289 Satz 1 gelten entsprechend." § 650 c Abs. 3 BGB

Die vorstehende Regelung gibt dem Auftragnehmer ein Sonderrecht, Abschlags-zahlungen zu legen, sofern für Nachtragsleistungen noch keine Vergütung vereinbart wor-den ist. Voraussetzung ist, dass die abgerechneten Leistungen auch erbracht worden sind. Die Höhe der Abschlagszahlung beträgt 80 % der anteiligen Vergütung, die in einem An-gebot des Aufragnehmers für die Mehrvergütung dem Auftraggeber gelegt worden ist.

Die Regelung im BGB spiegelt die Rechtsprechung zur VOB/B wider. Auch dort ist es möglich, erbrachte Nachtragsleistungen in Abschlagsrechnungen anzurechnen, sofern die Leistungen bereits erbracht worden sind, obwohl noch keine Vereinbarung mit den Nach-tragsvergütungen erfolgt ist.

Zu beachten ist bei der Regelung im Bauvertragsrecht des BGB allerdings, dass zu viel gezahlte Vergütung, beispielsweise, weil das Nachtragsangebot zu hoch war, nicht nur zurückzuerstatten sind, sondern gemäß § 288 Abs. 1 Satz 2, § 288 Abs. 2 und § 389 Satz 1 BGB zu ersetzen ist, d. h. insofern ist mit einem hohen Zinsanspruch des Auftraggebers zu rechnen.

Literatur

1. Franke, Horst; Kemper, Ralf; Zanner, Christian; Grünhagen, Matthias: VOB-Kommentar, Mün-chen (Werner Verlag) 5. Auflage 2013 *zitiert*: Franke/Kemper/Zanner/Grünhagen
2. Heiermann, Wolfgang; Riedl, Richard; Rusam, Martin: Handkommentar zur VOB, Wiesbaden und Berlin (Vieweg Verlag) 13. Auflage 2013 *zitiert*: Heiermann/Riedl/Rusam

Sicherheit (§ 17 VOB/B)

11

Beide Vertragsparteien haben ein Interesse daran, ihre Ansprüche aus dem Bauvertrag zu sichern und damit im Falle der Insolvenz des anderen Vertragspartners auf Sicherheiten zurückgreifen zu können. Regelungen hierzu sind u. a. in § 17 VOB/B und §§ 650 e, 650 f und 232 ff. BGB enthalten.

© Springer Fachmedien Wiesbaden GmbH, ein Teil von Springer Nature 2021
C. Zanner, *VOB/B nach Ansprüchen*, Bau- und Architektenrecht nach Ansprüchen,
https://doi.org/10.1007/978-3-658-34025-4_11

11.1   Ansprüche des Auftraggebers auf Einräumung von Sicherheiten

11.1.1 Überblick

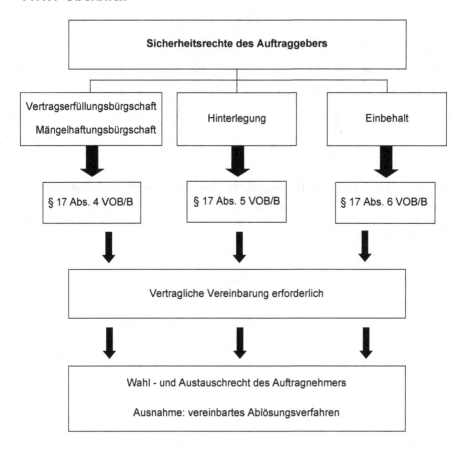

11.1.2 Vertragliche Vereinbarung erforderlich

Allein aus der Einbeziehung der VOB/B in den Bauvertrag folgt noch nicht, dass die Inanspruchnahme von Sicherheiten – etwa durch Bareinbehalt von Abschlagsrechnungen durch den Auftraggeber – zulässig ist. § 17 Abs. 1 Nr. 1 VOB/B beginnt: *Wenn Sicherheitsleistung vereinbart ist (...)*, womit deutlich gemacht wird, dass die vertragliche Vereinbarung einer Sicherheitsleistung in § 17 VOB/B vorausgesetzt ist. Ohne vertragliche Abrede über den Sicherungszweck, die Sicherungsmittel und die Sicherungshöhe ist also die Regelung des § 17 VOB/B trotz Einbeziehung der VOB/B in das Vertragsverhältnis nicht weiter bedeutsam.

11.1.3 Arten der Sicherheiten

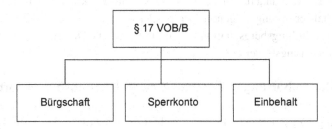

- Sicherheit durch Bürgschaften, wie Vertragserfüllungs- oder Mängelhaftungsbürgschaft (§ 17 Abs. 4 VOB/B),
- Sicherheit durch Hinterlegung von Geld, d. h. Einzahlung des Sicherheitsbetrages auf ein Sperrkonto (§ 17 Abs. 5 VOB/B),
- Einbehalt von Zahlungen auf Abschlags- oder Schlussrechnungen (§ 17 Abs. 6 VOB/B).

Bei der Bürgschaft verpflichtet sich ein Dritter (in der Regel eine Bank oder Versicherung), als Bürge für die Erfüllung der Verbindlichkeiten des Hauptschuldners gegenüber dem Gläubiger ebenfalls einzustehen. Der Bürge hat also im Bürgschaftsfall Zahlungen unmittelbar an den Gläubiger zu leisten.

Bei Sicherheitsleistung durch Bürgschaft ist Voraussetzung, dass der Auftraggeber den Bürgen als tauglich anerkannt hat (§ 17 Abs. 4 Satz 1 VOB/B). Die in Deutschland zugelassenen Banken und Versicherungen sind stets als taugliche Bürgen anzusehen, so dass der Auftraggeber bei der Bürgschaft einer solchen nicht einwenden kann, er erkenne den Bürgen nicht an.

Im Bauvertragsrecht wird unterschieden zwischen Vertragserfüllungsbürgschaften und Mängelhaftungsbürgschaften (bzw. nach altem Recht Gewährleistungsbürgschaften), wobei die jeweils eine Bürgschaft nicht auch Ansprüche der anderen sichert.[1]

11.1.3.1   Vertragserfüllungsbürgschaft

Die Vertragserfüllungsbürgschaft sichert alle Ansprüche bis zur Abnahme:

Hat der Auftragnehmer eine Vertragserfüllungsbürgschaft zu leisten, so sichert diese die Ansprüche des Auftraggebers auf Vertragserfüllung, also Vollendung der Leistung. Der Sicherungsfall tritt ein, wenn der Auftragnehmer in Insolvenz gerät und Mehrkosten der Ersatzvornahme entstehen. Umstritten ist, ob eine Vertragserfüllungsbürgschaft des Auftragnehmers auch Ansprüche auf Rückzahlung von Abschlagszahlungen bei Überzahlung

---

[1] OLG Celle, Urteil v. 26.04.2005 – 16 U 207/04, BauR 2005, 1647, IBR 2005, 318 (Schwenker).

des Auftragnehmers sichert.[2] Die Sicherung von Überzahlungen des Auftragnehmers sollte daher neben den anderen Sicherungszwecken ausdrücklich in den Bauvertrag bzw. in die Bürgschaftserklärung aufgenommen werden.

Die Vertragserfüllungsbürgschaft gilt auch für Ansprüche Dritter, z. B. des Finanzamts, der Sozialversicherungsträger etc.

11.1.3.2 Mängelhaftungsbürgschaft/Gewährleistungsbürgschaft

Die Mängelhaftungsbürgschaft, die heute noch häufig dem alten Schuldrecht entsprechend Gewährleistungsbürgschaft genannt wird, sichert die Ansprüche des Auftraggebers nach der Abnahme bis zum Ablauf der Verjährungsfrist. Soweit bereits bei der Abnahme Mängel festgestellt und vorbehalten wurden (siehe Abschn. 8.2.10.4), sind diese nicht von der Mängelhaftungsbürgschaft umfasst, sondern noch durch die Vertragserfüllungsbürgschaft gesichert.[3] Die Mängelhaftungsbürgschaft sichert dagegen nicht nur die Ansprüche des Auftraggebers auf Kostenerstattung der Ersatzvornahme durch ein Drittunternehmen, sondern auch Ansprüche auf Minderung oder Schadensersatz (siehe Abschn. 12.2.2, 12.2.3, 12.2.4, 12.2.5, 12.2.6 und 12.2.7).[4]

11.1.3.3 Keine Bürgschaft auf erstes Anfordern, § 17 Abs. 4 Satz 3 VOB/B

Grundsätzlich kann eine Bürgschaft auch danach unterschieden werden, ob sie als selbstschuldnerische Bürgschaft ausgestellt ist, also der Bürge ohne vorherige rechtskräftige Verurteilung des Hauptschuldners an den Gläubiger zahlen muss, oder als Bürgschaft auf erstes Anfordern. Im letzteren Fall kann der Gläubiger vom Bürgen durch einfache schriftliche Mitteilung, dass er die Bürgschaft in Anspruch nehme, die Auszahlung des Bürgschaftsbetrages verlangen. Er muss dann insbesondere nicht nachweisen, dass er tatsächlich einen Anspruch gegen den Hauptschuldner hat, der von der Bürgschaft umfasst ist.[5]

Die daher früher häufig in den allgemeinen Geschäftsbedingungen des Auftraggebers vorgesehene Einräumung einer Bürgschaft auf erstes Anfordern verstößt gegen § 307 BGB und wurde deshalb vom BGH für unwirksam erklärt.[6] Dementsprechend schließt § 17 Abs. 4 Satz 3 VOB/B die Bürgschaft auf erstes Anfordern als Sicherungsmittel aus.

---

[2] So OLG Celle, Urteil v. 04.06.1997 – 6 U 186/96, BauR 1997, 1057, IBR 1998, 430 (Pasker); a. A. BGH, Urteil v. 12.06.1980 – VII ZR 270/79, BauR 1980, 574; OLG Naumburg, Urteil v. 25.11.1999 – 12 U 197/99, NZBau 2001, 139.

[3] Vgl. KG, Urteil v. 25.09.2001 – 6 U 63/01, (Nichtannahmebeschluss, BGH, Beschluss v. 14.11.2002 – VII ZR 355/01), IBR 2003, 76 (Maas).

[4] Franke/Kemper/Zanner/Grünhagen, B § 17 Rdnr. 26.

[5] Ingenstau/Korbion, B § 17 Rn 34.

[6] BGH, Urteil v. 18.04.2002 – VII ZR 192/01, BauR 2002, 1239, IBR 2002, 414 (Hickl); BGH, Urteil v. 04.07.2002 – VII ZR 502/99, BauR 2002, 1533, IBR 2002, 543 (Schulze-Hagen).

11.1.3.4   Hinterlegung von Geld (§ 17 Abs. 5 VOB/B)

Wird Sicherheit durch Hinterlegung von Geld geleistet, so hat der Auftragnehmer den Betrag bei einem zu vereinbarenden Geldinstitut auf ein Sperrkonto einzuzahlen, über das beide Parteien nur gemeinsam verfügen können („Und-Konto"). § 17 Abs. 5 Satz 1 VOB/B

Die VOB/B vereinfacht die Sicherheit durch Hinterlegung gegenüber der gesetzlichen Regelung. Während dort die Einzahlung beim Amtsgericht nach der Hinterlegungsordnung notwendig ist, genügt es hier, dass sich beide Parteien auf ein Geldinstitut einigen und gemeinsam ein Sperrkonto einrichten („Und-Konto"). Dieses Sperrkonto muss eine gemeinsame Verfügungsbefugnis aufweisen, d. h. Abhebungen, Überweisungen usw. sind nur durch übereinstimmende Erklärungen beider Inhaber gegenüber der Bank vorzunehmen. Der Sicherheitsbetrag ist dann auf das Sperrkonto einzuzahlen. *Etwaige Zinsen stehen dem Auftragnehmer zu (§ 17 Abs. 5 Satz 2 VOB/B).*

11.1.3.5   Bareinbehalt (§ 17 Abs. 6 VOB/B)

Der Bareinbehalt ist die in der Praxis häufigste Form der Sicherheitsleistung, obgleich die formalen Voraussetzungen des § 17 Abs. 6 VOB/B zumeist nicht eingehalten werden. Beim Bareinbehalt kann der Auftraggeber von den fälligen Abschlags- oder Schlussrechnungen einen prozentualen Anteil in Abzug bringen und einbehalten.[7]

Beispiel

Die Parteien haben vereinbart, dass der Auftraggeber für die Vertragserfüllung 10 % von allen Abschlagsrechnungen einbehalten kann und 5 % des Schlussrechnungsbetrages für die Mängelhaftung. Der Auftraggeber zahlt also auf Abschlagsrechnungen nur 90 % der nachgewiesenen Leistungen. Die Schlussrechnung, die dann auch die offenen Restbeträge aus den Abschlagsrechnungen enthält, hat der Auftraggeber anschließend zu 95 % auszugleichen. ◄

Sofern Rechnungen gemäß § 13 b UStG ohne Umsatzsteuer gestellt werden, bleibt diese auch bei der Berechnung des Bareinbehalts unberücksichtigt, § 17 Abs. 6 Nr. 1 Satz 2 VOB/B.

Entgegen der geläufigen Praxis darf der Auftraggeber das Geld jedoch nicht im eigenen Vermögen behalten: *Den jeweils einbehaltenen Betrag hat er dem Auftragnehmer mitzuteilen und binnen 18 Werktagen nach dieser Mitteilung auf ein Sperrkonto bei dem vereinbarten Geldinstitut einzuzahlen. Gleichzeitig muss er veranlassen, dass dieses Geldinstitut den Auftragnehmer von der Einzahlung des Sicherheitsbetrages benachrichtigt. Abs. 5 gilt entsprechend (§ 17 Abs. 6 Nr. 1 Sätze 3 bis 5 VOB/B).* Der Auftraggeber muss also auch

---

[7]Zum Verhältnis zwischen Bareinbehalt und der Zurückhaltung von Vergütungsteilen gestützt auf Mängelrechte siehe *Feldhahn*, BauR 2007, 1466.

die vereinbarungsgemäßen Bareinbehalte auf ein Sperrkonto einzuzahlen, für welches den Bedingungen des Abs. 5 entsprechend nur eine gemeinsame Verfügungsbefugnis besteht.

Beachtet der Auftraggeber diese Vorschrift und insbesondere auch die dort enthaltene Frist nicht, so können die Folgen weitreichend sein: *Zahlt der Auftraggeber den einbehaltenen Betrag nicht rechtzeitig ein, so kann ihm der Auftragnehmer hierfür eine angemessene Nachfrist setzen. Lässt der Auftraggeber auch diese verstreichen, so kann der Auftragnehmer die sofortige Auszahlung des einbehaltenen Betrages verlangen und braucht dann keine Sicherheit mehr zu leisten* (§ 17 Abs. 6 Nr. 3 VOB/B). Lässt der Auftraggeber also auch eine vom Auftragnehmer gesetzte Nachfrist verstreichen, so kann er seinen Anspruch auf Sicherheit ganz verlieren und muss dann den Einbehalt sofort auszahlen.[8] Er verliert dann auch den Anspruch auf die Einräumung anderer vertraglich vereinbarter Sicherheiten.

Eine Ausnahme gilt allerdings für öffentliche Auftraggeber, die den Einbehalt auf ein eigenes unverzinsliches Verwahrkonto einzahlen dürfen (§ 17 Abs. 6 Nr. 4 VOB/B).

11.1.4 Wahl- und Austauschrecht (§ 17 Abs. 3 VOB/B)

Der Auftragnehmer hat grundsätzlich ein Wahl- und Austauschrecht nach § 17 Abs. 3 VOB/B. Er kann vor Einräumung der Sicherheit zwischen den drei Arten der Sicherheitsleistung wählen. Ebenso hat der Auftragnehmer ein Austauschrecht, nachdem er eine Sicherheitsleistung bereits eingeräumt hat. Er kann diese also durch eine andere ersetzen.

Das Wahl- und Austauschrecht besteht auch, wenn die Parteien zwar eine bestimmte Sicherheitsleistung vereinbart haben, der Vertrag im Übrigen aber auf die VOB/B verweist. Nur wenn auch ein bestimmtes Ablösungsverfahren zwischen verschiedenen Sicherheiten vereinbart wurde, ist das Wahl- und Austauschrecht der VOB/B ausgeschlossen.[9]

Beispiele

- Ist im Vertrag vereinbart, dass der Auftragnehmer Sicherheit durch Bürgschaft leisten soll, so kann er dennoch sowohl vor Überreichung der Bürgschaft an den Auftraggeber eine Sicherheitsleistung durch Bareinbehalt wählen als auch eine bereits überreichte Bürgschaftsurkunde mit der Maßgabe zurückverlangen, dass Sicherheit durch Bareinbehalt geleistet wird.

---

[8] OLG Brandenburg, Urteil v. 09.11.2018 – 4 U 49/16.

[9] BGH, Urteil v. 16.05.2002 – VII ZR 494/00, BauR 2002, 1392, IBR 2002, 475 (Schmitz); BGH, Beschluss v. 23.06.2005 – VII ZR 277/04, IBR 2005, 479 (Schmitz).

- Ist im Vertrag dagegen zusätzlich vorgesehen, dass ein vereinbarter Sicherheitseinbehalt von der Schlussrechnung nur gegen Übergabe einer Mängelhaftungsbürgschaft (bzw. Gewährleistungsbürgschaft) abgelöst werden darf, so ist das Wahl- und Austauschrecht aus § 17 Abs. 3 VOB/B ausgeschlossen. ◄

11.1.5 Ablaufdiagramm: Sicherheiten des Auftraggebers, § 17 VOB/B

Wurden Sicherheitsleistungen vertraglich vereinbart?

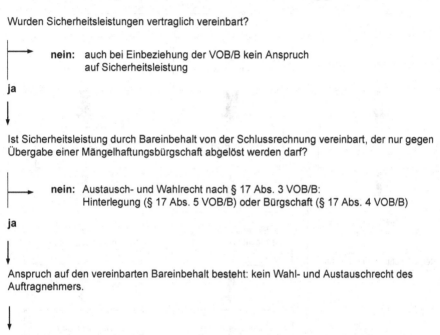

nein: auch bei Einbeziehung der VOB/B kein Anspruch
auf Sicherheitsleistung

ja

Ist Sicherheitsleistung durch Bareinbehalt von der Schlussrechnung vereinbart, der nur gegen Übergabe einer Mängelhaftungsbürgschaft abgelöst werden darf?

nein: Austausch- und Wahlrecht nach § 17 Abs. 3 VOB/B:
Hinterlegung (§ 17 Abs. 5 VOB/B) oder Bürgschaft (§ 17 Abs. 4 VOB/B)

ja

Anspruch auf den vereinbarten Bareinbehalt besteht: kein Wahl- und Austauschrecht des Auftragnehmers.

Zahlt Auftraggeber den Einbehalt nicht binnen 18 Werktagen oder einer angemessenen Nachfrist auf ein Sperrkonto mit lediglich gemeinsamer Verfügungsbefugnis ein, so *verliert er seinen Anspruch auf Sicherheitsleistung ganz* und muss den Einbehalt auszahlen (§ 17 Abs. 6 Nr. 1 und 3 VOB/B).

Ausnahme: öffentliche Auftraggeber (§ 17 Abs. 6 Nr. 4 VOB/B)

11.2   Ansprüche des Auftragnehmers auf Einräumung von Sicherheiten

11.2.1 Überblick

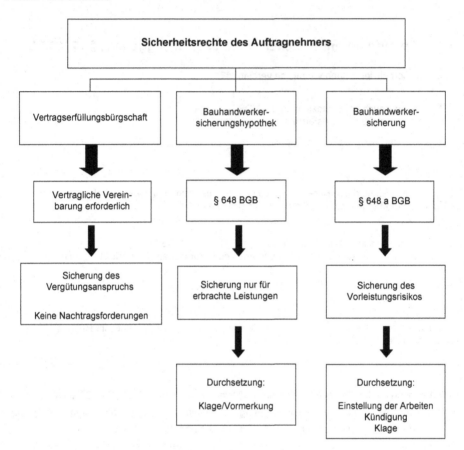

11.2.2 Vertragserfüllungsbürgschaft

Gelegentlich wird in der Baupraxis vereinbart, dass der Auftraggeber eine Vertragserfüllungsbürgschaft zu stellen hat. Enthält der Vertrag eine solche Vereinbarung, hat der
Auftraggeber einen Anspruch auf Einräumung einer Vertragserfüllungsbürgschaft zu den
vertraglichen Konditionen.

Die Vertragserfüllungsbürgschaft sichert den Vergütungsanspruch des Auftragnehmers.
Damit ist aber nur die vertragliche Vergütung nach dem Hauptvertrag gemeint, nicht auch

Nachtragsforderungen aus §§ 2 Abs. 5, 2 Abs. 6 VOB/B (siehe Kap. 2) oder dergleichen.[10] Diese sind also nur im Falle einer ausdrücklichen Vertragsregelung von der Bürgschaft umfasst. Dementsprechend deckt auch eine Höchstbetragsbürgschaft in der Regel nur den ursprünglichen Vergütungsanspruch.[11]

11.2.3 Bauhandwerkersicherungshypothek nach § 650 e BGB

11.2.3.1 Überblick

---

[10]BGH, Urteil v. 09.03.1989 – IX ZR 64/88, BauR 1989, 342; OLG Braunschweig, Urteil v. 02.02.1998 – 3 U 124/97, BauR 1999, 72, IBR 1998, 370 (Schmitz).

[11]BGH, Urteil v. 15.12.2009 – XI ZR 107/08.

11.2.3.2   Gesetzlicher Anspruch/Abdingbarkeit in AGB

Nach § 650 e BGB hat der Auftragnehmer einen gesetzlichen Anspruch auf Einräumung Bauhandwerkersicherungshypothek. Eine vertragliche Vereinbarung ist hier also nicht erforderlich. Der Auftraggeber kann dieses Sicherungsrecht in seinen allgemeinen Geschäftsbedingungen nur ausschließen, wenn der Auftragnehmer im Gegenzug eine andere gleichwerte Sicherheit (z. B. Vertragserfüllungsbürgschaft) erhält.[12]

11.2.3.3   Sicherung nur für erbrachte Leistungen

Die praktische Bedeutung der Bauhandwerkersicherungshypothek ist allerdings schon deshalb gering, weil hierdurch keine erst künftigen Leistungen gesichert werden. Vielmehr ist Voraussetzung, dass die Leistungen bereits erbracht sind.

Der Auftragnehmer kann für die erbrachten Leistungen eine dingliche Sicherung nach § 650 e BGB verlangen. Damit erhält er Zugriff auf das Grundbuch des Grundstücks, auf das sich die Bauarbeiten beziehen. Nach Eintragung im Grundbuch ist die Hypothek sodann bei späteren Veräußerungen oder Belastungen des Grundstücks zu berücksichtigen. Gesichert wird also das Risiko des Forderungsausfalls bei Insolvenz des Auftraggebers.

11.2.3.4   Identität zwischen Auftraggeber und Grundstückseigentümer

Für eine Sicherungshypothek nach § 650 e BGB ist grundsätzlich erforderlich, dass der Auftraggeber auch der im Grundbuch eingetragene Eigentümer des Grundstücks ist, auf das sich die Bauarbeiten beziehen. Ohne die Identität zwischen Auftraggeber und Grundstückseigentümer scheidet die gesetzliche Sicherung nach § 650 e BGB aus.[13]

Ausnahmsweise kann trotz fehlender Identität zwischen Auftraggeber und Grundstückseigentümer doch eine Sicherung nach § 650 e BGB in Betracht kommen, wenn sich der Auftraggeber wie ein Grundstückseigentümer behandeln lassen muss, weil er mit diesem eng verbunden ist.[14]

Beispiele

- Keine Identität, wenn der Auftragnehmer nur Nachunternehmer des nicht im Grundbuch als Grundstückseigentümer eingetragenen Generalunternehmers ist.
- Keine Identität, wenn es sich bei dem Auftraggeber um ein Projektentwicklungsunternehmen handelt, im Grundbuch eingetragen aber ein Immobilienfonds ist.
- Ausnahmsweise Identität, wenn der Eigentümer Geschäftsführer und alleiniger Gesellschafter der GmbH auf Auftraggeberseite ist.[15] ◄

---

[12] BGH, Urteil v. 03.05.1984 – VII ZR 80/82, BauR 1984, 413; Kniffka, ibr-online-Kommentar Bauvertragsrecht, Stand: 18.09.2016, § 650 e BGB Rdnr. 42.

[13] BGH, Urteil v. 22.10.1987 – VII ZR 12/87, BauR 1988, 88.

[14] Franke/Kemper/Zanner/Grünhagen, B § 17 Rdnr. 140.

[15] OLG Celle, Urteil v. 21.04.2004 – 7 U 199/03/BGH, Beschluss v. 23.06.2005 – VII ZR 124/04, IBR 2005, 483 (Hildebrandt).

11.2.3.5 Anspruchshöhe

Der Auftragnehmer hat nur einen Sicherungsanspruch für die erbrachten Leistungen, also in Höhe der während der Ausführung bereits übermittelten, aber nicht bezahlten Abschlagsrechnungen sowie nach der Abnahme in Höhe der noch nicht beglichenen Schlussrechnung.[16] Der Auftraggeber kann den Anspruch des Auftragnehmers, Gegenrechte z. B. aus Mängeln, Verzugsschäden etc., entgegenhalten und damit die Höhe des Sicherungsanspruchs reduzieren.

11.2.3.6 Durchsetzung des Anspruchs/Vormerkung

Die Bauhandwerkersicherungshypothek kann durch hierauf gerichtete Klage durchgesetzt werden. Aufgrund des rechtskräftigen Urteils wird die Hypothek in das Grundbuch eingetragen. Zahlt der Auftraggeber auch dann noch nicht, kann der Auftragnehmer die Zwangsversteigerung des Grundstücks betreiben. Da dies in der Regel mehrere Jahre in Anspruch nimmt, kann eine schnellere Sicherung durch Eintragung einer Vormerkung erfolgen. Diese ist im Rahmen einer einstweiligen Verfügung innerhalb weniger Tage gerichtlich durchsetzbar und sichert den Rang der Bauhandwerkersicherungshypothek, schützt also insbesondere vor weiteren Verfügungen (Veräußerung, Belastung etc.) über das Grundstück.[17]

---

[16] Prütting/Wegen/Weinreich-*Leupertz*, § 648 BGB Rdnr. 9.
[17] Franke/Kemper/Zanner/Grünhagen, B § 17 Rdnr. 173 ff.

11.2.3.7   Ablaufdiagramm: Bauhandwerkersicherungshypothek, § 650 e BGB

Ist der Auftraggeber zugleich Eigentümer des Baugrundstücks?

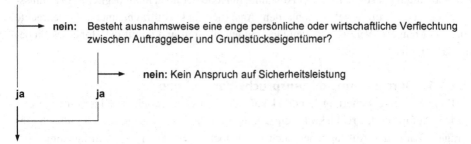

nein: Besteht ausnahmsweise eine enge persönliche oder wirtschaftliche Verflechtung zwischen Auftraggeber und Grundstückseigentümer?

nein: Kein Anspruch auf Sicherheitsleistung

ja   ja

Sind auf Abschlags-/Schlussrechnungen für bereits erbrachte Leistungen des Auftragnehmers noch Zahlungen durch Auftraggeber offen?

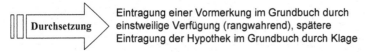

nein: Kein Anspruch auf Sicherheitsleistung

ja

Anspruch auf Eintragung einer Sicherungshypothek in Höhe der erbrachten Leistungen

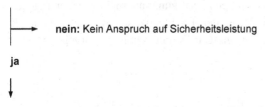

Durchsetzung   Eintragung einer Vormerkung im Grundbuch durch einstweilige Verfügung (rangwahrend), spätere Eintragung der Hypothek im Grundbuch durch Klage

11.2.4 Bauhandwerkersicherung nach § 650 f BGB

11.2.4.1 Überblick

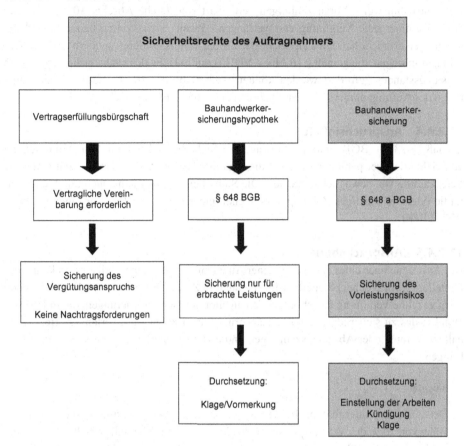

11.2.4.2 Gesetzlicher Anspruch

§ 650 f BGB gewährt dem Auftragnehmer ebenfalls einen gesetzlichen Anspruch auf Sicherheitsleistung. Auch hier ist eine vertragliche Vereinbarung also nicht erforderlich. Im Gegenteil: Gemäß § 650 f BGB kann der Sicherungsanspruch des Auftragnehmers vertraglich nicht beschränkt werden, beispielsweise, indem er auf die nächst fälligen Abschlagsrechnungen beschränkt wird.[18]

Bei öffentlichen Auftraggebern und Privatpersonen, die ihr Eigenheim errichten, ist § 650 f BGB allerdings nicht anwendbar (§ 650 f Abs. 6 BGB).

---

[18] BGH, Urteil v. 09.11.2000 – VII ZR 82/99, BauR 2001, 386.

11.2.4.3 Sicherungszweck: Vorleistungsrisiko

Mit der gesetzlichen Sicherheitsleistung nach § 650 f BGB räumt der Gesetzgeber den Bauunternehmen eine Sicherung für ihre zukünftigen Werklohnforderungen ein. Wenn nicht ausnahmsweise Vorauszahlungen vereinbart sind (siehe Abschn. 10.4), kann der Auftragnehmer eine Vergütung erst verlangen, soweit er die vertraglich geschuldeten Leistungen erbracht hat. Dies gilt nicht nur für die Schlusszahlung, sondern auch für Abschlagszahlungen, die gemäß § 16 Abs. 1 VOB/B nur in Höhe des nachweislich erbrachten Leistungsstandes gefordert werden können (siehe Abschn. 10.3). Dieses Vorleistungsrisiko des Auftragnehmers soll der Anspruch aus § 650 f BGB absichern.

11.2.4.4 Anspruchsinhalt

Gemäß §§ 232 ff. BGB kann der Auftraggeber Sicherheit leisten durch die Hinterlegung von Geld oder Wertpapieren, die Einräumung einer Hypothek oder Grundschuld oder die Verpfändung von beweglichen Sachen. Die Sicherheitsleistung kann auch durch eine Garantie oder ein sonstiges Zahlungsversprechen einer deutschen Bank erfolgen (§ 650 f Abs. 2 BGB).

11.2.4.5 Anspruchshöhe

Der Auftragnehmer eines Bauwerks, einer Außenanlage oder eines Teils davon kann vom Besteller (Auftraggeber) Sicherheit für die auch in Zusatzverträgen vereinbarte und noch nicht gezahlte Vergütung einschließlich dazugehöriger Nebenforderungen, die mit 10 von Hundert des zu sichernden Vergütungsanspruchs anzusetzen sind, verlangen. Bereits erhaltene Voraus- oder Abschlagszahlungen und andere Sicherheiten sind jedoch in Abzug bringen.

Beispiel

Der Auftragnehmer hat nach Vertragsschluss eine Vertragserfüllungsbürgschaft in Höhe von 10 % des Vertragspreises (€ 20) Mio. erhalten. Ebenfalls erhalten hat er eine Zahlung von € 1 Mio. auf seine erste Abschlagsrechnung. Als die zweite Abschlagsrechnung nicht bezahlt wird, verlangt er Sicherheitsleistung nach § 650 f BGB. Nach Abzug der Vertragserfüllungsbürgschaft in Höhe von € 2 Mio. und der erhaltenen Zahlung von € 1 Mio. kann er diese in Höhe von € 17 Mio. fordern. ◄

Nach § 650 f Abs. 1 Satz 2 BGB kann der Auftragnehmer auch für Ansprüche, die an die Stelle der Vergütung treten, verlangen. Dabei handelt es sich um diejenigen Ansprüche, die im Falle einer vorzeitigen Beendigung des Vertrages an die Stelle der Vergütung treten können. Umfasst sind dabei insbesondere die Ansprüche des Auftragnehmers aus § 642 BGB und aus § 649 BGB bezüglich des auf die nicht erbrachten Leistungen entfallenen Vergütungsteils. Schadensersatzansprüche aus § 6 Abs. 6 VOB/B oder Ansprüche wegen einer auftraglosen Leistung nach § 2 Abs. 8 VOB/B[19] werden demgegenüber nicht erfasst,

---

[19] OLG Stuttgart, Urteil v. 26.06.2017 – 10 U 122/16.

da sie nicht an die Stelle der Vergütung treten, sondern neben etwaigen Vergütungs-ansprüche bestehen können.

Sofern der Auftragnehmer eine Sicherheit wegen geänderten Leistungen nach § 2 Abs. 5 VOB/B oder zusätzlichen Leistungen gemäß § 2 Abs. 6 VOB/B fordert, ist zu beachten, dass nach dem eindeutigen Wortlaut der Regelung in § 650 f BGB erst dann ein zu besichernder Anspruch besteht, wenn die Vertragsparteien den Nachtrag vereinbart haben. Eine bereits getroffene Vergütungsvereinbarung ist somit Voraussetzung für die Sicherungs-fähigkeit der entsprechenden Mehrvergütungsansprüche. Streitige Nachtragsforderungen des Auftragnehmers sind demnach bei der Ermessung der Höhe der Sicherheit nach § 648 a BGB nicht zu berücksichtigen.

Sind sich die Vertragsparteien über die Höhe der Sicherheitsleistung nicht einig, muss der Auftraggeber dennoch die Sicherheitsleistung in der Höhe übergeben, die er für richtig bzw. angemessen hält. Ein Streit über die Höhe der Sicherheitsleistung berechtigt dem-nach nicht zu einer Kündigung aus wichtigem Grund.[20]

11.2.4.6 Aufforderung zur Stellung einer Sicherheit

Der Auftragnehmer nach § 650 f BGB durch einfaches Schreiben an den Auftraggeber Sicherheit für die zu erbringenden Vorleistungen verlangen. Das Schreiben muss hierfür eine angemessene Frist vorsehen. Angemessen ist die Frist, wenn dem Auftragnehmer ausreichend Zeit bleibt, eine Bank zu kontaktieren und die Bank die Sicherheit dem Un-ternehmer zukommen lassen kann. Dafür hält die Begründung des Gesetzgebers eine Mindestfrist von 7 bis 10 Tagen für erforderlich. Ausnahmsweise kann die Frist auch im Einzelfall länger sein. Teilweise wird eine Frist von 3 Wochen noch für ausreichend an-gesehen.[21] Ist die vom Unternehmer gesetzte Frist zu kurz, so tritt an ihre Stelle eine an-gemessene Frist.

11.2.4.7 Leistungsverweigerungsrecht

Verbunden mit der Forderung einer Sicherheit und der dort genannten Fristsetzung muss der Auftragnehmer gleichzeitig ankündigen, dass er im Fall des fruchtlosen Fristablaufs seine Leistung verweigern werde. Diese Ankündigung der Leistungsverweigerung muss in der Erklärung des Unternehmers klar und unzweideutig zum Ausdruck kommen.

Stellt der Auftraggeber anschließend keine fristgerechte Sicherheit, so hat der Auftrag-nehmer ein Leistungsverweigerungsrecht und kann seine Leistungen einstellen. Setzt der Auftraggeber seinerseits dem Auftragnehmer eine Frist zur Mängelbeseitigung, ist ein Anspruch auf Vorschuss, Kostenerstattung oder Schadensersatz ausgeschlossen.[22]

---

[20] OLG Düsseldorf, Urteil v. 06.10.2009 – 21 U 130/08, IBR 2010, 24, 25.

[21] Joussen in: Ingenstau/Korbion, B, Anhang 1, Rn. 198.

[22] BGH, Urteil v. 16.04.2009 – VII ZR 9/08.

11.2.4.8 Kündigung des Auftragnehmers

Der Auftragnehmer kann den Vertrag kündigen, wenn die von ihm zuvor gesetzte angemessene Frist zur Sicherheitsleistung fruchtlos abgelaufen ist. Eine vorherige Kündigungsandrohung ist nach der gesetzlichen Neuregelung nicht mehr erforderlich. Da dem Unternehmer nach fruchtlosem Fristablauf ein Wahlrecht zwischen Leistungsverweigerung und Kündigung zusteht, muss er nach Fristablauf dieses Wahlrecht ausüben. Entscheidet er sich dabei für das Leistungsverweigerungsrecht, ist eine anschließende Kündigung des Vertrages nur dann möglich, wenn er dem Besteller zuvor erneut eine angemessene Frist zur Sicherheitsleistung gesetzt hat und auch diese zweite Frist fruchtlos abgelaufen ist.[23]

Entscheidet sich der Auftragnehmer für die Kündigung des Vertrages, muss er ausdrücklich die Kündigung des Vertrages erklären. Die Kündigung sollte in jedem Fall schriftlich erfolgen.

Hat der Auftragnehmer den Vertrag gekündigt, steht dem Auftragnehmer gemäß § 650 f Abs. 5 Satz 2 BGB die gesamte Vergütung einschließlich der Vergütung für die infolge der Kündigung noch nicht erbrachten Leistungen zu. Er muss sich jedoch dasjenige anrechnen lassen, das er infolge der Kündigung des Vertrages an Aufwendungen erspart oder durch anderweitige Verwendung seine Arbeitskraft erwirkt oder böswillig zu erwerben unterlässt.

Gemäß § 650 f Abs. 5 Satz 3 BGB wird vermutet, dass dem Unternehmer für den noch nicht erbrachten Teil der Werkleistung 5 % der insofern vereinbarten Vergütung zustehen. Beruft sich der Auftragnehmer auf einen geringeren Anteil ersparter Aufwendungen, so dass seine Vergütung höher ausfällt, trägt er hierfür die Beweislast. Andererseits müsste der Auftraggeber eine eventuell über 95 % der vereinbarten Vergütung hinausgehende Ersparnis des Auftragnehmers bezüglich der nicht mehr zu erbringenden Leistungen beweisen.

11.2.4.9 Sicherheit nach Abnahme

Der Auftragnehmer kann gemäß § 650 f Abs. 1 Satz 3 BGB auch nach Abnahme noch Sicherheit verlangen. Nach Verstreichen einer angemessenen Frist zur Sicherheitsleistung kann er auch dann noch den Vertrag „kündigen". Die „Kündigung" führt dann zur Befreiung von der Pflicht zur Beseitigung etwaiger Mängel.[24]

---

[23] Joussen in: Ingenstau/Korbion, B, Anhang 1, Rn. 207.

[24] BGH, Urteil v. 22.01.2004 – VII ZR 183/02, VII ZR 68/03, BauR 2004, 826, IBR 2004, 201 (Schulze-Hagen).

11.2.4.10   Klage auf Sicherheitsleistung

Als dritte Möglichkeit kann der Auftragnehmer seinen Anspruch auf Stellung einer § 650 f BGB-Sicherheit seit der Neufassung durch das Forderungssicherungsgesetz nunmehr klageweise geltend machen. In Eilfällen, z. B. bei konkreten Hinweisen auf die Zahlungsunfähigkeit des Auftraggebers, kommt eine einstweilige Verfügung in Betracht. Angesichts der dann nicht mehr bestehenden Kreditwürdigkeit des Auftraggebers dürfte ein hieraus erlangter Titel allerdings praktisch kaum durchsetzbar sein.

Gegenansprüche des Auftraggebers können nur bei Rechtskraft oder Unstreitigkeit berücksichtigt werden.

11.2.4.11   Kosten

Der Auftraggeber hat nach § 650 f Abs. 3 Satz 1 BGB einen Anspruch gegen den Auftragnehmer auf Erstattung der Kosten der Sicherheitsleistung. Zu ersetzen sind von dem Unternehmer die üblichen Kosten der Sicherheitsleistung bis zu einem Höchstbetrag von 2 % pro Jahr.

11.2.4.12   Ablaufdiagramm: Bauhandwerkersicherung, § 650 f BGB

Wurde der Bauvertrag mit einem öffentlichem Auftraggeber oder „Häuslebauer" geschlossen?

    ⊢──▶ **ja:** Kein Anspruch auf Sicherheitsleistung (§ 648 a Abs. 6 BGB)

nein

↓

Hat der Auftragnehmer bereits Voraus- oder Abschlagszahlungen bzw. Sicherheiten (z. B. Bürgschaft, Sicherungshypothek etc.) erhalten?

    ⊢──▶ **ja:** Der Anspruch ist um erhaltene Zahlungen/Sicherheiten zu mindern.

nein

↓

Hat der Auftraggeber auf ein Verlangen nach Sicherheitsleistung innerhalb der gesetzten angemessenen Frist reagiert?

    ⊢──▶ **ja:** Der Auftragnehmer hat die Kosten der Sicherheit bis zu 2 % zu tragen (§ 648 a Abs. 3 BGB)

nein

↓

Der Auftragnehmer kann auswählen:

- Einstellung der Arbeiten
- Kündigung des Bauvertrags (schriftlich)
- Klage auf Sicherheitsleistung (einstweilige Verfügung)

Bei Kündigung des Bauvertrages:

↓

▯◻⟹ Der Auftragnehmer kann Vergütung für erbrachte Leistungen und Entschädigung für nicht mehr zu erbringende Leistungen verlangen.

Literatur

1. Franke, Horst; Kemper, Ralf; Zanner, Christian; Grünhagen, Matthias: VOB-Kommentar, München (Werner Verlag) 5. Auflage 2013 *zitiert*: Franke/Kemper/Zanner/Grünhagen
2. Ingenstau/Korbion: VOB-Kommentar, herausgegeben von Leupert/Wietersheim, München (Werner Verlag) 19. Auflage 2015 *zitiert*: Ingenstau/Korbion

3. Palandt: Bürgerliches Gesetzbuch, München (Verlag C. H. Beck) 75. Auflage 2016 *zitiert*: Palandt
4. Prütting Wegen Weinreich: BGB-Kommentar, Neuwied (Luchterhand Verlag) 8. Auflage 2013 *zitiert*: PWW/*Bearbeiter*

Mängelrechte des Auftraggebers nach Abnahme (§ 13 VOB/B)

12.1 Einleitung

Die Vertragspflichten des Auftragnehmers reichen zeitlich weit über die Vollendung des Werks und die Abnahme seiner Leistungen hinaus. Der Auftragnehmer bleibt auch während der Verjährungsfristen verpflichtet, in dieser Zeit auftretende Mängel zu beseitigen.

Die Beseitigungspflicht bezieht sich sowohl auf Mängel, die bereits während der Vertragserfüllung auftreten, als auch auf solche Mängel, die erst nach der Abnahme erkennbar werden.

© Springer Fachmedien Wiesbaden GmbH, ein Teil von Springer Nature 2021   199
C. Zanner, *VOB/B nach Ansprüchen*, Bau- und Architektenrecht nach Ansprüchen,
https://doi.org/10.1007/978-3-658-34025-4_12

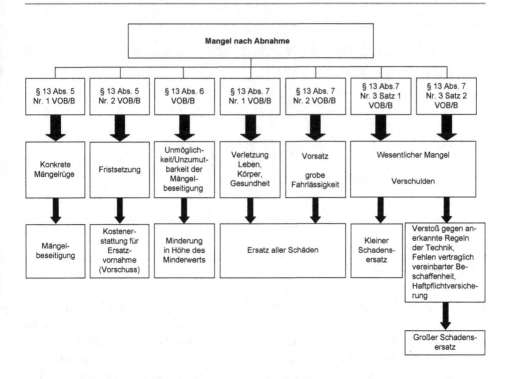

12.2   Der Anspruch auf Mangelbeseitigung (§ 13 Abs. 5 Nr. 1 VOB/B)

Der Auftragnehmer ist verpflichtet, alle während der Verjährungsfrist hervortretenden Mängel, die auf vertragswidrige Leistung zurückzuführen sind, auf seine Kosten zu beseitigen, wenn es der Auftraggeber vor Ablauf der Frist schriftlich verlangt (§ 13 Abs. 5 Nr. 1 Satz 1 VOB/B).

12.2.1 Überblick

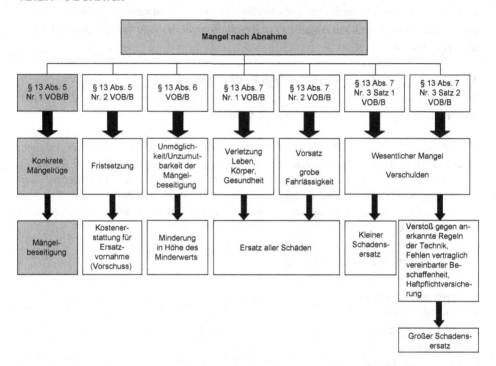

12.2.2 Mangel der Leistung (§ 13 Abs. 1 VOB/B)

Voraussetzung ist zunächst, dass ein Mangel im Sinne des § 13 Abs. 1 VOB/B vorliegt: *Der Auftragnehmer hat dem Auftraggeber seine Leistung zum Zeitpunkt der Abnahme frei von Sachmängeln zu verschaffen. Die Leistung ist zur Zeit der Abnahme frei von Sachmängeln, wenn sie die vereinbarte Beschaffenheit hat und den anerkannten Regeln der Technik entspricht. Ist die Beschaffenheit nicht vereinbart, so ist die Leistung zur Zeit der Abnahme frei von Sachmängeln,*

a. wenn sie sich für die nach dem Vertrag vorausgesetzte, sonst
b. *für die gewöhnliche Verwendung eignet und eine Beschaffenheit aufweist, die bei Werken der gleichen Art üblich ist und der Auftraggeber nach Art der Leistung erwarten kann.*

Vereinbarte Beschaffenheit Jede Abweichung der ausgeführten Leistung von der vereinbarten Beschaffenheit begründet einen Mangel. Die vereinbarten Beschaffenheitsmerkmale folgen aus dem Bauvertrag selbst, dem Leistungsverzeichnis und allen sonstigen zum Vertragsbestandteil gemachten Vertragsunterlagen (Zeichnungen, Pläne etc.), die entsprechende Angaben enthalten.[1] Diese müssen nicht ausdrücklich als „Leistungsbe-schreibung" gekennzeichnet sein. Entscheidend ist vielmehr, inwieweit die Vertragsausle-gung ergibt, dass es sich um Angaben zur Beschaffenheit des Bauwerks bzw. des Einzel-gewerks handelt.[2]

12.2.2.1 Allgemein anerkannte Regeln der Technik

Der Auftragnehmer hat bei der Ausführung die allgemein anerkannten Regeln der Technik zu berücksichtigen (§ 4 Abs. 2 Nr. 1 Satz 2 VOB/B).

▶ **Definition** *Technische Regeln für den Entwurf und die Ausführung baulicher Anlagen, die in der technischen Wissenschaft als theoretisch richtig erkannt sind und feststehen sowie in dem Kreise der für die Anwendung der betreffenden Regeln maßgeblichen, nach dem neuesten Erkenntnisstand vorgebildeten Techniker durchweg bekannt und aufgrund fortdauernder praktischer Erfahrung als technisch geeignet, angemessen und notwendig anerkannt sind.*[3]

Kriterien für die Praxisbewährung:

- Anwendungssicherheit
- Verarbeitbarkeit
- Langzeitverhalten
- Erprobungsphase
- Einsatzzuverlässigkeit
- Mangel- und Schadenshäufigkeit

Zu den allgemein anerkannten Regeln der Technik zählen insbesondere DIN-Normen, VDI-Richtlinien und ähnliche technische Regelwerke, sofern diese nicht veraltet sind. Maßgeblicher Zeitpunkt ist derjenige der Abnahme, wie sich aus dem Wortlaut des § 13 Abs. 1 VOB/B ergibt. Änderungen der allgemein anerkannten Regeln der Technik wäh-rend der Bauausführung (also zwischen Vertragsschluss und Abnahme) sind daher vom Auftragnehmer zu berücksichtigen. Er muss folglich sein Werk entsprechend den „neuen" anerkannten Regeln der Technik zum Zeitpunkt der Abnahme erbringen. Hierfür kann der Auftragnehmer ggf. Kostenerstattung, oder – wenn die Voraussetzungen aus § 2 Abs. 5 oder Abs. 6 vorliegen – Mehrvergütung verlangen.[4] Die Nichteinhaltung der technischen Regelwerke zieht die Vermutung eines Verstoßes gegen die anerkannten Regeln der Tech-nik mit sich. Diese Vermutung kann allerdings vom Auftragnehmer widerlegt werden. Ihm

---

[1] Zanner/Wegener, Seite 3.

[2] Im Einzelnen: Franke/Kemper/Zanner/Grünhagen, B § 13 Rdnr. 12.

[3] Ingenstau/Korbion/Oppler, Teil B, § 4 Abs. 2, Rn. 48.

[4] Einschränkend: Franke/Kemper/Zanner/Grünhagen, B § 13 Rdnr. 23.

steht also der Nachweis offen, dass trotz der Verletzung der allgemein anerkannten Regeln der Technik ein Mangel an der Werkleistung nicht gegeben ist.[5]

Der Auftragnehmer haftet jedoch auch dann für einen Mangel, wenn die Leistung zwar genau nach den vertraglichen Vereinbarungen, jedoch unter Verletzung der allgemein anerkannten Regeln der Technik ausgeführt worden ist. Dies gilt nur dann nicht, wenn der Auftraggeber durch seine Leistungsbeschreibung bewusst von den allgemein anerkannten Regeln der Technik abgewichen ist.

Beispiel

Wird auf wenig durchlässigem Grund ohne Drainage gebaut, muss der Auftragnehmer grundsätzlich eine Gebäudeabdichtung nach der DIN-Norm 18195 Teil 6 vornehmen, um den allgemein anerkannten Regeln der Technik zu entsprechen. „Im Raum 107 löst sich die Tapete von der Wand" (falsch: „Ihre Leistungen sind mangelhaft, bitte beseitigen." oder „Sie haben einen falschen Tapetenkleister verwendet.")

- Dies gilt auch dann, wenn die Einhaltung der DIN-Norm nicht im Vertrag zwischen Auftraggeber und Auftragnehmer vorgesehen war.
- Hat der Auftragnehmer die Gebäudeabdichtung nicht gemäß der DIN-Norm ausgeführt, verstößt er nur dann nicht gegen die allgemein anerkannten Regeln der Technik, wenn er nachweisen kann, dass aufgrund der Umstände des Einzelfalls (z. B. Topografie des Geländes, Gründungstiefe des Gebäudes) die Einhaltung der DIN-Norm nicht erforderlich war.
- Andernfalls ist dem Auftragnehmer der Verstoß gegen die allgemein anerkannten Regeln der Technik nur dann nicht anzulasten, wenn der Auftraggeber ausdrücklich wünschte, dass die Gebäudeabdichtung nicht entsprechend der DIN-Norm ausgeführt werden sollte. ◄

12.2.2.2 Mangelbegriff
Die drei Stufen des Mangelbegriffs

1. Stufe: Vorrangig ist auf die vertraglich vereinbarte Beschaffenheit abzustellen. Jede Abweichung der ausgeführten Leistung von den vertraglichen Beschaffenheitsmerkmalen begründet einen Mangel. Gleiches gilt im Regelfall, wenn die Leistung nicht den anerkannten Regeln der Technik entspricht.[6]
2. Stufe: Ist keine Beschaffenheit vertraglich vereinbart, so liegt ein Mangel vor, wenn sich das Werk nicht zu der nach dem Vertrag vorausgesetzten Verwendung eignet.

---

[5] OLG Brandenburg, Urteil v. 18.06.2009 – 12 U 164/08, BauR 2010, 100, IBR 2009, 576, MDR 2010, 144.

[6] Vgl. KG, Urteil v. 11.12.2007 – 21 U 86/06, IBR 2008, 509 (Steiger); OLG Düsseldorf, Urteil v. 03.07.2012 – 21 U 150/09, NJW-RR 2012, 1231.

Der Verwendungszweck ist durch Auslegung des gesamten Bauvertrages einschließlich aller Vertragsunterlagen zu bestimmen.[7]

3. Stufe: Nur wenn weder eine bestimmte Eigenschaft vereinbart, noch eine vertraglich vorausgesetzte Verwendung zu ermitteln ist, kommt es darauf an, ob sich das Werk für die gewöhnliche Verwendung eignet und die Beschaffenheit aufweist, die bei Werken gleicher Art üblich ist und die der Auftraggeber nach Art der Leistung erwarten kann.

12.2.2.3 Erfolgshaftung

Der Auftragnehmer trägt eine verschuldensunabhängige Erfolgshaftung. Daher muss er einen Mangel auch dann beseitigen, wenn er alle maßgeblichen vertraglichen Vereinbarungen und Regeln der Technik zum Zeitpunkt der Abnahme eingehalten hat.[8] War die vereinbarte Bauweise nicht geeignet, Mängel zu vermeiden, so kann der Auftragnehmer die Erstattung seiner Mängelbeseitigungsaufwendungen verlangen, wenn das Werk von vornherein die zusätzlich erforderlichen Leistungen hätte berücksichtigen müssen und daher um diese Kosten teurer gewesen wäre („Sowieso-Kosten").[9]

Trägt der Auftraggeber ein Mitverschulden am Auftritt des Mangels (z. B. weil der Mangel durch einen Fehler in der vom Auftraggeber bereitgestellten Entwurfsplanung verursacht wurde, den der Auftragnehmer erkennen hätte müssen), werden die Mängelbeseitigungskosten zwischen den Vertragsparteien aufgeteilt.[10]

12.2.3 Beweislast

Der Auftraggeber muss während der Verjährungszeit auftretende Mängel nachweisen, da mit der Abnahme eine Beweislastumkehr erfolgt ist. Dies kann insbesondere bei mehreren aufeinander aufbauenden Gewerken schwierig sein, wenn sich der in Anspruch genommene Auftragnehmer darauf beruft, dass die Mangelerscheinung durch das Gewerk eines Vor- oder Folgeunternehmens verursacht ist. Kann der Auftraggeber die Mangelhaftigkeit der Leistung des Auftragnehmers nicht beweisen, hat er keine gerichtlich durchsetzbaren Mängelansprüche.

---

[7] Franke/Kemper/Zanner/Grünhagen, B § 13 Rdnr. 27.

[8] BGH, Urteil v. 11.11.1999 – VII ZR 403/98, BauR 2000, 411; OLG Dresden, Urteil v. 30.09.2005 – 5 U 776/05, IBR 2006, 1061 (nur online) (Pfau).

[9] BGH, Urteil v. 16.07.1998 – VII ZR 350/96, BauR 1999, 37, IBR 1998, 528 (Weyer).

[10] KG, Urteil v. 14.04.2009 – 21 U 10/07, NJW-RR 2009, 1180, NZBau 2010.

12.2.4 Schriftliche Mängelrüge

Treten während der Verjährungsfrist Mängel auf, so muss sie der Auftraggeber gegenüber dem Auftragnehmer rügen. Dies erfolgt durch die schriftliche Mangelbeseitigungsaufforderung, in der die Mangelerscheinungen hinsichtlich ihrer örtlichen Lage und ihrer erkennbaren Auswirkungen konkret bezeichnet sein müssen.[11] Der Mangel selbst – also die Ursache für die Mangelerscheinungen – muss dagegen nicht genannt werden. Es genügt, wenn der Auftraggeber die Symptome, also die äußerlich erkennbaren Mangelerscheinungen bezeichnet.[12]

Beispiele

- „Im Raum 107 löst sich die Tapete von der Wand" (falsch: „Ihre Leistungen sind mangelhaft, bitte beseitigen." oder „Sie haben einen falschen Tapetenkleister verwendet.")
- „Durch Risse in der Tiefgarage (Stellplatz 42) dringt Wasser" (falsch: „Die Bewehrung der Weißen Wanne ist nicht nach den Statikplänen ausgeführt und deshalb wasserdurchlässig.") ◄

Die Beseitigungsaufforderung kann entgegen dem Wortlaut in § 13 Abs. 5 Nr. 1 VOB/B auch mündlich erfolgen. Allerdings hat diese keine verjährungshemmende Wirkung. Zudem ist schon aus Beweisgründen stets eine schriftliche Mangelrüge zu empfehlen.

Der Auftraggeber kann dem Auftragnehmer eine angemessene Frist zur Mangelbeseitigung setzen. Die Angemessenheit der Frist bestimmt sich danach, welche Zeit erforderlich ist, um den Mangel unter den größtmöglichen Anstrengungen des Auftragnehmers zu beseitigen.[13] Denn die Nachfrist hat nicht den Zweck, den Auftragnehmer in die Lage zu versetzen, nun erst mit der Mängelbeseitigung zu beginnen, sondern soll ihm nur noch eine letzte Gelegenheit zur Behebung der Mängel einräumen.[14]

Der Auftragnehmer hat dann die Mängelbeseitigung auf eigene Kosten innerhalb dieser Frist vorzunehmen. Prüft der Auftragnehmer auf die Mangelrüge hin die Mangelhaftigkeit seiner Bauleistung und kommt er zu dem Ergebnis, dass ein Mangel nicht vorliegt, so hat er einen Schadensersatzanspruch für seine Aufwendungen, wenn der Auftraggeber vorsätzlich oder fahrlässig nicht geprüft hat, ob die in Betracht kommenden Mangelursachen in seiner eigenen Verantwortungssphäre liegen.[15]

---

[11] Franke/Kemper/Zanner/Grünhagen, B § 13 Rdnr. 116.

[12] BGH, Urteil v. 27.02.2003 – VII ZR 338/01, BauR 2003, 693, IBR 2003, 185 (Schulze-Hagen).

[13] BGH Urteil v. 23.02.2006 – VII ZR 84/05, ZfBR 2006, 457 (460); Heiermann/Riedl/Rusam, B § 13 Rdnr. 120.

[14] BGH, Urteil v. 23.02.2006 – VII ZR 84/05, ZfBR 2006, 457 (460).

[15] BGH, Urteil v. 23.01.2008 – VIII ZR 246/06, NJW 2008, 1147.

12.2.5 Haftungsausschluss bei Bedenkenanzeige

Gemäß § 13 Abs. 3 VOB/B ist der Auftragnehmer von seiner Haftung befreit, wenn der Mangel auf die vom Auftraggeber erstellte Leistungsbeschreibung, eine Anordnung des Auftraggebers, auf von ihm gelieferte Stoffe oder auf Vorleistungen anderer Unternehmer zurückzuführen ist. Dies gilt jedoch nur, wenn der Auftragnehmer eine schriftliche Bedenkenanzeige im Sinne von § 4 Abs. 3 VOB/B dem Auftraggeber übersandt hat. Die Bedenkenanzeige muss unverzüglich, in der Regel schon vor Ausführung der Leistungen erfolgen und inhaltlich klar die Gründe für die voraussichtlichen Mängel benennen, um dem Auftraggeber die Möglichkeit der Prüfung und eventuellen Umentscheidung einzuräumen.[16]

12.2.6 Haftungsausschluss bei fehlendem Abnahmevorbehalt

Hat der Auftraggeber bei der Abnahme Kenntnis von Mängeln, so muss er sich seine Mängelansprüche für diese vorbehalten (siehe Abschn. 8.2.10.4). Bei fehlendem Abnahmevorbehalt kann er anschließend nicht mehr die Beseitigung der bei Abnahme bekannten Mängel verlangen (§ 640 Abs. 2 BGB) und hat keinen Anspruch auf Erstattung von Ersatzvornahmekosten und Minderung.

12.2.7 Mitschuld des Auftraggebers

Trägt der Auftraggeber (z. B. durch die Bereitstellung einer erkennbar fehlerhaften Planung) eine Mitschuld am Mangel, ist der Auftragnehmer nur Zug um Zug gegen die Zahlung eines Zuschusses zur Mängelbeseitigung verpflichtet.[17]

12.2.8 Verjährung

Nach Ablauf der Verjährungsfrist kann der Auftragnehmer die Einrede der Verjährung erheben, d. h. die Mängelansprüche des Auftraggebers sind dauerhaft nicht mehr durchsetzbar.

Die Dauer der Verjährungsfrist bestimmt § 13 Abs. 4 VOB/B: *Ist für die Mängelansprüche keine Verjährungsfrist im Vertrag vereinbart, so beträgt sie für Bauwerke 4 Jahre, für andere Werke, deren Erfolg in der Herstellung, Wartung oder Veränderung einer Sache*

---

[16] Im Einzelnen: Franke/Kemper/Zanner/Grünhagen, B § 13 Rdnr47 f.

[17] OLG Naumburg, Urteil v. 07.08.2007 – 9 U 59/07, IBR 2009, 451.

besteht und für die vom Feuer berührten Teile von Feuerungsanlagen 2 Jahre, § 13 Abs. 4 Nr. 1 Satz 1 VOB/B. Auch bei maschinellen oder elektrotechnischen Anlagen beträgt die Verjährungsfrist in der Regel nur 2 Jahre, wenn der Auftraggeber dem Auftragnehmer nicht auch die Wartung übertragen hat (§ 13 Abs. 4 Nr. 2 VOB/B). Die Verjährungsfrist beginnt stets mit der Abnahme (§ 13 Abs. 4 Nr. 3 VOB/B).

Die Regelfrist für die Verjährung von Mängelansprüchen bei Bauleistungen beträgt also 4 Jahre. Damit verkürzt die VOB/B die gesetzliche 5-jährige Verjährungsfrist (§ 634a Abs. 1 Nr. 2 BGB). Hat der Auftraggeber vor dem Eintritt der Verjährung einen Mangel gegenüber dem Auftragnehmer schriftlich gerügt (Abschn. 12.2.3), so kann sich die Verjährungsfrist für diesen Mangel um bis zu 2 weitere Jahre verlängern (§ 13 Abs. 5 Nr. 1 Satz 2 VOB/B). Beseitigt der Auftragnehmer sodann den gerügten Mangel, so beginnt die Verjährung erst wieder zu laufen, wenn der Auftraggeber die Mängelbeseitigungsarbeiten abgenommen oder die Abnahme ernsthaft und endgültig verweigert hat.[18]

Die 4-jährige Regelfrist gemäß § 13 Abs. 4 VOB/B gilt nur dann, wenn die Parteien keine andere Verjährungsfrist vereinbart haben. In der Praxis ist es üblich, dass im Bauvertrag auch bei Einbeziehung der VOB/B dennoch die gesetzliche Verjährungsfrist von 5 Jahren vorgesehen ist. Dann ist der Auftragnehmer für die Dauer von fünf Jahren ab dem Zeitpunkt der Abnahme zur Beseitigung von Mängeln verpflichtet, bei vor Ablauf der Verjährungsfrist schriftlich gerügten Mängeln verlängert sich die Verjährung um weitere zwei Jahre bzw. bis zur Abnahme der Mängelbeseitigungsarbeiten.[19]

Die in der Baupraxis verbreitete Meinung, dass verdeckte Mängel erst in 30 Jahren verjähren, trifft so nicht zu. Richtig ist, dass die besonderen Verjährungsfristen für Bauleistungen der VOB/B bzw. des BGB nicht gelten, wenn der Auftragnehmer einen Mangel arglistig verschwiegen hat.[20] Dann gilt ausnahmsweise die allgemeine Verjährungsfrist, die früher 30 Jahre betrug (§ 634a Abs. 3 BGB). Durch die Schuldrechtsreform zum 01.01.2002 wurde diese Frist zwar auf nur noch 3 Jahre reduziert, sie beginnt aber erst ab Kenntnis bzw. grob fahrlässiger Unkenntnis des Auftraggebers vom Mangel zu laufen (§§ 195, 199 Abs. 1 BGB).

---

[18] BGH, Urteil v. 25.09.2008 – VII ZR 32/07.

[19] Siehe hierzu Franke/Zanner/Kemper, Der sichere Bauvertrag, Seite 226.

[20] BGH, Urteil v. 23.06.1981 – VI ZR 42/80, BauR 1981, 591.

12.2.9 Ablaufdiagramme: Mangelbeseitigung, § 13 Abs. 5 Nr. 1 VOB/B

Vertraglich vereinbarte Beschaffenheit

Weicht die Leistung von Beschaffenheitsmerkmalen ab, die im Bauvertrag oder in den Vertragsunterlagen (Leistungsverzeichnis, Ausschreibungspläne etc.) genannt sind? (§ 13 Abs. 1 S. 2 VOB/B)

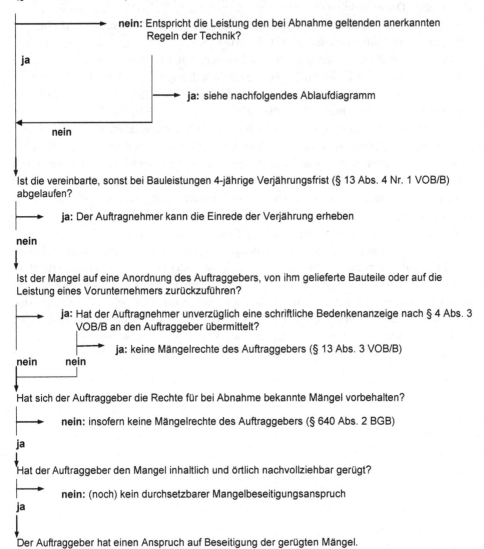

nein: Entspricht die Leistung den bei Abnahme geltenden anerkannten Regeln der Technik?

ja

ja: siehe nachfolgendes Ablaufdiagramm

nein

Ist die vereinbarte, sonst bei Bauleistungen 4-jährige Verjährungsfrist (§ 13 Abs. 4 Nr. 1 VOB/B) abgelaufen?

ja: Der Auftragnehmer kann die Einrede der Verjährung erheben

nein

Ist der Mangel auf eine Anordnung des Auftraggebers, von ihm gelieferte Bauteile oder auf die Leistung eines Vorunternehmers zurückzuführen?

ja: Hat der Auftragnehmer unverzüglich eine schriftliche Bedenkenanzeige nach § 4 Abs. 3 VOB/B an den Auftraggeber übermittelt?

ja: keine Mängelrechte des Auftraggebers (§ 13 Abs. 3 VOB/B)

nein   **nein**

Hat sich der Auftraggeber die Rechte für bei Abnahme bekannte Mängel vorbehalten?

nein: insofern keine Mängelrechte des Auftraggebers (§ 640 Abs. 2 BGB)

ja

Hat der Auftraggeber den Mangel inhaltlich und örtlich nachvollziehbar gerügt?

nein: (noch) kein durchsetzbarer Mangelbeseitigungsanspruch

ja

Der Auftraggeber hat einen Anspruch auf Beseitigung der gerügten Mängel.

Vertraglicher Verwendungszweck

Ergibt sich aus dem Bauvertrag einschließlich aller Vertragsunterlagen ein Verwendungszweck, zu dem die Leistung nicht geeignet ist? (§ 13 Abs. 1 S. 3a VOB/B)

nein: siehe nachfolgendes Ablaufdiagramm

ja

Ist die vereinbarte, sonst bei Bauleistungen 4-jährige Verjährungsfrist (§ 13 Abs. 4 Nr. 1 VOB/B) abgelaufen?

ja: Der Auftragnehmer kann die Einrede der Verjährung erheben

nein

Ist der Mangel auf eine Anordnung des Auftraggebers, von ihm gelieferte Bauteile oder auf die Leistung eines Vorunternehmers zurückzuführen?

ja: Hat der Auftragnehmer unverzüglich eine schriftliche Bedenkenanzeige nach § 4 Abs. 3 VOB/B an den Auftraggeber übermittelt?

ja: keine Mängelrechte des Auftraggebers (§ 13 Abs. 3 VOB/B)

nein   **nein**

Hat sich der Auftraggeber die Rechte für bei Abnahme bekannte Mängel vorbehalten?

nein: insofern keine Mängelrechte des Auftraggebers (§ 640 Abs. 2 BGB)

ja

Hat der Auftraggeber den Mangel inhaltlich und örtlich nachvollziehbar gerügt?

nein: (noch) kein durchsetzbarer Mangelbeseitigungsanspruch

ja

Der Auftraggeber hat einen Anspruch auf Beseitigung der gerügten Mängel.

Gewöhnliche Verwendung

Ist die Leistung für die gewöhnliche Verwendung geeignet und weist sie eine bei Bauwerken bzw. Einzelgewerken gleicher Art übliche Beschaffenheit auf? (§ 13 Abs. 1 S. 3b VOB/B)

nein

         ⟶ **ja**: Kein Mangel, also keine Mängelrechte

ja

Ist die vereinbarte, sonst bei Bauleistungen 4-jährige Verjährungsfrist (§ 13 Abs. 4 Nr. 1 VOB/B) abgelaufen?

     ⟶ **ja**: Der Auftragnehmer kann die Einrede der Verjährung erheben

nein

Ist der Mangel auf eine Anordnung des Auftraggebers, von ihm gelieferte Bauteile oder auf die Leistung eines Vorunternehmers zurückzuführen?

     ⟶ **ja**: Hat der Auftragnehmer unverzüglich eine schriftliche Bedenkenanzeige nach § 4 Abs. 3 VOB/B an den Auftraggeber übermittelt?

           ⟶ **ja**: keine Mängelrechte des Auftraggebers (§ 13 Abs. 3 VOB/B)

nein   **nein**

Hat sich der Auftraggeber die Rechte für bei Abnahme bekannte Mängel vorbehalten?

     ⟶ **nein**: insofern keine Mängelrechte des Auftraggebers (§ 640 Abs. 2 BGB)

ja

Hat der Auftraggeber den Mangel inhaltlich und örtlich nachvollziehbar gerügt?

     ⟶ **nein**: (noch) kein durchsetzbarer Mangelbeseitigungsanspruch

ja

Der Auftraggeber hat einen Anspruch auf Beseitigung der gerügten Mängel.

12.3 Der Anspruch auf Erstattung der Ersatzvornahmekosten (§ 13 Abs. 5 Nr. 2 VOB/B)

Kommt der Auftragnehmer der Aufforderung zur Mängelbeseitigung in einer vom Auftraggeber gesetzten angemessenen Frist nicht nach, so kann der Auftraggeber die Mängel auf Kosten des Auftragnehmers beseitigen lassen (§ 13 Nr. 5 Abs. 2 VOB/B).

12.3.1 Überblick

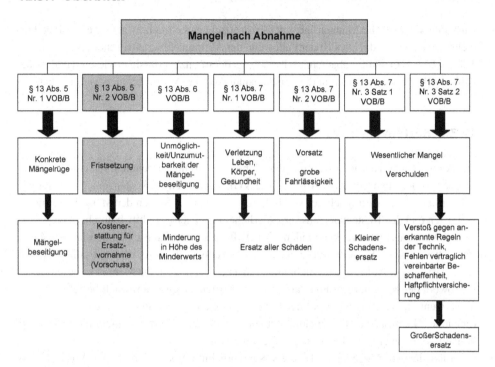

12.3.2 Mangel/kein Haftungsausschluss/Verjährung

Wie die übrigen Mängelrechte setzt auch der Kostenerstattungsanspruch gem. § 13 Abs. 5 Nr. 2 VOB/B zunächst voraus, dass die Bauleistung Mängel aufweist (siehe Abschn. 12.2.1). Weiter sind die Haftungsausschlüsse bei unverzüglicher Bedenkenanzeige durch den Auftragnehmer gem. § 13 Abs. 3 VOB/B (Abschn. 12.2.4) und bei versäumten Vorbehalt hinsichtlich bei Abnahme bekannter Mängel gem. § 640 Abs. 2 BGB (Abschn. 12.2.5) zu beachten. Darüber hinaus darf die vertraglich vereinbarte, ansonsten bei Bauleistungen regelmäßig 4-jährige Verjährungsfrist nicht abgelaufen sein (Abschn. 12.2.6).

12.3.3 Mängelrüge/erfolglose Fristsetzung

Zusätzlich muss der Auftraggeber den Mangel unter inhaltlicher und örtlich konkreter Bezeichnung der Mangelerscheinung gerügt und dem Auftragnehmer eine angemessene Frist zur Beseitigung der Mängel eingeräumt haben. Erst nach erfolglosem Fristablauf ist er berechtigt, im Wege der so genannten Ersatzvornahme ein Drittunternehmen mit der Mangelbeseitigung zu beauftragen und die Kosten hierfür vom Auftragnehmer ersetzt zu verlangen.

12.3.4 Entbehrlichkeit der Fristsetzung

Ausnahmsweise ist die Mängelrüge unter Fristsetzung entbehrlich, wenn sie eine bloße Förmelei darstellen würde. Dies ist der Fall, wenn der Auftragnehmer zuvor die Beseitigung der Mängel bereits endgültig abgelehnt oder sich als derart unzuverlässig erwiesen hat, dass der Auftraggeber jedes Vertrauen in die Leistungsfähigkeit des Auftragnehmers verloren hat.[21]

12.3.5 Kostenvorschuss

Der Auftraggeber hat vor Ausführung der Mangelbeseitigungsarbeiten durch ein Drittunternehmen im Rahmen von § 13 Abs. 5 Nr. 2 VOB/B auch einen Kostenvorschussanspruch, d. h. er kann vom Auftragnehmer vorab die zu erwartenden Kosten der Mangelbeseitigung verlangen und den Kostenvorschuss erforderlichenfalls auch gerichtlich durchsetzen.[22]

Der Vorschuss ist zweckgebunden. Der Auftragnehmer kann einen bereits gewährten Vorschuss auf die Mängelbeseitigungskosten deshalb zurückfordern, wenn offensichtlich wird, dass ihn der Auftraggeber nicht mehr dazu benutzen wird, die Mängel zu beseitigen.[23]

Sowohl der Kostenerstattungs- als auch der Kostenvorschussanspruch bestehen jedoch nicht, wenn der Auftraggeber vor der Beauftragung eines Drittunternehmens die Mängelrüge unter Nachfristsetzung versäumt hat und dadurch dem Auftragnehmer nicht die Möglichkeit der eigenen Nachbesserung eingeräumt wurde.

Erhält der Auftraggeber durch die Ersatzvornahme einen zusätzlichen Vorteil, muss dieser von den Mängelbeseitigungskosten abgezogen werden. Dies ist etwa der Fall, wenn durch die Ersatzvornahme eine alte Leistung durch eine neue ausgetauscht wird. Ein Abzug ist allerdings nicht erforderlich, wenn der Auftraggeber durch die mangelhafte Leistung Nachteile hatte, die den zusätzlichen Vorteil aufwiegen.[24]

Beispiele

In einem Gebäude werden Türen montiert, die in die falsche Richtung öffnen. Nach zwei Jahren werden auf Kosten des Auftragnehmers neue Türen montiert.

- Grundsätzlich kann der Auftragnehmer von den Mängelbeseitigungskosten den Vorteil abziehen, den der Auftraggeber dadurch hat, dass er nicht nur mangelfreie, sondern auch neue Türen bekommt.
- Der Auftraggeber kann aber in diesem Fall gegen den Abzug geltend machen, dass er sich zwei Jahre lang mit fehlerhaften Türen begnügen musste. Dies kann den Abzug vollständig aufwiegen. ◄

---

[21] Franke/Kemper/Zanner/Grünhagen, B § 13 Rdnr. 143 ff.

[22] Franke/Kemper/Zanner/Grünhagen, B § 13 Rdnr. 159 ff.

[23] BGH, Urteil v. 14.01.2010 – VII ZR 108/08.

[24] OLG Koblenz, Urteil v. 08.01.2009 – 5 U 1597/07, NJW-RR 2009, 1318, NZBau 2009, 654.

12.3.6 Ablaufdiagramm: Kosten der Ersatzvornahme, § 13 Abs. 5 Nr. 2 VOB/B

Mangelhafte Leistung im Sinne von § 13 Abs. 1 VOB/B
(siehe Ablaufdiagramme unter Ziff. 12.2.7)

↓

Ist die vereinbarte, sonst bei Bauleistungen 4-jährige Verjährungsfrist (§ 13 Abs. 4 Nr. 1 VOB/B) abgelaufen?

→ **ja:** Der Auftragnehmer kann die Einrede der Verjährung erheben

nein
↓

Ist der Mangel auf eine Anordnung des Auftraggebers, von ihm gelieferte Bauteile oder auf die Leistung eines Vorunternehmers zurückzuführen?

→ **ja:** Hat der Auftragnehmer unverzüglich eine schriftliche Bedenkenanzeige nach § 4 Abs. 3 VOB/B an den Auftraggeber übermittelt?

→ **ja:** keine Mängelrechte des Auftraggebers (§ 13 Abs. 3 VOB/B)

nein   **nein**

↓

Hat sich der Auftraggeber die Rechte für bei Abnahme bekannte Mängel vorbehalten?

→ **nein:** insofern keine Mängelrechte des Auftraggebers (§ 640 Abs. 2 BGB)

ja
↓

Hat der Auftraggeber eine angemessene Frist zur Mangelbeseitigung gesetzt (§ 13 Abs. 5 Nr. 1 VOB/B)?

→ **nein:** War die Fristsetzung ausnahmsweise entbehrlich? (siehe Ziff. 12.3..4)

→ **nein:** kein Kostenerstattungsanspruch

ja   **ja**

↓

Der Auftraggeber hat einen Anspruch auf Kostenerstattung der Mängelbeseitigung durch das beauftragte Drittunternehmen.

⇨ Vor Beauftragung besteht Anspruch auf Kostenvorschuss

12.4   Der Anspruch auf Minderung, § 13 Abs. 6 VOB/B

Ist die Beseitigung des Mangels für den Auftraggeber unzumutbar oder ist sie unmöglich oder würde sie einen unverhältnismäßig hohen Aufwand erfordern und wird sie deshalb vom Auftragnehmer verweigert, so kann der Auftraggeber durch Erklärung gegenüber dem Auftragnehmer die Vergütung mindern (*§ 638 BGB.*) (§ 13 Abs. 6 VOB/B).

12.4.1 Überblick

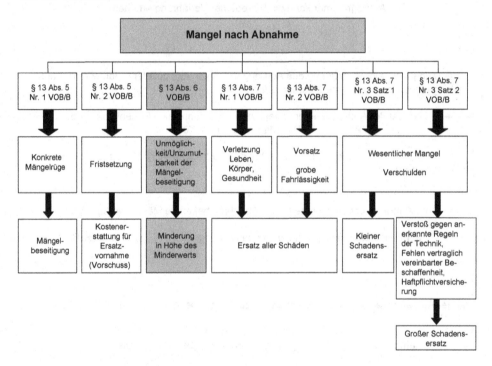

12.4.2 Mangel/kein Haftungsausschluss/Verjährung

Wie bei den übrigen Mängelrechten ist auch für die Minderung gem. § 13 Abs. 6 VOB/B Voraussetzung, dass die Leistung des Auftraggebers Mängel aufweist (siehe Abschn. 12.2.1). Ferner gelten auch hier die Haftungsausschlüsse bei unverzüglicher Bedenkenanzeige durch den Auftragnehmer gem. § 13 Abs. 3 VOB/B (Abschn. 12.2.4) und bei versäumten Vorbehalt hinsichtlich bei Abnahme bekannter Mängel gem. § 640 Abs. 2 BGB (Abschn. 12.2.5). Zudem darf die vertraglich vereinbarte, ansonsten bei Bauleistungen regelmäßig 4-jährige Verjährungsfrist nicht abgelaufen sein (Abschn. 12.2.6).

12.4.3 Erfolglose Fristsetzung

Gemäß § 638 BGB kann der Besteller beim BGB-Werkvertrag die Leistung mindern, „statt" zurückzutreten. Hieraus folgt, dass bei der Minderung die Voraussetzungen der übrigen Mängelrechte, insbesondere die erfolglose Setzung einer angemessenen Nachfrist, vorliegen müssen.[25] In § 13 Abs. 6 VOB/B findet sich diese Formulierung nicht. Gleichwohl ist auch hier zunächst eine erfolglose Nachfristsetzung zur Mängelbeseitigung gegenüber dem Auftragnehmer erforderlich, um eine Umgehung der Voraussetzungen des Kostenerstattungsanspruchs aus § 13 Abs. 5 Nr. 2 VOB/B zu vermeiden. Dies gilt umso mehr, als die Minderung ohnehin nur ein nachrangiges Mängelrecht darstellt.

12.4.4 Unzumutbarkeit der Mangelbeseitigung

Das vornehmliche Mängelrecht des Auftraggebers ist die Mangelbeseitigung. Eine Minderung der Vergütung kommt dagegen lediglich ausnahmsweise in Betracht, wenn eine der drei in § 13 Abs. 6 VOB/B genannten Voraussetzungen vorliegt.

Zunächst ist hier die Unzumutbarkeit der Mängelbeseitigung für den Auftraggeber genannt. Diese ist zu bejahen, wenn der Mängelbeseitigung zwingende subjektive Gründe aus der Sicht des Auftraggebers entgegenstehen – z. B. hiermit verbundene Gesundheitsbeeinträchtigungen oder ein erheblicher Produktionsausfall während der Mangelbeseitigungsarbeiten mit entsprechenden Folgekosten.[26]

12.4.5 Unmöglichkeit

Die Unmöglichkeit der Mangelbeseitigung ist objektiv zu beurteilen, d. h. nicht nur dem Auftragnehmer muss die Beseitigung des Mangels unmöglich sein, sondern auch jedem anderen.[27]

12.4.6 Unverhältnismäßig hoher Aufwand

Der Aufwand der Mangelbeseitigung ist unverhältnismäßig, wenn das Interesse des Auftraggebers an einer mangelfreien Leistung in keinem vernünftigen Verhältnis zu den zur Beseitigung erforderlichen Kosten steht.[28] Dies ist häufig bei lediglich optischen Mängeln,

---

[25] Palandt, § 638 Rdnr. 2.

[26] Heiermann/Riedl/Rusam, B 13 Rdnr. 149.

[27] OLG Düsseldorf, Urteil v. 13.11.1998 – 22 U 96/98, IBR 1999, 160.

[28] BGH, Urteil v. 23.02.1995 – VII ZR 235/93, BauR 1995, 540, IBR 1995, 328 (Groß).

die im Übrigen die Funktionsfähigkeit des Werks nicht beeinträchtigen, der Fall. Ist allerdings die Funktionsfähigkeit des Werks so deutlich beeinträchtigt, dass die komplette Neuherstellung notwendig wird, so ist andererseits die Beseitigung weder unmöglich noch erfordert sie einen unverhältnismäßig hohen Aufwand, da der Auftragnehmer bei Beeinträchtigung der Funktionsfähigkeit des Werks immer eine Mangelbeseitigung schuldet.[29] Ob die Pflicht zur Mängelbeseitigung verhältnismäßig ist, hängt auch vom Grad des Verschuldens des Auftragnehmers ab. In Einzelfällen kann der Aufwand Mängelbeseitigung allerdings selbst dann unverhältnismäßig sein, wenn der Mangel vorsätzlich oder grob fahrlässig herbeigeführt wurde.[30]

12.4.7 Durchführung/Höhe der Minderung

In Anpassung an die Schuldrechtsreform ist die Minderung nach § 13 Abs. 6 VOB/B nunmehr als einseitiges Gestaltungsrecht des Auftraggebers konzipiert. Daher reicht zur Durchführung der Minderung heute eine einfache Erklärung des Auftraggebers aus, dass er die Vergütung mindere.

Ist die Mängelbeseitigung unmöglich oder mit einem unverhältnismäßig hohen Aufwand verbunden, so errechnet sich die Minderung nach dem Vergütungsanteil, welcher der Differenz zwischen der erbrachten Leistung und der geschuldeten Ausführung entspricht.[31] Ansonsten bemisst sich die Minderungshöhe nach den zur Mangelbeseitigung erforderlichen Kosten.[32]

---

[29] Vgl. Franke/Kemper/Zanner/Grünhagen, B § 13 Rdnr. 168 ff.

[30] BGH, Beschluss v. 16.04.2009 – VII ZR 177/07, OLG Koblenz, Urteil v. 03.09.2007 – 12 U 333/06, BauR 2009, 1761.

[31] BGH, Urteil v. 09.01.2003 – VII ZR 181/00, IBR 2003, 187 (Schulze-Hagen).

[32] BGH, Urteil v. 17.12.1996 – X ZR 76/94, NJW-RR 1997, 688, IBR 1997, 368 (Weyer).

12.4.8 Ablaufdiagramm: Minderung, § 13 Abs. 6 VOB/B

Mangelhafte Leistung im Sinne von § 13 Abs.1 VOB/B
(siehe Ablaufdiagramme unter Ziffer 12.2.7)

Ist die vereinbarte, sonst bei Bauleistungen 4-jährige Verjährungsfrist (§ 13 Abs. 4 Nr. 1 VOB/B) abgelaufen?

→ **ja:** Der Auftragnehmer kann die Einrede der Verjährung erheben

nein

Ist der Mangel auf eine Anordnung des Auftraggebers, von ihm gelieferte Bauteile oder auf die Leistung eines Vorunternehmers zurückzuführen?

→ **ja:** Hat der Auftragnehmer unverzüglich eine schriftliche Beden kenanzeige nach § 4 Abs. 3 VOB/B an den Auftraggeber übermittelt?

→ **ja:** keine Mängelrechte des Auftraggebers (§ 13 Abs. 3 VOB/B)

nein   **nein**

Hat sich der Auftraggeber die Rechte für bei Abnahme bekannte Mängel vorbehalten?

→ **nein:** insofern keine Mängelrechte des Auftraggebers (§ 640 Abs. 2 BGB)

ja

Hat der Auftraggeber eine angemessene Frist zur Mangelbeseitigung gesetzt (§ 13 Abs. 5 Nr. 1 VOB/B)?

→ **nein:** War die Fristsetzung ausnahmsweise entbehrlich? (siehe Ziff. 12.3.4)

→ **nein:** kein Kostenerstattungsanspruch

ja   **ja**

Ist die Beseitigung des Mangels objektiv unmöglich, mit unverhältnismäßig hohem Aufwand verbunden oder dem Auftraggeber unzumutbar?

ja: Der Auftraggeber kann die Vergütung mindern (§ 13 Abs. 6 VOB/B)

⇨ Durchführung der Minderung durch Erklärung des Auftraggebers

12.5   Schadensersatzanspruch wegen Verletzung von Leben, Körper oder Gesundheit (§ 13 Abs. 7 Nr. 1 VOB/B)

12.5.1 Überblick

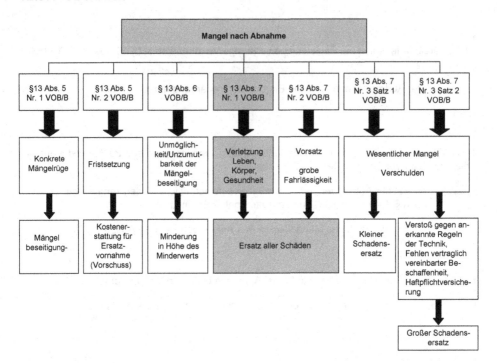

12.5.2 Anspruch neben den anderen Mängelrechten

Die Ansprüche auf Schadensersatz gemäß § 13 Abs. 7 VOB/B können neben den anderen Mängelrechten geltend gemacht werden.[33] Sie sind daher vor allem in Bezug auf solche Schäden des Auftraggebers von Bedeutung, die wie hier durch die Mangelbeseitigung nicht ausgeglichen werden können.

12.5.3 Verletzung von Leben, Körper oder Gesundheit durch Mangel

Gemäß § 13 Abs. 7 Nr. 1 VOB/B haftet der Auftragnehmer bei Verletzungen der besonderen Rechtsgüter von Leben, Körper oder Gesundheit durch Mängel der Bauleistung unbeschränkt.

---

[33] Heiermann/Riedl/Rusam, B § 13 Rdnr. 167.

12.5.4 Verschulden

Einzige weitere Voraussetzung ist, dass der Auftragnehmer den Mangel jedenfalls leicht fahrlässig (§ 276 BGB) verursacht hat. Da für die Sorgfaltsprüfung auf den allgemeinen Kenntnisstand der jeweiligen Branche bzw. Berufsgruppe abzustellen ist, liegt einfache Fahrlässigkeit zumeist vor, wenn gegen die anerkannten Regeln der Technik verstoßen wurde.[34]

Das Verschulden von Subunternehmern, die der Auftragnehmer im Rahmen seiner Leistungserbringung einsetzt, muss er sich nach § 278 BGB zurechnen lassen.

12.5.5 Verjährung

Ebenso wie die übrigen Mängelrechte unterliegt der Schadensersatzanspruch aus § 13 Abs. 7 Nr. 1 VOB/B der Verjährung gemäß § 13 Abs. 4 VOB/B. Bei Fehlen abweichender Vereinbarungen im Bauvertrag beträgt die Verjährung 4 Jahre, gerechnet ab der Abnahme der Leistung (siehe Abschn. 12.2.6).

12.5.6 Ersatz aller Schäden

Die Ersatzpflicht umfasst alle Schäden, die durch die Verletzung der genannten Rechtsgüter entstanden sind. Da es sich um einen vertraglichen Anspruch handelt, besteht die Haftung des Auftragnehmers nur gegenüber dem Auftraggeber. Allerdings können auch Dritte den Auftragnehmer aus § 13 Abs. 7 Nr. 1 VOB/B in Anspruch nehmen, wenn diese in den Schutzbereich des Vertrages einbezogen sind.[35] Dies gilt z. B. für Angestellte des Auftraggebers, die bestimmungsgemäß in dem errichteten Gebäude arbeiten.

---

[34] Vgl. Heiermann/Riedl/Rusam, B § 13 Rdnr. 179.
[35] Siehe hierzu Palandt, § 328 BGB Rdnr. 13 ff.

12.5.7   Ablaufdiagramm: Verletzung Leben, Körper, Gesundheit § 13 Abs. 7 Nr. 1 VOB/B

Mangelhafte Leistung im Sinne von § 13 Abs. 1 VOB/B
(siehe Ablaufdiagramme unter Ziffer 12.2.7)

↓

Hat der Auftragnehmer oder sein Nachunternehmer den Mangel verschuldet?

→ **nein:** Kein Anspruch aus § 13 Abs. 7 Nr. 1 VOB/B

ja

↓

Wurden durch den Mangel Leben, Körper oder Gesundheit des Auftraggebers verletzt?

→ **nein:** Wurden Personen verletzt, die in dem errichteten Gebäude bestimmungsgemäß leben oder arbeiten und deshalb in den vertraglichen Schutzbereich einbezogen sind?

ja

↓

Ist die vereinbarte, sonst bei Bauleistungen 4-jährige Verjährungsfrist (§ 13 Abs. 4 Nr. 1 VOB/B) abgelaufen?

→ **ja:** Der Auftragnehmer kann die Einrede der Verjährung erheben

nein

↓

Anspruch auf Ersatz aller durch die Verletzung von Leben, Körper oder Gesundheit entstandenen Schäden

12.6   Schadensersatzanspruch bei vorsätzlich oder grob fahrlässig verursachten Mängeln (§ 13 Abs. 7 Nr. 2 VOB/B)

12.6.1 Überblick

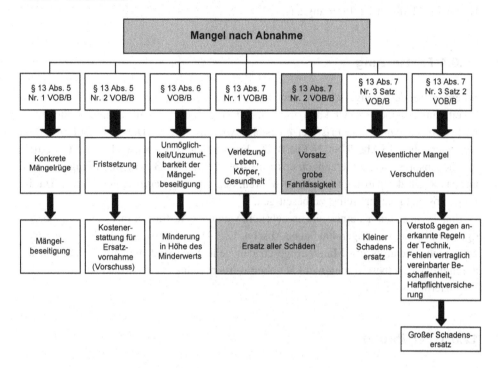

12.6.2 Anspruch neben den anderen Mängelrechten

Wie die übrigen Ersatzansprüche aus § 13 Abs. 7 VOB/B kann auch der Schadensersatzanspruch wegen groben Verschuldens gemäß § 13 Abs. 7 Nr. 2 VOB/B neben den anderen Mängelrechten geltend gemacht werden und ist daher vor allem in Bezug auf solche Schäden des Auftraggebers von Bedeutung, die durch die Mangelbeseitigung nicht ausgeglichen werden können.

12.6.3 Vorsatz oder grobe Fahrlässigkeit

Voraussetzung ist, dass der Auftragnehmer oder ein von ihm eingesetzter Nachunternehmer (§ 278 BGB) den Mangel vorsätzlich oder grob fahrlässig verursacht hat. Bei Baumängeln liegt grobe Fahrlässigkeit in der Regel vor, wenn bei der Ausführung die einleuchtendsten Vorsichtsmaßnahmen außer Acht gelassen wurden oder der Unternehmer gegen Regeln verstoßen hat, deren Einhaltung für ein mangelfreies Werk zwingend erforderlich ist.[36]

Auf den Grad des Mangels kommt es dagegen nach der Formulierung in § 13 Abs. 7 Nr. 2 VOB/B nicht an. Auch geringe Mängel reichen daher für die Begründung der weiten Haftung nach dieser Bestimmung aus.

12.6.4 Fristsetzung

Sofern es um den Mangelschaden geht, also denjenigen Schaden, der durch die Mangelbeseitigung behoben werden kann, muss der Auftraggeber dem Auftragnehmer hierzu zunächst eine angemessene Frist setzen (siehe Abschn. 12.3.3). Dieses Erfordernis folgt zwar nicht aus § 13 Abs. 7 Nr. 2 VOB/B. Die Fristsetzung ist jedoch auch hier erforderlich, um die Anspruchsvoraussetzungen des § 13 Abs. 5 Nr. 2 VOB/B nicht zu umgehen, und um das Recht des Auftragnehmers zu wahren, den von ihm verursachten Mangel (in der Regel kostengünstiger) selbst zu beseitigen.

Eine Fristsetzung ist einerseits entbehrlich, wenn der Auftragnehmer die Mangelbeseitigung endgültig verweigert hat (siehe Abschn. 12.3.4). Andererseits bedarf es der Fristsetzung nicht, wenn es um Mangelfolgeschäden geht. Dies sind diejenigen Schäden, die durch die Mangelbeseitigung nicht behoben werden können (z. B. Mietausfälle, sonstige Finanzierungsschäden).

12.6.5 Verjährung

Ebenso wie die übrigen Mängelrechte unterliegt auch der Schadensersatzanspruch aus § 13 Nr. 7 Abs. 2 VOB/B der in der Regel 4-jährigen Verjährung gemäß § 13 Abs. 4 VOB/B (siehe Abschn. 12.2.6).

12.6.6 Ersatz aller Schäden

Der Auftragnehmer hat alle Schäden zu ersetzen, die durch den Mangel verursacht wurden. Auch hier gilt, dass die Haftung des Auftragnehmers grundsätzlich nur gegenüber dem Auftraggeber besteht (siehe Abschn. 12.5.6)

---

[36] OLG Zweibrücken, Urteil v. 30.11.199 – 8 U 62/99/BGH, Beschluss v. 23.11.2000 – VII ZR 481/99 = IBR 2001, 181 (Groß).

12.6.7 Ablaufdiagramm: Vorsatz oder grobe Fahrlässigkeit § 13 Abs. 7 Nr. 2 VOB/B

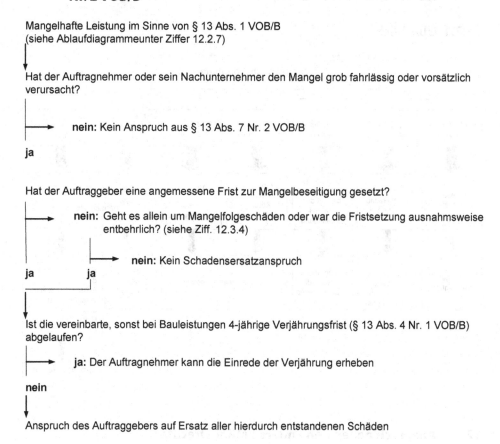

Mangelhafte Leistung im Sinne von § 13 Abs. 1 VOB/B
(siehe Ablaufdiagrammeunter Ziffer 12.2.7)

Hat der Auftragnehmer oder sein Nachunternehmer den Mangel grob fahrlässig oder vorsätzlich verursacht?

→ **nein:** Kein Anspruch aus § 13 Abs. 7 Nr. 2 VOB/B

ja

Hat der Auftraggeber eine angemessene Frist zur Mangelbeseitigung gesetzt?

→ **nein:** Geht es allein um Mangelfolgeschäden oder war die Fristsetzung ausnahmsweise entbehrlich? (siehe Ziff. 12.3.4)

→ **nein:** Kein Schadensersatzanspruch

ja   ja

Ist die vereinbarte, sonst bei Bauleistungen 4-jährige Verjährungsfrist (§ 13 Abs. 4 Nr. 1 VOB/B) abgelaufen?

→ **ja:** Der Auftragnehmer kann die Einrede der Verjährung erheben

nein

Anspruch des Auftraggebers auf Ersatz aller hierdurch entstandenen Schäden

12.7 Kleiner Schadensersatzanspruch wegen Baumängeln (§ 13 Abs. 7 Nr. 3 Satz 1 VOB/B)

12.7.1 Überblick

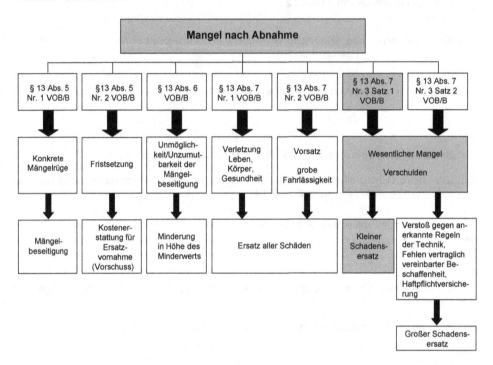

12.7.2 Anspruch neben den anderen Mängelrechten

Auch der Anspruch auf kleinen Schadensersatz gemäß § 13 Abs. 7 Nr. 3 Satz 1 VOB/B kann neben den anderen Mängelrechten geltend gemacht werden. Die hauptsächliche Bedeutung des Anspruchs besteht daher in Bezug auf solche Schäden des Auftraggebers, die durch die Mangelbeseitigung nicht ausgeglichen werden können.

12.7.3 Wesentlicher Mangel

Zunächst muss ein wesentlicher Mangel vorliegen (zum Mangelbegriff siehe Abschn. 12.2.1). Dies ist der Fall bei erheblicher Beeinträchtigung der Gebrauchs- und Funktionsfähigkeit, also Nutzungseinbußen des Bauwerks. Maßgeblich sind die Umstände des Einzelfalls im Hinblick auf Art, Umfang und insbesondere die Auswirkungen des

Mangels.[37] Grundsätzlich gilt bei der Mängelbewertung die „allgemeine Verkehrsauffassung". Das spezielle Interesse des Auftraggebers ist nach Treu und Glauben nur dann in die Bewertung mit einzubeziehen, wenn es dem Auftragnehmer bekannt war oder bekannt sein musste.[38] Der Begriff des „wesentlichen Mangels" ist hier daher nicht notwendig identisch mit dem zur Abnahmeverweigerung nach § 12 Abs. 3 VOB/B berechtigenden „wesentlichen Mangel" (siehe Abschn. 8.2.7). Unbedeutende Mängel begründen keine Ersatzpflicht.

12.7.4 Verschulden

Außerdem muss der Mangel vom Auftragnehmer oder einem von ihm eingesetzten Nachunternehmer (§ 278 BGB) wenigstens leicht fahrlässig im Sinne des § 276 BGB verschuldet worden sein (vgl. Abschn. 12.5.4).

12.7.5 Fristsetzung

Bevor der Auftraggeber Schadensersatz verlangen kann, muss er dem Auftragnehmer zunächst eine angemessene Frist zur Mangelbeseitigung setzen (siehe Abschn. 12.3.3). Eine Fristsetzung ist entbehrlich, wenn der Auftragnehmer die Mangelbeseitigung endgültig verweigert hat (siehe Abschn. 12.3.4).

12.7.6 Verjährung

Ebenso wie die übrigen Mängelrechte verjährt auch der kleine Schadensersatzanspruch aus § 13 Abs. 7 Nr. 3 Satz 1 VOB/B in der Regel binnen 4 Jahren ab Abnahme gemäß § 13 Nr. 4 VOB/B (siehe Abschn. 12.2.6).

12.7.7 Kleiner Schadensersatz

Der kleine Schadensersatzanspruch des § 13 Abs. 7 Nr. 3 Satz 1 VOB/B betrifft diejenigen Schäden, die am Bauwerk selbst dadurch entstehen, dass die mangelhafte Leistung des Auftragnehmers mittelbar zu weiteren Schäden führt.

Beispiele

- Mängel des Tiefbaus führen zu Setzungsrissen in den oberen Geschossen
- nach einem Austausch der mangelhaften Fenster sind nachträglich Putz- und Malerarbeiten notwendig, da das umliegende Mauerwerk beschädigt wurde ◄

---

[37] Franke/Kemper/Zanner/Grünhagen, B § 13 Rdnr. 192.
[38] OLG Düsseldorf, Urteil v. 18.12.2007 – I-23 U 164/05, BauR 2009, 1317.

Zu den ersatzfähigen Positionen gehören aber auch solche Schäden, die in einem engen Zusammenhang mit den Mängeln am Bauwerk stehen, wie z. B. Mietausfälle, Sachverständigenkosten für die Erstellung eines Gutachtens zur Feststellung der Mängel usw.[39]

12.7.8 Ablaufdiagramm: kleiner Schadensersatz § 13 Abs. 7 Nr. 3 Satz 1 VOB/B

Mangelhafte Leistung im Sinne von § 13 Abs. 1 VOB/B
(siehe Ablaufdiagramme unter Ziffer 12.2.7)

Ist der Mangel wesentlich, wird insbesondere die Gebrauchstauglichkeit der Leistung beeinträchtigt?

    nein : Kein Anspruch

ja

Hat der Auftragnehmer oder sein Nachunternehmer den Mangel verschuldet?

    nein : Kein Anspruch

ja

Hat der Auftraggeber eine angemessene Frist zur Mangelbeseitigung gesetzt?

    nein: War die Fristsetzung ausnahmsweise entbehrlich?
    (siehe Ziff. 12.3.4)

        nein : kein Schadensersatzanspruch

ja   **ja**

Ist die vereinbarte, sonst bei Bauleistungen 4-jährige Verjährungsfrist (§ 13 Abs. 4 Nr. 1 VOB/B) abgelaufen?

    ja : Der Auftragnehmer kann die Einrede der Verjährung erheben

nein

Anspruch auf Ersatz nur der Schäden am Bauwerk selbst und der Schäden, die im engen Zusammenhang mit den Mängeln am Bauwerk stehen

---

[39] Franke/Kemper/Zanner/Grünhagen, B § 13 Rdnr. 199 ff.

12.8   Großer Schadensersatzanspruch wegen Baumängeln (§ 13 Abs. 7 Nr. 3 Satz 2 VOB/B)

12.8.1 Überblick

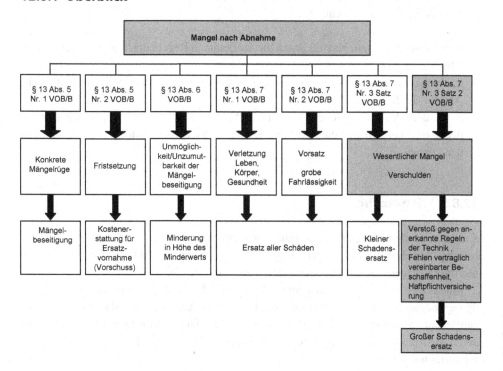

12.8.2 Anspruch neben den anderen Mängelrechten

Da auch der Anspruch auf großen Schadensersatz gemäß § 13 Abs. 7 Nr. 3 Satz 2 VOB/B neben den anderen Mängelrechten geltend gemacht werden kann, ist er vor allem bei solchen Schäden des Auftraggebers von Bedeutung, die durch die Mangelbeseitigung nicht ausgeglichen werden können.

12.8.3 wesentlicher Mangel/Verschulden

Auch der Anspruch auf großen Schadensersatz setzt zunächst voraus, dass ein wesentlicher Mangel vorliegt, den der Auftragnehmer oder ein von ihm eingesetzter Nachunternehmer wenigstens leicht fahrlässig im Sinne von § 276 BGB verschuldet hat (siehe Abschn. 12.7.3 und 12.7.4).

12.8.4 zusätzliche Voraussetzungen gemäß 13 Abs. 7 Nr. 3 Satz 2 VOB/B

Darüber hinaus haftet der Auftragnehmer gemäß § 17 Abs. 7 Nr. 3 Satz 2 VOB/B für weitergehende Schäden nur, wenn

c. der Mangel auf einem Verstoß gegen die anerkannten Regeln der Technik beruht (siehe Abschn. 12.2.1),
d. der Mangel in dem Fehlen einer vertraglich vereinbarten Beschaffenheit besteht (siehe Abschn. 12.2.1) oder
e. zu Gunsten des Auftragnehmers eine Haftpflichtversicherung besteht, die den Schaden deckt, oder der Schaden durch entsprechenden Versicherungsschutz hätte gedeckt werden können.

12.8.5 Fristsetzung

Sofern es um den Mangelschaden geht, also denjenigen Schaden, der durch die Mangelbeseitigung behoben werden kann, muss der Auftraggeber dem Auftragnehmer hierzu zunächst eine angemessene Frist setzen (siehe Abschn. 12.3.3).

Eine Fristsetzung ist einerseits entbehrlich, wenn der Auftragnehmer die Mangelbeseitigung endgültig verweigert hat (siehe Abschn. 12.3.4). Andererseits bedarf es der Fristsetzung nicht, soweit es um Mangelfolgeschäden geht. Dies sind diejenigen Schäden, die durch die Mangelbeseitigung nicht behoben werden können (z. B. Mietausfall, sonstige Finanzierungsschäden).

12.8.6 Verjährung

Ebenso wie die übrigen Mängelrechte unterliegt auch der große Schadensersatzanspruch aus § 13 Abs. 7 Nr. 2 VOB/B der in der Regel 4-jährigen Verjährung gemäß § 13 Abs. 4 VOB/B (siehe Abschn. 12.2.6).

12.8.7 Großer Schadensersatz

Der große Schadensersatzanspruch des § 13 Abs. 7 Nr. 3 Satz 2 VOB/B umfasst neben dem Mangelschaden alle Schäden, die dem Auftraggeber an anderen Rechtsgütern infolge der Mangelhaftigkeit entstehen.[40]

---

[40] Franke/Kemper/Zanner/Grünhagen, B § 13 Rdnr. 207.

Beispiele

- der Rohrbruch, den der Auftragnehmer infolge Außerachtlassung der Regeln der Technik verursacht hat, führt zu einer Beschädigung der Einrichtungsgegenstände des Auftraggebers
- während der Mangelbeseitigungsarbeiten ist die Wohnung unbewohnbar, so dass der Auftraggeber ein Hotelzimmer anmieten muss
- Mietminderungen von Gewerberaummietern aufgrund einer defekten Heizungsanlage in dem errichteten Gebäude ◄

Der große Schadensersatzanspruch kann allerdings auch auf das vollständige Erfüllungsinteresse, also die komplette Neuherstellung zuzüglich Ausgleich weiterer entstandener Schäden oder Reduzierung der Vergütung auf null, gerichtet sein.[41] Dies ist der Fall, wenn die Bauleistung derart mangelhaft ist, dass sie für den Auftraggeber nicht mehr zu gebrauchen ist.

---

[41] Franke/Kemper/Zanner/Grünhagen, B § 13 Rdnr. 215.

12.8.8 Ablaufdiagramm: großer Schadensersatz § 13 Abs. 7 Nr. 3 Satz 2 VOB/B

Mangelhafte Leistung im Sinne von § 13 Abs. 1 VOB/B
(siehe Ablaufdiagramme unter Ziffer 12.2.1)

Ist der Mangel wesentlich, wird insbesondere die Gebrauchstauglichkeit beeinträchtigt?

    → **nein:** Kein Schadensersatzanspruch

ja

Hat der Auftragnehmer oder sein Nachunternehmer den Mangel verschuldet?

    → **nein** : Kein Schadensersatzanspruch

ja

Beruht der Mangel auf einem Verstoß gegen die anerkannten Regeln der Technik,
auf dem Fehlen einer vertraglich vereinbarten Beschaffenheit oder
besteht Deckung durch eine Haftpflichtversicherung bzw. hätte bestehen müssen?

    → **nein** : Kein Schadensersatzanspruch

ja

Hat der Auftraggeber eine angemessene Frist zur Mangelbeseitigung gesetzt?

    → **nein:** Geht es allein um Mangelfolgeschäden oder war die Fristsetzung ausnahmsweise entbehrlich? (siehe Ziff. 12.3.4)

           → **nein:** kein Schadensersatzanspruch

ja   **ja**

Ist die vereinbarte, sonst bei Bauleistungen 4-jährige Verjährungsfrist (§ 13 Abs. 4 Nr. 1 VOB/B) abgelaufen?

    → **ja:** Der Auftragnehmer kann die Einrede der Verjährung erheben

nein

Anspruch auf Ersatz der Schäden am Bauwerk selbst sowie aller Schäden an den übrigen Rechtsgütern des Auftraggebers.

Literatur

1. Franke, Horst; Kemper, Ralf; Zanner, Christian; Grünhagen, Matthias: VOB-Kommentar, München (Werner Verlag) 5. Auflage 2013 *zitiert*: Franke/Kemper/Zanner/Grünhagen
2. Heiermann, Wolfgang; Riedl, Richard; Rusam, Martin: Handkommentar zur VOB, Wiesbaden und Berlin (Vieweg Verlag) 13. Auflage 2013 *zitiert*: Heiermann/Riedl/Rusam
3. Ingenstau/Korbion: VOB-Kommentar, herausgegeben von Leupert/Wietersheim, München (Werner Verlag) 19. Auflage 2015 *zitiert*: Ingenstau/Korbion
4. Zanner, Christian; Wegener, Daniel *Baumangelhaftung nach Ansprüchen*, Bau- und Architektenrecht nach Ansprüchen, Wiesbaden (Springer Fachmedien) 1. Auflage 2013 *zitiert*: Zanner/Wegener

Im Unterschied zum gesetzlichen Werkvertragsrecht des Bürgerlichen Gesetzbuchs räumt die VOB/B dem Auftraggeber auch schon vor der Abnahme der Bauleistung Mängelrechte ein, wenn sich während der Bauausführung herausstellt, dass die Leistung Mängel aufweist.

© Springer Fachmedien Wiesbaden GmbH, ein Teil von Springer Nature 2021
C. Zanner, *VOB/B nach Ansprüchen*, Bau- und Architektenrecht nach Ansprüchen,
https://doi.org/10.1007/978-3-658-34025-4_13

13.1 Ansprüche auf Mangelbeseitigung und Kostenerstattung, §§ 4 Abs. 7, 8 Abs. 3 VOB/B

Leistungen, die schon während der Ausführung als mangelhaft oder vertragswidrig er-kannt werden, hat der Auftragnehmer auf eigene Kosten durch mangelfreie zu ersetzen (§ 4 Nr. 7 Satz 1 VOB/B). Wesentlich ist dabei, dass Maßnahmen ergriffen werden, die zum vertragsgemäßen Zustandekommen der Leistung führen. Dies ist nicht der Fall, wenn nicht der Mangel selbst behoben wird, sondern durch andere bauliche Maßnahmen nur den nachteiligen Auswirkungen des Mangels entgegengewirkt wird.[1]

Beispiel

Der Auftragnehmer hat den Estrich in zu geringer Höhe gelegt. Zur Beseitigung des Mangels muss der Estrich in der richtigen Höhe gelegt werden. Nicht ausreichend ist es, den negativen Auswirkungen des Mangels durch den Einbau längerer Türen ent-gegenzuwirken.[2] ◄

13.1.1 Überblick

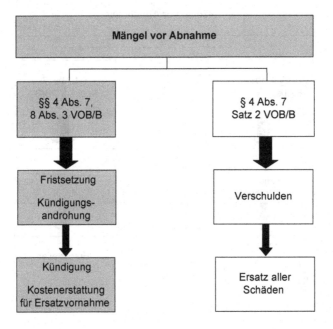

---

[1] BGH, Urteil v. 07.05.2009 – VII ZR 15/08.
[2] A. a. O.

13.1.2 Mangel

Zum Begriff der mangelhaften Leistung gilt das unter Abschn. 12.2.1 Gesagte. Zu berücksichtigen ist, dass es in der Zeit vor der Abnahme immer auch darauf ankommt, ob der Mangel darauf zurückzuführen ist, dass der Auftraggeber selbst in den Bauablauf eingegriffen hat. Ist dies der Fall, fehlt es an der Zurechenbarkeit des Mangels.[3]

13.1.3 Fristsetzung mit Kündigungsandrohung

Kommt der Auftragnehmer der Pflicht zur Beseitigung des Mangels nicht nach, so kann ihm der Auftraggeber eine angemessene Frist zur Beseitigung des Mangels setzen und erklären, dass er ihm nach fruchtlosem Ablauf der Frist den Auftrag entziehe (§ 8 Abs. 3) (§ 4 Abs. 7 Satz 3 VOB/B).

Beseitigt der Auftragnehmer den Mangel nicht, kann der Auftraggeber ihn zur Mängelbeseitigung auffordern. Zur Vorbereitung des Kündigungsrechts hat er die Aufforderung mit einer angemessenen Mängelbeseitigungsfrist zu verbinden. Darüber hinaus muss der Auftraggeber zusammen mit der Fristsetzung erklären, dass er dem Auftragnehmer bei fruchtlosem Ablauf der Frist den Auftrag entziehen werde. Dieses formale Erfordernis der Kündigungsandrohung mit der Fristsetzung wird in der Praxis häufig vergessen, ist aber zwingende Voraussetzung für einen späteren Kostenerstattungsanspruch des Auftraggebers.

13.1.4 Entbehrlichkeit der Fristsetzung

Bei gravierenden Mängeln während der Ausführung, die in ungewöhnlicher Häufigkeit einen Verstoß gegen die anerkannten Regeln der Technik begründen, kann sich der Auftraggeber ausnahmsweise ohne vorherige Fristsetzung vom Bauvertrag lösen.[4] Im Übrigen gilt zu den engen Voraussetzungen, unter denen eine Fristsetzung entbehrlich sein kann, das unter Abschn. 12.3.4 Gesagte. Dem Auftraggeber ist zu empfehlen, vorsorglich stets eine Fristsetzung mit Kündigungsandrohung zu übermitteln, die im Übrigen schon aus Beweisgründen schriftlich erfolgen sollte.

---

[3] Vgl. Heiermann/Riedl/Rusam, B § 4 Rdnr. 87.
[4] BGH, Beschluss v. 08.05.2008 – VII ZR 201/07, IBR 2008, 566 (Schmitz).

13.1.5 Kündigung gemäß § 8 Abs. 3 VOB/B

Beseitigt der Auftragnehmer den Mangel innerhalb der Frist nicht, so kann der Auftraggeber gemäß §§ 4 Abs. 7 Satz 3, 8 Abs. 3 VOB/B das Vertragsverhältnis kündigen. Regelmäßig kommt hier eine Teilkündigung in Betracht, die allerdings gemäß § 8 Abs. 3 Nr. 1 S. 2 VOB/B auf einen in sich abgeschlossenen Teil der Bauleistung gerichtet sein muss (siehe Abschn. 6.3.3). Die Kündigung muss schriftlich erfolgen (§ 8 Abs. 5 VOB/B).

Teilweise wird vertreten, dass das Kündigungsverbot gemäß § 4 Abs. 7 Satz 3 VOB/B AGB-widrig sei. Dies ist unzutreffend, da keine unangemessene Benachteiligung des Vertragspartners vorliegt. So auch das OLG Bamberg.[5]

13.1.6 Kostenerstattung der Ersatzvornahme/Schadensersatz

Erst nach der schriftlichen Kündigung kann der Auftraggeber gemäß § 8 Abs. 3 Nr. 2 Satz 1 VOB/B im Wege der Ersatzvornahme ein Drittunternehmen mit der Mangelbeseitigung beauftragen und die Kosten von dem Auftragnehmer erstattet verlangen. Die schriftliche Kündigung vor der Ersatzvornahme ist also ebenfalls zwingende Voraussetzung für einen Kostenerstattungsanspruch des Auftraggebers. Ist das Interesse des Auftraggebers an der Ausführung aus den Gründen, die zur Entziehung des Auftrages geführt haben, ausnahmsweise entfallen, kann er gemäß § 8 Abs. 3 Nr. 2 Satz 2 VOB/B auf die weitere Ausführung der Bauleistung verzichten und vom Auftragnehmer Schadensersatz wegen Nichterfüllung verlangen.

---

[5] OLG Bamberg, Beschluss v. 06.06.2007 – 3 U 31/07.

13.1.7 Ablaufdiagramm: Mängelbeseitigung und Kostenerstattung, §§ 4 Abs. 7, 8 Abs. 3 VOB/B

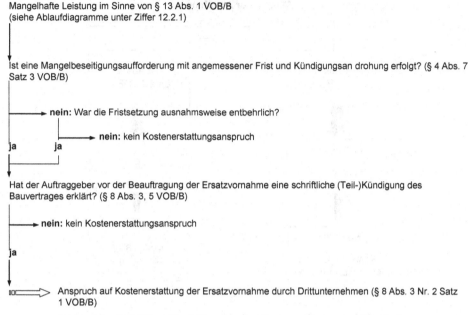

Mangelhafte Leistung im Sinne von § 13 Abs. 1 VOB/B
(siehe Ablaufdiagramme unter Ziffer 12.2.1)

Ist eine Mangelbeseitigungsaufforderung mit angemessener Frist und Kündigungsan drohung erfolgt? (§ 4 Abs. 7 Satz 3 VOB/B)

nein: War die Fristsetzung ausnahmsweise entbehrlich?

nein: kein Kostenerstattungsanspruch

ja   ja

Hat der Auftraggeber vor der Beauftragung der Ersatzvornahme eine schriftliche (Teil-)Kündigung des Bauvertrages erklärt? (§ 8 Abs. 3, 5 VOB/B)

nein: kein Kostenerstattungsanspruch

ja

Anspruch auf Kostenerstattung der Ersatzvornahme durch Drittunternehmen (§ 8 Abs. 3 Nr. 2 Satz 1 VOB/B)

Bei Interessenfortfall Verzicht auf die weitere Ausführung und Anspruch auf Ersatz des Nichterfüllungsschadens (§ 8 Abs. 3 Nr. 2 Satz 2 VOB/B)

13.2   Schadensersatzanspruch, § 4 Abs. 7 Satz 2 VOB/B

Hat der Auftragnehmer den Mangel oder die Vertragswidrigkeit zu vertreten, so hat er auch den daraus entstehenden Schaden zu ersetzen (§ 4 Abs. 7 Satz 2 VOB/B).

13.2.1 Überblick

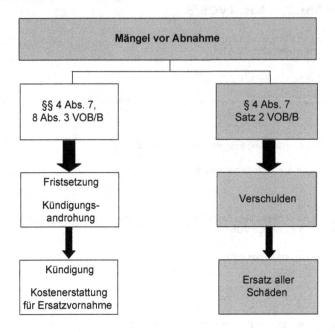

13.2.2 Verschulden

Voraussetzung ist, dass ein Mangel der Bauleistung vorliegt (Abschn. 12.2.1), den der Auftragnehmer oder ein von ihm eingesetzter Nachunternehmer verschuldet, also mindestens fahrlässig im Sinne von § 276 BGB verursacht hat.

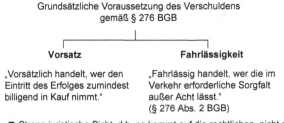

■ Streng juristische Sicht, d.h. es kommt auf die rechtlichen, nicht die tatsächlichen Verhältnisse an
   Beispiel: Wer sich rechtlich zu einer Leistung verpflichtet, diese aber z. B. aus Personalmangel, Geldnot oder dergleichen nicht (rechtzeitig) erbringen kann, handelt fahrlässig!
■ Haftung auch für sog. Erfüllungsgehilfen im Sinne des § 278 Satz 1 BGB
   Beispiel: Der NU geht „pleite", liefert mangelhaft etc.

13.2.3 Umfang des Schadensersatzanspruchs

Der Schadensersatzanspruch umfasst ohne Einschränkungen alle Schäden des Auftraggebers, die durch den Mangel unmittelbar verursacht wurden. Das bedeutet, sämtliche engeren und entfernteren Mängelfolgeschäden.

Beispiele

- Kosten für andere Bauteile
- Gutachterkosten
- Kosten für Bauüberwachung
- Fremdnachbesserungskosten
- etc. ◄

13.2.4 Ablaufdiagramm: Schadensersatz, § 4 Nr. 7 Satz 2 VOB/B

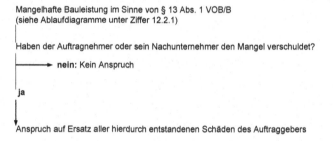

Mangelhafte Bauleistung im Sinne von § 13 Abs. 1 VOB/B
(siehe Ablaufdiagramme unter Ziffer 12.2.1)

Haben der Auftragnehmer oder sein Nachunternehmer den Mangel verschuldet?

→ **nein:** Kein Anspruch

ja

Anspruch auf Ersatz aller hierdurch entstandenen Schäden des Auftraggebers

Literatur

1. Heiermann, Wolfgang; Riedl, Richard; Rusam, Martin: Handkommentar zur VOB, Wiesbaden und Berlin (Vieweg Verlag) 13. Auflage 2013 *zitiert* : Heiermann/Riedl/Rusam

Mängelrechte des Auftraggebers bei fehlender Bedenkenanzeige durch den Auftragnehmer (§ 13 Abs. 3 VOB/B)

14.1 Einleitung

„Ist ein Mangel zurückzuführen auf die Leistungs-beschreibung oder auf Anordnungen des Auftraggebers, auf die von diesem gelieferten oder vorgeschriebenen Stoffe oder Bauteile oder die Beschaffenheit der Vorleistung eines anderen Unternehmers, haftet der Auftragnehmer, es sei denn, er hat die ihm nach § 4 Absatz 3 obliegende Mitteilung gemacht." (§ 13 Abs. 3 VOB/B)

Die Regelung führt zu einer Haftungsbefreiung des Auftragnehmers.

Nach § 13 Abs. 3 VOB/B tritt die Haftungsbefreiung des Auftragnehmers zunächst nur dann ein, wenn er die ihm nach § 4 Abs. 3 VOB/B obliegende – mithin schriftliche – Mitteilung gemacht hat.

14.2 Bedenkenanzeige des Auftragnehmers

„Hat der Auftragnehmer Bedenken gegen die vorgesehene Art der Ausführung (auch wegen der Sicherung gegen Unfallgefahren), gegen die Güte der vom Auftraggeber gelieferten Stoffe oder Bauteile oder gegen die Leistungen anderer Unternehmer, so hat er sie dem Auftraggeber unverzüglich — möglichst schon vor Beginn der Arbeiten — schriftlich mitzuteilen; der Auftraggeber bleibt jedoch für seine Angaben, Anordnungen oder Lieferungen verantwortlich." (§ 4 Abs. 3 VOB/B)

Die Bedenkenanzeige hat eine Prüf- und Warnfunktion

© Springer Fachmedien Wiesbaden GmbH, ein Teil von Springer Nature 2021
C. Zanner, *VOB/B nach Ansprüchen*, Bau- und Architektenrecht nach Ansprüchen,
https://doi.org/10.1007/978-3-658-34025-4_14

14.2.1 Inhalt der Bedenkenanzeige

Die Schriftform wird nach herrschender Meinung als Wirksamkeitsvoraussetzung angesehen (BGH, BauR 1975, 278).

Allerdings soll die Nichtbeachtung eines zuverlässig mündlichen Hinweises ein Mitwirken des Verschulden des AG nach § 254 BGB nach sich ziehen (BGH, BauR 1981, 201). Daraus folgt:

- Konkret und hinreichende Darstellung des Mangelrisikos
- Darstellung der Umstände, die dem Auftraggeber Anlass zu den mitgeteilten Bedenken geben sind im Einzelnen darzulegen und zu erläutern
- Dem Auftraggeber ist auf der Grundlage des Fachwissens des Auftragnehmer ein vollständiges und umfassendes Bild über die Umstände und das Mangelrisiko darzulegen.

Nicht ausreichend sind:

- Allgemeine Hinweise auf eine von den anerkannten Regeln der Technik abweichende oder nicht übliche Baupraxis
- Äußerung „gewisser" Bedenken technischer Art ohne Erläuterung (BGH, ZfBR 1998, 259)
- Die geplante Isolierung als „nicht in Ordnung" zu bezeichnen (OLG Hamm, BauR 1995, 852)
- Behauptung, dass „die Statik nicht mehr stimmen könnte" und „durch sicherheitshalber noch ein Statiker beauftragt werden sollte" (OLG Düsseldorf, BauR 1996, 260) oder
- Hinweise, bei denen die mögliche Schadensfolge nicht hinreichend deutlich zum Ausdruck kommen (BGH, BauR 2008, 396)

14.2.2 Form der Bedenkenanzeige

Bei wirksamer Einbeziehung der VOB/B liegt ein vertraglich vereinbartes Formerfordernis im Sinne von § 122 BGB vor, nämlich Schriftform.

Eine einfache nicht unterschriebene E-Mail könnte diesen Anforderungen nicht entsprechend (OLG Frankfurt, BauR 2012, 1287).

Ein eingescannter und unterzeichneter Brief müsste ausreichend sein.

Die Schriftform wird nach herrschender Meinung als Wirksamkeitsvoraussetzung angesehen (BGH, BauR 1975, 278).

Allerdings soll die Nichtbeachtung eines zuverlässig mündlichen Hinweises ein Mitwirken des Verschulden des AG nach § 254 BGB nach sich ziehen (BGH, BauR 1981, 201).

14.2.3 Adressat

Richtiger Adressat nach § 4 Abs. 3 VOB/B ist zunächst der Auftraggeber.

Bauleiter:

Der Bauleiter soll regelmäßig auch ohne ausdrückliche Bevollmächtigung als Empfangsvertreter nach § 164 Abs. 3 BGB anzusehen sein (BGH, BauR 1978, 139).

Der Hinweis an den örtlichen Bauleiter soll jedoch dann nicht ausreichend sein, wenn die Bedenken sich nicht auf dessen Leistung beziehen, dieser sich dem berechtigten Hinweis aber gleichwohl verschließt und hierauf nicht in gebotener Weise reagiert (BGH, BauR 1997, 301).

Architekt:

Beziehen sich die Bedenken gerade auf einen Fehler des bauleitenden Architekten, der zum Beispiel auch die zugrunde liegende Planung erstellt hat, kann sich der Auftragnehmer nicht darauf verlassen, dass dieser die Bedenken tatsächlich auch an den Auftraggeber weiterleiten wird. In diesem Fall soll die Bedenkenanzeige an den örtlichen Bauleiter ausnahmsweise nicht ausreichend sein (BGH, BauR 1997, 301).

14.3 Folgen fehlender oder unzureichender Bedenkenanzeigen

14.3.1 Einleitung

Verstößt der AN gegen seine Prüf- und Hinweispflicht und erteilt überhaupt keinen Hinweis, kommt eine derartige Enthaftung für den AN nicht in Betracht (§ 13 Abs. 3 VOB/B).

14.3.2 Erkennbarkeit für den Auftragnehmer

Die Unzulänglichkeiten der auftraggeberseitigen Vorgaben, Materialien oder Vorleistungen müssen für den AN bei der von ihm zu erwartenden Sachkunde im Rahmen einer **zumutbaren Prüfung** erkennbar sein (BGH, Urt. v. 04.06.1973 – VII ZR 112/71).

14.3.3 Sachkunde des Auftraggebers

Die vorhandene Sachkunde des AG lässt die Prüf- und Hinweispflicht des Auftragnehmers nicht entfallen (BGH, BauR 2001, 622).

14.3.4 Mitverschulden des Auftraggebers

Der fehlende Bedenkenhinweis des AN zum Beispiel in Bezug auf die vom AG gestellte Planung schließt es allerdings nicht aus, dem Auftraggeber einen entsprechenden Mitverschuldensanteil nach § 254 BGB anzulasten (BGH, BauR 2002, 86).

Der Einwand des Mitverschuldens ist dem AN aber verwehrt, wenn er die Fehler der Planung erkannt und den Mangel damit sehenden Auges ohne vorausgehenden Hinweis an den AG herbeigeführt hat (BGH, BauR 1991, 79).

14.3.5 Unzureichende Bedenkenanzeige

Der vom AN erteilte Hinweis ist dann unbeachtlich, wenn er das bestehende Mängelrisiko inhaltlich und nicht in der erforderlichen Deutlichkeit beschreibt.

Dies ist auch dann der Fall, wenn die Mängelrisiken nicht ausreichend konkret, unverständlich oder ohne die entsprechende Fachkunde und Ernsthaftigkeit vorgebracht werden. Eine Enthaftung nach § 4 Abs. 3 scheidet in diesen Fällen aus.

14.4   Folgen formal richtiger Bedenkenanzeigen

Genügt der vom AN gegebene Hinweis den formalen inhaltlichen Anforderungen, hat er für den gleichwohl und entsprechend den missachteten Bedenken eintretenden Mangel seiner Werkleistung **nicht** einzustehen.

15.1 Einleitung

In § 18 VOB/B sind zwei Komplexe geregelt. Zum einen in § 18 Abs. 1 VOB/B die Bestimmung des Gerichtsstands, zum anderen in § 18 Abs. 2 bis 5 VOB/B die Behandlung von Streitfällen. Die Vorschrift hat in der Praxis wenig Bedeutung, da in den Bauverträgen zumeist weitergehende vertragliche Regelungen enthalten sind.

15.1.1 Überblick

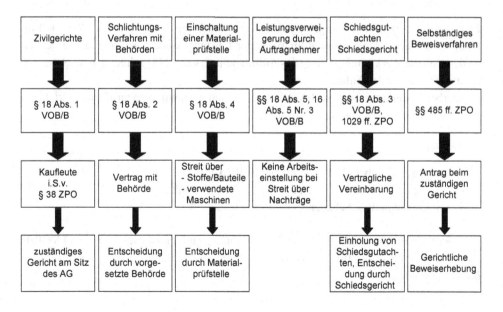

15.2   Gerichtsstand bei Rechtsstreit vor Zivilgericht

15.2.1 Überblick

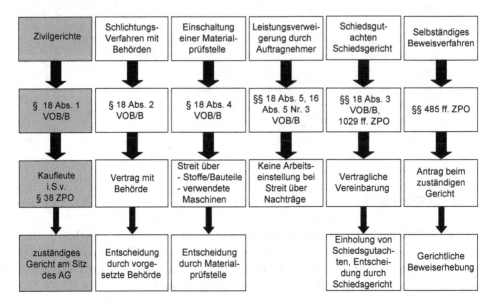

15.2.2 Inhaltliche und persönliche Voraussetzungen

Ist eine außergerichtliche Einigung gescheitert, werden die Forderungen im Regelfall im zivilprozessualen Klageverfahren im Wege der Leistungsklage durchgesetzt. Zu denken ist dabei an die Werklohnforderung des Auftragnehmers und Mängelrechte bzw. Schadenersatzforderungen des Auftraggebers.

Hierbei bestimmt § 18 Abs. 1 VOB/B das örtlich zuständige anzurufende Gericht im Falle von Streitigkeiten aus dem Vertrag.

Beispiele

- Streitigkeiten über die Wirksamkeit des Bauvertrages
- Streitigkeiten über die ordnungsgemäße Vertragserfüllung
- Streitigkeiten über Schadenersatzansprüche etc. ◄

Sofern der Vertrag keine abweichende Bestimmung enthält, ist nach § 18 Abs. 1 VOB/B das Gericht am Sitz der für die Prozessvertretung des Auftraggebers zuständigen Stelle örtlich zuständig.

Die Regelung gilt nur für öffentliche Auftraggeber.[1]

Da es sich bei § 18 Nr. 1 VOB/B der Sache nach um eine vorformulierte Gerichtsstandsvereinbarung handelt, ist dort weiter bestimmt, dass die diesbezüglichen Voraussetzungen aus § 38 ZPO vorliegen müssen. Daher müssen die Vertragsparteien entweder Kaufleute, juristische Personen des öffentlichen Rechts oder aber öffentlich-rechtliches Sondervermögen sein. Andernfalls verbleibt es bei den Zuständigkeiten der Zivilprozessordnung.

15.3   Der Anspruch auf Durchführung eines Schlichtungsverfahrens mit Behörden

15.3.1 Überblick

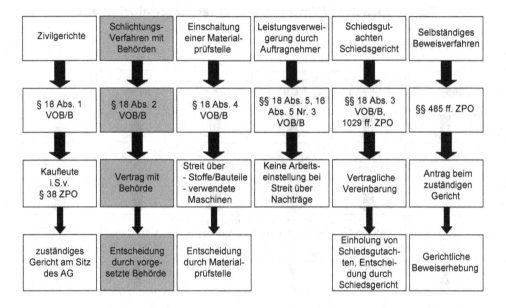

15.3.2 Vertrag mit Behörde

Bei Meinungsverschiedenheiten im Rahmen von Verträgen mit Behörden hat der Auftragnehmer die Möglichkeit, nicht aber die Verpflichtung, sich zunächst an die vorgesetzte Stelle seines Auftraggebers zu wenden. Ziel der Regelung ist die Prozessvermeidung.

---

[1] Franke/Kemper/Zanner/Grünhagen B § 18 Rdn. 24, BGH, Urteil v. 29.01.2009 – VII ZB 79/08.

15.3.3 Entscheidung durch vorgesetzte Stelle

Die vorgesetzte Behörde soll beiden Vertragsparteien die Möglichkeit zur Äußerung geben. Sie ist gehalten, innerhalb von zwei Monaten über die Angelegenheit zu entscheiden. Von besonderer Bedeutung ist, dass der Auftragnehmer gemäß § 18 Abs. 2 Satz 3 VOB/B nach Erhalt der Entscheidung – sofern er mit ihr nicht einverstanden ist – innerhalb von drei Monaten schriftlich bei der zuständigen Stelle Einspruch erheben muss.

Legt er keinen Einspruch ein oder erfolgt der Einspruch nicht fristgerecht, gilt die Entscheidung der vorgesetzten Stelle als durch den Auftragnehmer anerkannt.

Gemäß § 18 Abs. 2 Nr. 2 VOB/B ist die Verjährung der in dem Antrag genannten Ansprüche für die Dauer des Schlichtungsverfahrens gehemmt.

15.4   Der Anspruch auf Einschaltung einer Materialprüfstelle

15.4.1 Überblick

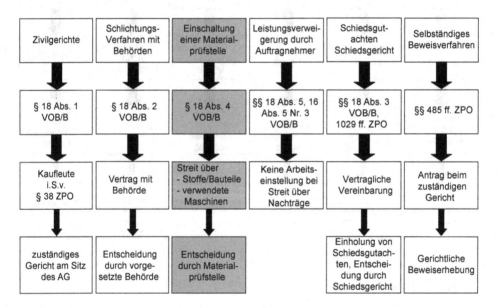

15.4.2 Streit über Stoffe und Bauteile/bei der Prüfung verwendete Maschinen

Nach § 18 Abs. 4 VOB/B kann die Feststellung von Tatsachen durch die Materialprüfstelle erfolgen. Die Feststellung erfolgt jedoch ausschließlich in den abschließend in § 18 Abs. 4 VOB/B aufgeführten Fällen, nämlich bei Meinungsverschiedenheiten über die Eigenschaft von Stoffen und Bauteilen, für die allgemein gültige Prüfungsverfahren bestehen und über die Zulässigkeit oder Zuverlässigkeit der bei der Prüfung verwendeten Maschinen oder angewendeten Prüfungsverfahren.

15.4.3 Benachrichtigungspflicht/Entscheidung der Materialprüfstelle

Zu beachten ist, dass die eine Prüfung in Auftrag gebende Partei vorher die andere Partei zu benachrichtigen hat. Die Materialprüfstelle muss eine staatliche oder staatlich anerkannte Stelle sein.

Die Feststellung der Materialprüfstelle ist gemäß § 18 Abs. 4 Satz 1, 2. Halbsatz VOB/B verbindlich. Die Verfahrenskosten trägt die unterliegende Partei.

15.5   Keine Leistungsverweigerung im Streitfall

15.5.1 Überblick

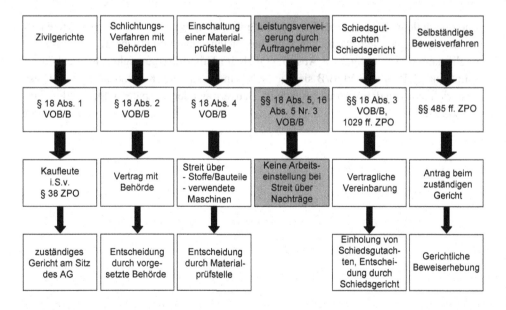

15.5.2 Leistungseinstellungsrecht nur im Ausnahmefall

In § 18 Abs. 5 VOB/B ist klargestellt, dass Streitfälle den Auftragnehmer grundsätzlich nicht zur Einstellung der Arbeiten berechtigen. Da diese Frage in der Praxis zumeist bei Meinungsverschiedenheiten über Nachträge auftritt, wird auf das bei gescheiterten Nachtragsverhandlungen im Ausnahmefall bestehende Leistungsverweigerungsrecht des Auftragnehmers in Abschn. 2.5 näher eingegangen.

Im Übrigen besteht ein Einstellungsrecht des Auftragnehmers nur in den in der VOB/B oder im Gesetz ausdrücklich genannten Fällen. Dies sind:

* Verzug des Auftraggebers mit Abschlagszahlungen (§ 16 Abs. 5 Nr. 3, Nr. 4 VOB/B) und erfolgloser Ablauf einer vom Auftragnehmer gesetzten angemessenen Nachfrist (siehe Abschn. 10.7)
* Verzug des Auftraggebers mit der Schlusszahlung (§ 16 Abs. 5 Nr. 3, Nr. 4 VOB/B) und erfolgloser Ablauf einer vom Auftragnehmer gesetzten angemessenen Nachfrist. Das Einstellungsrecht betrifft hier die gegebenenfalls noch offenen Mängelbeseitigungsarbeiten (siehe Abschn. 10.8).
* Nichtleistung der § 648 a BGB-Sicherheit durch den Auftraggeber nach Ablauf einer vom Auftragnehmer gesetzten angemessenen Frist (§ 648 a Abs. 5 Satz 1 BGB n. F., siehe Abschn. 11.2.4)

15.6   Schiedsgutachter/Schiedsgericht

Einen schnelleren Weg zu einer Entscheidung über Streitigkeiten der Vertragsparteien als die häufig überlasteten staatlichen Gerichte bieten außergerichtliche Konfliktlösungsmöglichkeiten, welche in § 18 Abs. 3 VOB/B im Grundsatz nunmehr ausdrücklich erwähnt sind. § 18 Abs. 3 VOB/B sieht jedoch keine bestimmte Konfliktlösung vor. Diese muss vielmehr von den Vertragsparteien im Bauvertrag oder im späteren Streitfall vereinbart werden.

15.6.1 Überblick

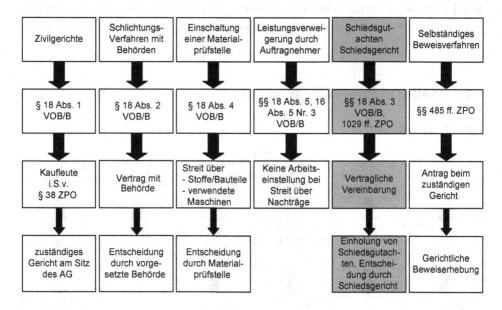

15.6.2 Schiedsgutachterverfahren

Das Schiedsgutachterverfahren stellt eine außergerichtliche Möglichkeit der Streitbeilegung dar. Voraussetzung ist, dass eine Schiedsgutachtervereinbarung entweder bereits im Vertrag oder nachträglich zwischen den Parteien getroffen wird mit dem wesentlichen Inhalt, dass die Feststellungen des Schiedsgutachters für beide Parteien verbindlich sind.[2]

15.6.3 Schiedsgericht

Neben dem zivilprozessualen Klageverfahren können die Parteien auch vereinbaren, dass ein Schiedsgericht über die streitigen Fragen entscheidet. Das Verfahren richtet sich je nach Vereinbarung nach der zugrunde gelegten Schiedsgerichtsordnung. Als heranzuziehende Schiedsgerichtsordnung bietet sich die Schiedsgerichtsordnung für das Bauwesen an. Zu beachten ist jedoch, dass die Voraussetzungen der §§ 1025 ff. ZPO erfüllt sein müssen.

---

[2] Einzelheiten in Englert/Franke/Grieger, Streitlösung ohne Gericht, Kap. 2 und 3.

Das Schiedsgerichtsverfahren hat zum einen den Vorteil, dass das Schiedsgericht in der Regel zunächst zu versuchen hat, zwischen den Parteien einen Vergleich herbeizuführen. Zum anderen wird das Schiedsgerichtsverfahren in der Regel zeitlich schneller abgewickelt.[3]

15.7 Selbständiges Beweisverfahren

15.7.1 Überblick

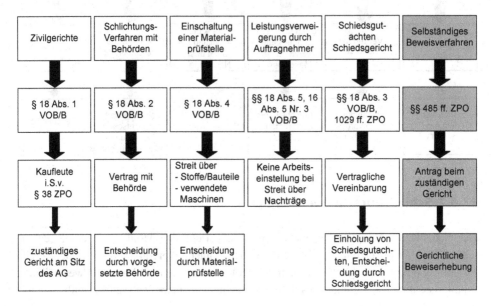

15.7.2 Verfahrensablauf

Neben dem Schiedsgutachterverfahren ist zur Feststellung von Tatsachen, insbesondere dem Zustand einer Sache (beispielsweise ob die Leistungen des Auftragnehmers mangelfrei sind oder nicht) die Durchführung eines gerichtlichen selbstständigen Beweisverfahrens möglich, §§ 485 ff. ZPO.

Das Ergebnis des Beweisverfahrens steht nach § 493 ZPO einer Beweisaufnahme im zivilprozessualen Klageverfahren gleich. Die Durchführung eines selbstständigen Beweisverfahrens empfiehlt sich vor allem, wenn neben den festzustellenden Tatsachen keine wesentlichen Rechtsfragen klärungsbedürftig sind. In diesem Fall kann das (zumeist) schnellere Beweisverfahren dazu beitragen, einen Rechtsstreit zu vermeiden.

---

[3] Werner/Pastor, Der Bauprozess Rdn. 519 ff.

Der Verfahrensablauf richtet sich nach den Regelungen der ZPO. Das angerufene Gericht entscheidet über die Anträge der Parteien, insbesondere über die Berechtigung auf Durchführung eines gerichtlichen Beweisverfahrens und über den Inhalt der vom Sachverständigen zu klärenden Fragen.[4]

Gemäß § 204 Abs. 1 Nr. 7 BGB ist die Verjährung der Ansprüche für die im Beweisantrag bezeichneten Mängel gehemmt. Die Hemmung der Verjährung endet 6 Monate nach Beendigung des Selbstständigen Beweisverfahrens (§ 204 BGB).

Literatur

1. Franke, Horst; Kemper, Ralf; Zanner, Christian; Grünhagen, Matthias: VOB-Kommentar, München (Werner Verlag) 5. Auflage 2013 *zitiert* : Franke/Kemper/Zanner/Grünhagen
2. Ingenstau/Korbion: VOB-Kommentar, herausgegeben von Leupert/Wietersheim, München (Werner Verlag) 19. Auflage 2015 *zitiert* : Ingenstau/Korbion
3. Werner, Ulrich; Pastor, Walter: Der Bauprozess, München (Werner Verlag) 15. Auflage 2015 *zitiert*: Werner/Pastor, Der Bauprozess

---

[4] Vgl. Ingenstau/Korbion, Anh. 3 Rdnr. 1 ff.

Bau- und Architektenrecht nach Ansprüchen

Anhang

Vergabe- und Vertragsordnung für Bauleistungen Teil B: Allgemeine Vertragsbedingungen für die Ausführung von Bauleistungen

Fassung 2016
(Bekanntmachung vom 31.07.2009, BAnz. Nr. 155 vom 15.10.2009)
geändert durch Bekanntmachung vom 26. Juni 2012 (BAnz AT 13.07.2012 B3)
zuletzt geändert durch Bekanntmachung vom 7. Januar 2016 (BAnz AT 19.01.2016 B3)
in der Fassung 2016 in Anwendung seit dem 18.04.2016 gem. § 2 Vergabeverordnung
(Art. 1 der Verordnung vom 12.04.2016, BGBl. I S. 624) i. V. m. § 8a Abs. 1 VOB/A 2016

§ 1 Art und Umfang der Leistung

(1) Die auszuführende Leistung wird nach Art und Umfang durch den Vertrag bestimmt. Als Bestandteil des Vertrags gelten auch die Allgemeinen Technischen Vertragsbedingungen für Bauleistungen (VOB/C).

(2) Bei Widersprüchen im Vertrag gelten nacheinander:
1. die Leistungsbeschreibung,
2. die Besonderen Vertragsbedingungen,
3. etwaige Zusätzliche Vertragsbedingungen,
4. etwaige Zusätzliche Technische Vertragsbedingungen,
5. die Allgemeinen Technischen Vertragsbedingungen für Bauleistungen,
6. die Allgemeinen Vertragsbedingungen für die Ausführung von Bauleistungen.

© Springer Fachmedien Wiesbaden GmbH, ein Teil von Springer Nature 2021
C. Zanner, *VOB/B nach Ansprüchen*, Bau- und Architektenrecht nach Ansprüchen,
https://doi.org/10.1007/978-3-658-34025-4

(3) Änderungen des Bauentwurfs anzuordnen, bleibt dem Auftraggeber vorbehalten.

(4) Nicht vereinbarte Leistungen, die zur Ausführung der vertraglichen Leistung erforderlich werden, hat der Auftragnehmer auf Verlangen des Auftraggebers mit auszuführen, außer wenn sein Betrieb auf derartige Leistungen nicht eingerichtet ist.
Andere Leistungen können dem Auftragnehmer nur mit seiner Zustimmung übertragen werden.

§ 2 Vergütung

(1) Durch die vereinbarten Preise werden alle Leistungen abgegolten, die nach der
Leistungsbeschreibung, den Besonderen Vertragsbedingungen, den Zusätzlichen
Vertragsbedingungen, den Zusätzlichen Technischen Vertragsbedingungen, den All-
gemeinen Technischen Vertragsbedingungen für Bauleistungen und der gewerblichen
Verkehrssitte zur vertraglichen Leistung gehören.

(2) Die Vergütung wird nach den vertraglichen Einheitspreisen und den tatsächlich ausgeführten Leistungen berechnet, wenn keine andere Berechnungsart (z. B. durch
Pauschalsumme, nach Stundenlohnsätzen, nach Selbstkosten) vereinbart ist.

(3) 1. Weicht die ausgeführte Menge der unter einem Einheitspreis erfassten Leistung
oder Teilleistung um nicht mehr als 10 v. H. von dem im Vertrag vorgesehenen
Umfang ab, so gilt der vertragliche Einheitspreis.

2. Für die über 10 v. H. hinausgehende Überschreitung des Mengenansatzes ist auf
Verlangen ein neuer Preis unter Berücksichtigung der Mehr- oder Minderkosten
zu vereinbaren.

3. Bei einer über 10 v. H. hinausgehenden Unterschreitung des Mengenansatzes ist
auf Verlangen der Einheitspreis für die tatsächlich ausgeführte Menge der Leistung oder Teilleistung zu erhöhen, soweit der Auftragnehmer nicht durch Erhöhung der Mengen bei anderen Ordnungszahlen (Positionen) oder in anderer
Weise einen Ausgleich erhält. Die Erhöhung des Einheitspreises soll im Wesentlichen dem Mehrbetrag entsprechen, der sich durch Verteilung der Baustellenein-
richtungs- und Baustellengemeinkosten und der Allgemeinen Geschäftskosten
auf die verringerte Menge ergibt. Die Umsatzsteuer wird entsprechend dem
neuen Preis vergütet.

4. Sind von der unter einem Einheitspreis erfassten Leistung oder Teilleistung andere Leistungen abhängig, für die eine Pauschalsumme vereinbart ist, so kann
mit der Änderung des Einheitspreises auch eine angemessene Änderung der
Pauschalsumme gefordert werden.

(4) Werden im Vertrag ausbedungene Leistungen des Auftragnehmers vom Auftraggeber selbst übernommen (z. B. Lieferung von Bau-, Bauhilfs- und Betriebsstoffen), so gilt, wenn nichts anderes vereinbart wird, § 8 Absatz 1 Nummer 2 entsprechend.

(5) Werden durch Änderung des Bauentwurfs oder andere Anordnungen des Auftraggebers die Grundlagen des Preises für eine im Vertrag vorgesehene Leistung geändert, so ist ein neuer Preis unter Berücksichtigung der Mehr- oder Minderkosten zu vereinbaren. Die Vereinbarung soll vor der Ausführung getroffen werden.

(6) 1. Wird eine im Vertrag nicht vorgesehene Leistung gefordert, so hat der Auftragnehmer Anspruch auf besondere Vergütung. Er muss jedoch den Anspruch dem Auftraggeber ankündigen, bevor er mit der Ausführung der Leistung beginnt.

    2. Die Vergütung bestimmt sich nach den Grundlagen der Preisermittlung für die vertragliche Leistung und den besonderen Kosten der geforderten Leistung. Sie ist möglichst vor Beginn der Ausführung zu vereinbaren.

(7) 1. Ist als Vergütung der Leistung eine Pauschalsumme vereinbart, so bleibt die Vergütung unverändert. Weicht jedoch die ausgeführte Leistung von der vertraglich vorgesehenen Leistung so erheblich ab, dass ein Festhalten an der Pauschalsumme nicht zumutbar ist (§ 313 BGB), so ist auf Verlangen ein Ausgleich unter Berücksichtigung der Mehr- oder Minderkosten zu gewähren. Für die Bemessung des Ausgleichs ist von den Grundlagen der Preisermittlung auszugehen.

    2. Die Regelungen der Absatz 4, 5 und 6 gelten auch bei Vereinbarung einer Pauschalsumme.

    3. Wenn nichts anderes vereinbart ist, gelten die Nummern 1 und 2 auch für Pauschalsummen, die für Teile der Leistung vereinbart sind; Absatz 3 Nummer 4 bleibt unberührt.

(8) 1. Leistungen, die der Auftragnehmer ohne Auftrag oder unter eigenmächtiger Abweichung vom Auftrag ausführt, werden nicht vergütet. Der Auftragnehmer hat sie auf Verlangen innerhalb einer angemessenen Frist zu beseitigen; sonst kann es auf seine Kosten geschehen. Er haftet außerdem für andere Schäden, die dem Auftraggeber hieraus entstehen.

    2. Eine Vergütung steht dem Auftragnehmer jedoch zu, wenn der Auftraggeber solche Leistungen nachträglich anerkennt. Eine Vergütung steht ihm auch zu, wenn die Leistungen für die Erfüllung des Vertrags notwendig waren, dem mutmaßlichen Willen des Auftraggebers entsprachen und ihm unverzüglich angezeigt wurden. Soweit dem Auftragnehmer eine Vergütung zusteht, gelten die Berechnungsgrundlagen für geänderte oder zusätzliche Leistungen der Absätze 5 oder 6 entsprechend.

    3. Die Vorschriften des BGB über die Geschäftsführung ohne Auftrag (§§ 677 ff. BGB) bleiben unberührt.

(9) 1. Verlangt der Auftraggeber Zeichnungen, Berechnungen oder andere Unterlagen, die der Auftragnehmer nach dem Vertrag, besonders den Technischen Vertragsbedingungen oder der gewerblichen Verkehrssitte, nicht zu beschaffen hat, so hat er sie zu vergüten.

     2. Lässt er vom Auftragnehmer nicht aufgestellte technische Berechnungen durch den Auftragnehmer nachprüfen, so hat er die Kosten zu tragen.

(10) Stundenlohnarbeiten werden nur vergütet, wenn sie als solche vor ihrem Beginn ausdrücklich vereinbart worden sind (§ 15).

§ 3 Ausführungsunterlagen

(1) Die für die Ausführung nötigen Unterlagen sind dem Auftragnehmer unentgeltlich und rechtzeitig zu übergeben.

(2) Das Abstecken der Hauptachsen der baulichen Anlagen, ebenso der Grenzen des Geländes, das dem Auftragnehmer zur Verfügung gestellt wird, und das Schaffen der notwendigen Höhenfestpunkte in unmittelbarer Nähe der baulichen Anlagen sind Sache des Auftraggebers.

(3) Die vom Auftraggeber zur Verfügung gestellten Geländeaufnahmen und Absteckungen und die übrigen für die Ausführung übergebenen Unterlagen sind für den Auftragnehmer maßgebend. Jedoch hat er sie, soweit es zur ordnungsgemäßen Vertragserfüllung gehört, auf etwaige Unstimmigkeiten zu überprüfen und den Auftraggeber auf entdeckte oder vermutete Mängel hinzuweisen.

(4) Vor Beginn der Arbeiten ist, soweit notwendig, der Zustand der Straßen und Geländeoberfläche, der Vorfluter und Vorflutleitungen, ferner der baulichen Anlagen im Baubereich in einer Niederschrift festzuhalten, die vom Auftraggeber und Auftragnehmer anzuerkennen ist.

(5) Zeichnungen, Berechnungen, Nachprüfungen von Berechnungen oder andere Unterlagen, die der Auftragnehmer nach dem Vertrag, besonders den Technischen Vertragsbedingungen, oder der gewerblichen Verkehrssitte oder auf besonderes Verlangen des Auftraggebers (§ 2 Absatz 9) zu beschaffen hat, sind dem Auftraggeber nach Aufforderung rechtzeitig vorzulegen.

(6) 1. Die in Absatz 5 genannten Unterlagen dürfen ohne Genehmigung ihres Urhebers nicht veröffentlicht, vervielfältigt, geändert oder für einen anderen als den vereinbarten Zweck benutzt werden.

     2. An DV-Programmen hat der Auftraggeber das Recht zur Nutzung mit den vereinbarten Leistungsmerkmalen in unveränderter Form auf den festgelegten Geräten. Der Auftraggeber darf zum Zwecke der Datensicherung zwei Kopien herstellen. Diese müssen alle Identifikationsmerkmale enthalten. Der Verbleib der Kopien ist auf Verlangen nachzuweisen.

     3. Der Auftragnehmer bleibt unbeschadet des Nutzungsrechts des Auftraggebers zur Nutzung der Unterlagen und der DV-Programme berechtigt.

§ 4 Ausführung

(1) 1. Der Auftraggeber hat für die Aufrechterhaltung der allgemeinen Ordnung auf der Baustelle zu sorgen und das Zusammenwirken der verschiedenen Unternehmer zu regeln. Er hat die erforderlichen öffentlich-rechtlichen Genehmigungen und Erlaubnisse – z. B. nach dem Baurecht, dem Straßenverkehrsrecht, dem Wasserrecht, dem Gewerberecht – herbeizuführen.

2. Der Auftraggeber hat das Recht, die vertragsgemäße Ausführung der Leistung zu überwachen. Hierzu hat er Zutritt zu den Arbeitsplätzen, Werkstätten und Lagerräumen, wo die vertragliche Leistung oder Teile von ihr hergestellt oder die hierfür bestimmten Stoffe und Bauteile gelagert werden. Auf Verlangen sind ihm die Werkzeichnungen oder andere Ausführungsunterlagen sowie die Ergebnisse von Güteprüfungen zur Einsicht vorzulegen und die erforderlichen Auskünfte zu erteilen, wenn hierdurch keine Geschäftsgeheimnisse preisgegeben werden. Als Geschäftsgeheimnis bezeichnete Auskünfte und Unterlagen hat er vertraulich zu behandeln.

3. Der Auftraggeber ist befugt, unter Wahrung der dem Auftragnehmer zustehenden Leitung (Absatz 2) Anordnungen zu treffen, die zur vertragsgemäßen Ausführung der Leistung notwendig sind. Die Anordnungen sind grundsätzlich nur dem Auftragnehmer oder seinem für die Leitung der Ausführung bestellten Vertreter zu erteilen, außer wenn Gefahr im Verzug ist. Dem Auftraggeber ist mitzuteilen, wer jeweils als Vertreter des Auftragnehmers für die Leitung der Ausführung bestellt ist.

4. Hält der Auftragnehmer die Anordnungen des Auftraggebers für unberechtigt oder unzweckmäßig, so hat er seine Bedenken geltend zu machen, die Anordnungen jedoch auf Verlangen auszuführen, wenn nicht gesetzliche oder behördliche Bestimmungen entgegenstehen. Wenn dadurch eine ungerechtfertigte Erschwerung verursacht wird, hat der Auftraggeber die Mehrkosten zu tragen.

(2) 1. Der Auftragnehmer hat die Leistung unter eigener Verantwortung nach dem Vertrag auszuführen. Dabei hat er die anerkannten Regeln der Technik und die gesetzlichen und behördlichen Bestimmungen zu beachten. Es ist seine Sache, die Ausführung seiner vertraglichen Leistung zu leiten und für Ordnung auf seiner Arbeitsstelle zu sorgen.

2. Er ist für die Erfüllung der gesetzlichen, behördlichen und berufsgenossenschaftlichen Verpflichtungen gegenüber seinen Arbeitnehmern allein verantwortlich. Es ist ausschließlich seine Aufgabe, die Vereinbarungen und Maßnahmen zu treffen, die sein Verhältnis zu den Arbeitnehmern regeln.

(3) Hat der Auftragnehmer Bedenken gegen die vorgesehene Art der Ausführung (auch wegen der Sicherung gegen Unfallgefahren), gegen die Güte der vom Auftraggeber gelieferten Stoffe oder Bauteile oder gegen die Leistungen anderer Unternehmer, so hat er sie dem Auftraggeber unverzüglich – möglichst schon vor Beginn der Arbeiten – schriftlich mitzuteilen; der Auftraggeber bleibt jedoch für seine Angaben, Anordnungen oder Lieferungen verantwortlich.

(4) Der Auftraggeber hat, wenn nichts anderes vereinbart ist, dem Auftragnehmer unentgeltlich zur Benutzung oder Mitbenutzung zu überlassen:

1. die notwendigen Lager- und Arbeitsplätze auf der Baustelle,

2. vorhandene Zufahrtswege und Anschlussgleise,

3. vorhandene Anschlüsse für Wasser und Energie. Die Kosten für den Verbrauch und den Messer oder Zähler trägt der Auftragnehmer, mehrere Auftragnehmer tragen sie anteilig.

(5) Der Auftragnehmer hat die von ihm ausgeführten Leistungen und die ihm für die Ausführung übergebenen Gegenstände bis zur Abnahme vor Beschädigung und Diebstahl zu schützen. Auf Verlangen des Auftraggebers hat er sie vor Winterschäden und Grundwasser zu schützen, ferner Schnee und Eis zu beseitigen. Obliegt ihm die Verpflichtung nach Satz 2 nicht schon nach dem Vertrag, so regelt sich die Vergütung nach § 2 Absatz 6.

(6) Stoffe oder Bauteile, die dem Vertrag oder den Proben nicht entsprechen, sind auf Anordnung des Auftraggebers innerhalb einer von ihm bestimmten Frist von der Baustelle zu entfernen. Geschieht es nicht, so können sie auf Kosten des Auftragnehmers entfernt oder für seine Rechnung veräußert werden.

(7) Leistungen, die schon während der Ausführung als mangelhaft oder vertragswidrig erkannt werden, hat der Auftragnehmer auf eigene Kosten durch mangelfreie zu ersetzen. Hat der Auftragnehmer den Mangel oder die Vertragswidrigkeit zu vertreten, so hat er auch den daraus entstehenden Schaden zu ersetzen. Kommt der Auftragnehmer der Pflicht zur Beseitigung des Mangels nicht nach, so kann ihm der Auftraggeber eine angemessene Frist zur Beseitigung des Mangels setzen und erklären, dass er nach fruchtlosem Ablauf der Frist den Vertrag kündigen werde (§ 8 Absatz 3).

(8) 1. Der Auftragnehmer hat die Leistung im eigenen Betrieb auszuführen. Mit schriftlicher Zustimmung des Auftraggebers darf er sie an Nachunternehmer übertragen. Die Zustimmung ist nicht notwendig bei Leistungen, auf die der Betrieb des Auftragnehmers nicht eingerichtet ist. Erbringt der Auftragnehmer ohne schriftliche Zustimmung des Auftraggebers Leistungen nicht im eigenen Betrieb, obwohl sein Betrieb darauf eingerichtet ist, kann der Auftraggeber ihm eine angemessene Frist zur Aufnahme der Leistung im eigenen Betrieb setzen und erklären, dass er nach fruchtlosem Ablauf der Frist den Vertrag kündigen werde (§ 8 Absatz 3).

2. Der Auftragnehmer hat bei der Weitervergabe von Bauleistungen an Nachunternehmer die Vergabe- und Vertragsordnung für Bauleistungen Teile B und C zugrunde zu legen.

3. Der Auftragnehmer hat dem Auftraggeber die Nachunternehmer und deren Nachunternehmer ohne Aufforderung spätestens bis zum Leistungsbeginn des Nachunternehmers mit Namen, gesetzlichen Vertretern und Kontaktdaten bekannt zu geben. Auf Verlangen des Auftraggebers hat der Auftragnehmer für seine Nachunternehmer Erklärungen und Nachweise zur Eignung vorzulegen.

(9) Werden bei Ausführung der Leistung auf einem Grundstück Gegenstände von Altertums, Kunst- oder wissenschaftlichem Wert entdeckt, so hat der Auftragnehmer vor jedem weiteren Aufdecken oder Ändern dem Auftraggeber den Fund anzuzeigen und

ihm die Gegenstände nach näherer Weisung abzuliefern. Die Vergütung etwaiger Mehrkosten regelt sich nach § 2 Absatz 6. Die Rechte des Entdeckers (§ 984 BGB) hat der Auftraggeber.

(10) Der Zustand von Teilen der Leistung ist auf Verlangen gemeinsam von Auftraggeber und Auftragnehmer festzustellen, wenn diese Teile der Leistung durch die weitere Ausführung der Prüfung und Feststellung entzogen werden. Das Ergebnis ist schriftlich niederzulegen.

§ 5 Ausführungsfristen

(1) Die Ausführung ist nach den verbindlichen Fristen (Vertragsfristen) zu beginnen, angemessen zu fördern und zu vollenden. In einem Bauzeitenplan enthaltene Einzelfristen gelten nur dann als Vertragsfristen, wenn dies im Vertrag ausdrücklich vereinbart ist.

(2) Ist für den Beginn der Ausführung keine Frist vereinbart, so hat der Auftraggeber dem Auftragnehmer auf Verlangen Auskunft über den voraussichtlichen Beginn zu erteilen. Der Auftragnehmer hat innerhalb von 12 Werktagen nach Aufforderung zu beginnen. Der Beginn der Ausführung ist dem Auftraggeber anzuzeigen.

(3) Wenn Arbeitskräfte, Geräte, Gerüste, Stoffe oder Bauteile so unzureichend sind, dass die Ausführungsfristen offenbar nicht eingehalten werden können, muss der Auftragnehmer auf Verlangen unverzüglich Abhilfe schaffen.

(4) Verzögert der Auftragnehmer den Beginn der Ausführung, gerät er mit der Vollendung in Verzug, oder kommt er der in Absatz 3 erwähnten Verpflichtung nicht nach, so kann der Auftraggeber bei Aufrechterhaltung des Vertrages Schadensersatz nach § 6 Absatz 6 verlangen oder dem Auftragnehmer eine angemessene Frist zur Vertragserfüllung setzen und erklären, dass er nach fruchtlosem Ablauf der Frist den Vertrag kündigen werde (§ 8 Absatz 3).

§ 6 Behinderung und Unterbrechung der Ausführung

(1) Glaubt sich der Auftragnehmer in der ordnungsgemäßen Ausführung der Leistung behindert, so hat er es dem Auftraggeber unverzüglich schriftlich anzuzeigen. Unterlässt er die Anzeige, so hat er nur dann Anspruch auf Berücksichtigung der hindernden Umstände, wenn dem Auftraggeber offenkundig die Tatsache und deren hindernde Wirkung bekannt waren.

(2) 1. Ausführungsfristen werden verlängert, soweit die Behinderung verursacht ist:

    a) durch einen Umstand aus dem Risikobereich des Auftraggebers,

    b) durch Streik oder eine von der Berufsvertretung der Arbeitgeber angeordnete Aussperrung im Betrieb des Auftragnehmers oder in einem unmittelbar für ihn arbeitenden Betrieb,

    c) durch höhere Gewalt oder andere für den Auftragnehmer unabwendbare Umstände.

  2. Witterungseinflüsse während der Ausführungszeit, mit denen bei Abgabe des Angebots normalerweise gerechnet werden musste, gelten nicht als Behinderung.

(3) Der Auftragnehmer hat alles zu tun, was ihm billigerweise zugemutet werden kann, um die Weiterführung der Arbeiten zu ermöglichen. Sobald die hindernden Umstände wegfallen, hat er ohne weiteres und unverzüglich die Arbeiten wieder aufzunehmen und den Auftraggeber davon zu benachrichtigen.

(4) Die Fristverlängerung wird berechnet nach der Dauer der Behinderung mit einem Zuschlag für die Wiederaufnahme der Arbeiten und die etwaige Verschiebung in eine ungünstigere Jahreszeit.

(5) Wird die Ausführung für voraussichtlich längere Dauer unterbrochen, ohne dass die Leistung dauernd unmöglich wird, so sind die ausgeführten Leistungen nach den Vertragspreisen abzurechnen und außerdem die Kosten zu vergüten, die dem Auftragnehmer bereits entstanden und in den Vertragspreisen des nicht ausgeführten Teils der Leistung enthalten sind.

(6) Sind die hindernden Umstände von einem Vertragsteil zu vertreten, so hat der andere Teil Anspruch auf Ersatz des nachweislich entstandenen Schadens, des entgangenen Gewinns aber nur bei Vorsatz oder grober Fahrlässigkeit. Im Übrigen bleibt der Anspruch des Auftragnehmers auf angemessene Entschädigung nach § 642 BGB unberührt, sofern die Anzeige nach Absatz 1 Satz 1 erfolgt oder wenn Offenkundigkeit nach Absatz 1 Satz 2 gegeben ist.

(7) Dauert eine Unterbrechung länger als 3 Monate, so kann jeder Teil nach Ablauf dieser Zeit den Vertrag schriftlich kündigen. Die Abrechnung regelt sich nach den Absätzen 5 und 6; wenn der Auftragnehmer die Unterbrechung nicht zu vertreten hat, sind auch die Kosten der Baustellenräumung zu vergüten, soweit sie nicht in der Vergütung für die bereits ausgeführten Leistungen enthalten sind.

§ 7 Verteilung der Gefahr

(1) Wird die ganz oder teilweise ausgeführte Leistung vor der Abnahme durch höhere Gewalt, Krieg, Aufruhr oder andere objektiv unabwendbare vom Auftragnehmer nicht zu vertretende Umstände beschädigt oder zerstört, so hat dieser für die ausgeführten Teile der Leistung die Ansprüche nach § 6 Absatz 5; für andere Schäden besteht keine gegenseitige Ersatzpflicht.

(2) Zu der ganz oder teilweise ausgeführten Leistung gehören alle mit der baulichen Anlage unmittelbar verbundenen, in ihre Substanz eingegangenen Leistungen, unabhängig von deren Fertigstellungsgrad.

(3) Zu der ganz oder teilweise ausgeführten Leistung gehören nicht die noch nicht eingebauten Stoffe und Bauteile sowie die Baustelleneinrichtung und Absteckungen. Zu der ganz oder teilweise ausgeführten Leistung gehören ebenfalls nicht Hilfskonstruktionen und Gerüste, auch wenn diese als Besondere Leistung oder selbstständig vergeben sind.

§ 8 Kündigung durch den Auftraggeber

(1) 1. Der Auftraggeber kann bis zur Vollendung der Leistung jederzeit den Vertrag kündigen.

2. Dem Auftragnehmer steht die vereinbarte Vergütung zu. Er muss sich jedoch anrechnen lassen, was er infolge der Aufhebung des Vertrags an Kosten erspart oder durch anderweitige Verwendung seiner Arbeitskraft und seines Betriebs erwirbt oder zu erwerben böswillig unterlässt (§ 649 BGB).

(2) 1. Der Auftraggeber kann den Vertrag kündigen, wenn der Auftragnehmer seine Zahlungen einstellt, von ihm oder zulässigerweise vom Auftraggeber oder einem anderen Gläubiger das Insolvenzverfahren (§§ 14 und 15 InsO) beziehungsweise ein vergleichbares gesetzliches Verfahren beantragt ist, ein solches Verfahren eröffnet wird oder dessen Eröffnung mangels Masse abgelehnt wird.

2. Die ausgeführten Leistungen sind nach § 6 Absatz 5 abzurechnen. Der Auftraggeber kann Schadensersatz wegen Nichterfüllung des Restes verlangen.

(3) 1. Der Auftraggeber kann den Vertrag kündigen, wenn in den Fällen des § 4 Absätze 7 und 8 Nummer 1 und des § 5 Absatz 4 die gesetzte Frist fruchtlos abgelaufen ist. Die Kündigung kann auf einen in sich abgeschlossenen Teil der vertraglichen Leistung beschränkt werden.

2. Nach der Kündigung ist der Auftraggeber berechtigt, den noch nicht vollendeten Teil der Leistung zu Lasten des Auftragnehmers durch einen Dritten ausführen zu lassen, doch bleiben seine Ansprüche auf Ersatz des etwa entstehenden weiteren Schadens bestehen. Er ist auch berechtigt, auf die weitere Ausführung zu verzichten und Schadensersatz wegen Nichterfüllung zu verlangen, wenn die Ausführung aus den Gründen, die zur Kündigung geführt haben, für ihn kein Interesse mehr hat.

3. Für die Weiterführung der Arbeiten kann der Auftraggeber Geräte, Gerüste, auf der Baustelle vorhandene andere Einrichtungen und angelieferte Stoffe und Bauteile gegen angemessene Vergütung in Anspruch nehmen.

4. Der Auftraggeber hat dem Auftragnehmer eine Aufstellung über die entstandenen Mehrkosten und über seine anderen Ansprüche spätestens binnen 12 Werktagen nach Abrechnung mit dem Dritten zuzusenden.

(4) Der Auftraggeber kann den Vertrag kündigen,

1. wenn der Auftragnehmer aus Anlass der Vergabe eine Abrede getroffen hatte, die eine unzulässige Wettbewerbsbeschränkung darstellt. Absatz 3 Nummer 1 Satz 2 und Nummer 2 bis 4 gilt entsprechend.

2. sofern dieser im Anwendungsbereich des 4. Teils des GWB geschlossen wurde,

   a) wenn der Auftragnehmer wegen eines zwingenden Ausschlussgrundes zum Zeitpunkt des Zuschlags nicht hätte beauftragt werden dürfen. Absatz 3 Nummer 1 Satz 2 und Nummer 2 bis 4 gilt entsprechend.

   b) bei wesentlicher Änderung des Vertrages oder bei Feststellung einer schweren Verletzung der Verträge über die Europäische Union und die Arbeitsweise der Europäischen Union durch den Europäischen Gerichtshof. Die ausgeführten Leistungen sind nach § 6 Absatz 5 abzurechnen. Etwaige Schadensersatzansprüche der Parteien bleiben unberührt.

   Die Kündigung ist innerhalb von 12 Werktagen nach Bekanntwerden des Kündigungsgrundes auszusprechen.

(5) Sofern der Auftragnehmer die Leistung, ungeachtet des Anwendungsbereichs des 4.
     Teils des GWB, ganz oder teilweise an Nachunternehmer weitervergeben hat, steht
     auch ihm das Kündigungsrecht gemäß Absatz 4 Nummer 2 Buchstabe b zu, wenn der
     ihn als Auftragnehmer verpflichtende Vertrag (Hauptauftrag) gemäß Absatz 4 Num-
     mer 2 Buchstabe b gekündigt wurde. Entsprechendes gilt für jeden Auftraggeber der
     Nachunternehmerkette, sofern sein jeweiliger Auftraggeber den Vertrag gemäß Satz
     1 gekündigt hat.
(6) Die Kündigung ist schriftlich zu erklären.
(7) Der Auftragnehmer kann Aufmaß und Abnahme der von ihm ausgeführten Leistun-
     gen alsbald nach der Kündigung verlangen; er hat unverzüglich eine prüfbare Rech-
     nung über die ausgeführten Leistungen vorzulegen.
(8) Eine wegen Verzugs verwirkte, nach Zeit bemessene Vertragsstrafe kann nur für die
     Zeit bis zum Tag der Kündigung des Vertrags gefordert werden.

§ 9 Kündigung durch den Auftragnehmer

(1) Der Auftragnehmer kann den Vertrag kündigen:
     1. wenn der Auftraggeber eine ihm obliegende Handlung unterlässt und dadurch
        den Auftragnehmer außerstande setzt, die Leistung auszuführen (Annahmever-
        zug nach §§ 293 ff. BGB),
     2. wenn der Auftraggeber eine fällige Zahlung nicht leistet oder sonst in Schuldner-
        verzug gerät.
(2) Die Kündigung ist schriftlich zu erklären. Sie ist erst zulässig, wenn der Auftrag-
     nehmer dem Auftraggeber ohne Erfolg eine angemessene Frist zur Vertragserfüllung
     gesetzt und erklärt hat, dass er nach fruchtlosem Ablauf der Frist den Vertrag kündi-
     gen werde.
(3) Die bisherigen Leistungen sind nach den Vertragspreisen abzurechnen. Außerdem
     hat der Auftragnehmer Anspruch auf angemessene Entschädigung nach § 642 BGB;
     etwaige weitergehende Ansprüche des Auftragnehmers bleiben unberührt.

§ 10 Haftung der Vertragsparteien

(1) Die Vertragsparteien haften einander für eigenes Verschulden sowie für das Ver-
     schulden ihrer gesetzlichen Vertreter und der Personen, deren sie sich zur Erfüllung
     ihrer Verbindlichkeiten bedienen (§§ 276, 278 BGB).
(2) 1. Entsteht einem Dritten im Zusammenhang mit der Leistung ein Schaden, für den
        auf Grund gesetzlicher Haftpflichtbestimmungen beide Vertragsparteien haften,
        so gelten für den Ausgleich zwischen den Vertragsparteien die allgemeinen
        gesetzlichen Bestimmungen, soweit im Einzelfall nichts anderes vereinbart ist.
        Soweit der Schaden des Dritten nur die Folge einer Maßnahme ist, die der Auf-
        traggeber in dieser Form angeordnet hat, trägt er den Schaden allein, wenn ihn
        der Auftragnehmer auf die mit der angeordneten Ausführung verbundene Gefahr
        nach § 4 Absatz 3 hingewiesen hat.

2. Der Auftragnehmer trägt den Schaden allein, soweit er ihn durch Versicherung seiner gesetzlichen Haftpflicht gedeckt hat oder durch eine solche zu tarifmäßigen, nicht auf außergewöhnliche Verhältnisse abgestellten Prämien und Prämienzuschlägen bei einem im Inland zum Geschäftsbetrieb zugelassenen Versicherer hätte decken können.

(3) Ist der Auftragnehmer einem Dritten nach den §§ 823 ff. BGB zu Schadensersatz verpflichtet wegen unbefugten Betretens oder Beschädigung angrenzender Grundstücke, wegen Entnahme oder Auflagerung von Boden oder anderen Gegenständen außerhalb der vom Auftraggeber dazu angewiesenen Flächen oder wegen der Folgen eigenmächtiger Versperrung von Wegen oder Wasserläufen, so trägt er im Verhältnis zum Auftraggeber den Schaden allein.

(4) Für die Verletzung gewerblicher Schutzrechte haftet im Verhältnis der Vertragsparteien zueinander der Auftragnehmer allein, wenn er selbst das geschützte Verfahren oder die Verwendung geschützter Gegenstände angeboten oder wenn der Auftraggeber die Verwendung vorgeschrieben und auf das Schutzrecht hingewiesen hat.

(5) Ist eine Vertragspartei gegenüber der anderen nach den Absätzen 2, 3 oder 4 von der Ausgleichspflicht befreit, so gilt diese Befreiung auch zugunsten ihrer gesetzlichen Vertreter und Erfüllungsgehilfen, wenn sie nicht vorsätzlich oder grob fahrlässig gehandelt haben.

(6) Soweit eine Vertragspartei von dem Dritten für einen Schaden in Anspruch genommen wird, den nach den Absätzen 2, 3 oder 4 die andere Vertragspartei zu tragen hat, kann sie verlangen, dass ihre Vertragspartei sie von der Verbindlichkeit gegenüber dem Dritten befreit. Sie darf den Anspruch des Dritten nicht anerkennen oder befriedigen, ohne der anderen Vertragspartei vorher Gelegenheit zur Äußerung gegeben zu haben.

§ 11 Vertragsstrafe

(1) Wenn Vertragsstrafen vereinbart sind, gelten die §§ 339 bis 345 BGB.

(2) Ist die Vertragsstrafe für den Fall vereinbart, dass der Auftragnehmer nicht in der vorgesehenen Frist erfüllt, so wird sie fällig, wenn der Auftragnehmer in Verzug gerät.

(3) Ist die Vertragsstrafe nach Tagen bemessen, so zählen nur Werktage; ist sie nach Wochen bemessen, so wird jeder Werktag angefangener Wochen als 1/6 Woche gerechnet.

(4) Hat der Auftraggeber die Leistung abgenommen, so kann er die Strafe nur verlangen, wenn er dies bei der Abnahme vorbehalten hat.

§ 12 Abnahme

(1) Verlangt der Auftragnehmer nach der Fertigstellung – gegebenenfalls auch vor Ablauf der vereinbarten Ausführungsfrist – die Abnahme der Leistung, so hat sie der Auftraggeber binnen 12 Werktagen durchzuführen; eine andere Frist kann vereinbart werden.

(2) Auf Verlangen sind in sich abgeschlossene Teile der Leistung besonders abzunehmen.

(3) Wegen wesentlicher Mängel kann die Abnahme bis zur Beseitigung verweigert werden.

(4) 1. Eine förmliche Abnahme hat stattzufinden, wenn eine Vertragspartei es verlangt. Jede Partei kann auf ihre Kosten einen Sachverständigen zuziehen. Der Befund ist in gemeinsamer Verhandlung schriftlich niederzulegen. In die Niederschrift sind etwaige Vorbehalte wegen bekannter Mängel und wegen Vertragsstrafen aufzunehmen, ebenso etwaige Einwendungen des Auftragnehmers. Jede Partei erhält eine Ausfertigung.

2. Die förmliche Abnahme kann in Abwesenheit des Auftragnehmers stattfinden, wenn der Termin vereinbart war oder der Auftraggeber mit genügender Frist dazu eingeladen hatte. Das Ergebnis der Abnahme ist dem Auftragnehmer alsbald mitzuteilen.

(5) 1. Wird keine Abnahme verlangt, so gilt die Leistung als abgenommen mit Ablauf von 12 Werktagen nach schriftlicher Mitteilung über die Fertigstellung der Leistung.

2. Wird keine Abnahme verlangt und hat der Auftraggeber die Leistung oder einen Teil der Leistung in Benutzung genommen, so gilt die Abnahme nach Ablauf von 6 Werktagen nach Beginn der Benutzung als erfolgt, wenn nichts anderes vereinbart ist. Die Benutzung von Teilen einer baulichen Anlage zur Weiterführung der Arbeiten gilt nicht als Abnahme.

3. Vorbehalte wegen bekannter Mängel oder wegen Vertragsstrafen hat der Auftraggeber spätestens zu den in den Nummern 1 und 2 bezeichneten Zeitpunkten geltend zu machen.

(6) Mit der Abnahme geht die Gefahr auf den Auftraggeber über, soweit er sie nicht schon nach § 7 trägt.

§ 13 Mängelansprüche

(1) Der Auftragnehmer hat dem Auftraggeber seine Leistung zum Zeitpunkt der Abnahme frei von Sachmängeln zu verschaffen. Die Leistung ist zur Zeit der Abnahme frei von Sachmängeln, wenn sie die vereinbarte Beschaffenheit hat und den anerkannten Regeln der Technik entspricht. Ist die Beschaffenheit nicht vereinbart, so ist die Leistung zur Zeit der Abnahme frei von Sachmängeln,
1. wenn sie sich für die nach dem Vertrag vorausgesetzte, sonst
2. für die gewöhnliche Verwendung eignet und eine Beschaffenheit aufweist, die bei Werken der gleichen Art üblich ist und die der Auftraggeber nach der Art der Leistung erwarten kann.

(2) Bei Leistungen nach Probe gelten die Eigenschaften der Probe als vereinbarte Beschaffenheit, soweit nicht Abweichungen nach der Verkehrssitte als bedeutungslos anzusehen sind. Dies gilt auch für Proben, die erst nach Vertragsabschluss als solche anerkannt sind.

(3) Ist ein Mangel zurückzuführen auf die Leistungsbeschreibung oder auf Anordnungen des Auftraggebers, auf die von diesem gelieferten oder vorgeschriebenen Stoffe oder Bauteile oder die Beschaffenheit der Vorleistung eines anderen Unternehmers, haftet der Auftragnehmer, es sei denn, er hat die ihm nach § 4 Absatz 3 obliegende Mitteilung gemacht.

(4) 1. Ist für Mängelansprüche keine Verjährungsfrist im Vertrag vereinbart, so beträgt sie für Bauwerke 4 Jahre, für andere Werke, deren Erfolg in der Herstellung, Wartung oder Veränderung einer Sache besteht, und für die vom Feuer berührten Teile von Feuerungsanlagen 2 Jahre. Abweichend von Satz 1 beträgt die Verjährungsfrist für feuerberührte und abgasdämmende Teile von industriellen Feuerungsanlagen 1 Jahr.

2. Ist für Teile von maschinellen und elektrotechnischen/elektronischen Anlagen, bei denen die Wartung Einfluss auf Sicherheit und Funktionsfähigkeit hat, nichts anderes vereinbart, beträgt für diese Anlagenteile die Verjährungsfrist für Mängelansprüche abweichend von Nummer 1 zwei Jahre, wenn der Auftraggeber sich dafür entschieden hat, dem Auftragnehmer die Wartung für die Dauer der Verjährungsfrist nicht zu übertragen; dies gilt auch, wenn für weitere Leistungen eine andere Verjährungsfrist vereinbart ist.

3. Die Frist beginnt mit der Abnahme der gesamten Leistung; nur für in sich abgeschlossene Teile der Leistung beginnt sie mit der Teilabnahme (§ 12 Absatz 2).

(5) 1. Der Auftragnehmer ist verpflichtet, alle während der Verjährungsfrist hervortretenden Mängel, die auf vertragswidrige Leistung zurückzuführen sind, auf seine Kosten zu beseitigen, wenn es der Auftraggeber vor Ablauf der Frist schriftlich verlangt. Der Anspruch auf Beseitigung der gerügten Mängel verjährt in 2 Jahren, gerechnet vom Zugang des schriftlichen Verlangens an, jedoch nicht vor Ablauf der Regelfristen nach Absatz 4 oder der an ihrer Stelle vereinbarten Frist. Nach Abnahme der Mängelbeseitigungsleistung beginnt für diese Leistung eine Verjährungsfrist von 2 Jahren neu, die jedoch nicht vor Ablauf der Regelfristen nach Absatz 4 oder der an ihrer Stelle vereinbarten Frist endet.

2. Kommt der Auftragnehmer der Aufforderung zur Mängelbeseitigung in einer vom Auftraggeber gesetzten angemessenen Frist nicht nach, so kann der Auftraggeber die Mängel auf Kosten des Auftragnehmers beseitigen lassen.

(6) Ist die Beseitigung des Mangels für den Auftraggeber unzumutbar oder ist sie unmöglich oder würde sie einen unverhältnismäßig hohen Aufwand erfordern und wird sie deshalb vom Auftragnehmer verweigert, so kann der Auftraggeber durch Erklärung gegenüber dem Auftragnehmer die Vergütung mindern (§ 638 BGB).

(7) 1. Der Auftragnehmer haftet bei schuldhaft verursachten Mängeln für Schäden aus der Verletzung des Lebens, des Körpers oder der Gesundheit.

2. Bei vorsätzlich oder grob fahrlässig verursachten Mängeln haftet er für alle Schäden.

3. Im Übrigen ist dem Auftraggeber der Schaden an der baulichen Anlage zu ersetzen, zu deren Herstellung, Instandhaltung oder Änderung die Leistung dient, wenn ein wesentlicher Mangel vorliegt, der die Gebrauchsfähigkeit erheblich beeinträchtigt und auf ein Verschulden des Auftragnehmers zurückzuführen ist. Einen darüber hinausgehenden Schaden hat der Auftragnehmer nur dann zu ersetzen,

    a) wenn der Mangel auf einem Verstoß gegen die anerkannten Regeln der Technik beruht,

b) wenn der Mangel in dem Fehlen einer vertraglich vereinbarten Beschaffenheit besteht oder

c) soweit der Auftragnehmer den Schaden durch Versicherung seiner gesetzlichen Haftpflicht gedeckt hat oder durch eine solche zu tarifmäßigen, nicht auf außergewöhnliche Verhältnisse abgestellten Prämien und Prämienzuschlägen bei einem im Inland zum Geschäftsbetrieb zugelassenen Versicherer hätte decken können.

4. Abweichend von Absatz 4 gelten die gesetzlichen Verjährungsfristen, soweit sich der Auftragnehmer nach Nummer 3 durch Versicherung geschützt hat oder hätte schützen können oder soweit ein besonderer Versicherungsschutz vereinbart ist.

5. Eine Einschränkung oder Erweiterung der Haftung kann in begründeten Sonderfällen vereinbart werden.

§ 14 Abrechnung

1. Der Auftragnehmer hat seine Leistungen prüfbar abzurechnen. Er hat die Rechnungen übersichtlich aufzustellen und dabei die Reihenfolge der Posten einzuhalten und die in den Vertragsbestandteilen enthaltenen Bezeichnungen zu verwenden. Die zum Nachweis von Art und Umfang der Leistung erforderlichen Mengenberechnungen, Zeichnungen und andere Belege sind beizufügen. Änderungen und Ergänzungen des Vertrags sind in der Rechnung besonders kenntlich zu machen; sie sind auf Verlangen getrennt abzurechnen.

2. Die für die Abrechnung notwendigen Feststellungen sind dem Fortgang der Leistung entsprechend möglichst gemeinsam vorzunehmen. Die Abrechnungsbestimmungen in den Technischen Vertragsbedingungen und den anderen Vertragsunterlagen sind zu beachten. Für Leistungen, die bei Weiterführung der Arbeiten nur schwer feststellbar sind, hat der Auftragnehmer rechtzeitig gemeinsame Feststellungen zu beantragen.

3. Die Schlussrechnung muss bei Leistungen mit einer vertraglichen Ausführungsfrist von höchstens 3 Monaten spätestens 12 Werktage nach Fertigstellung eingereicht werden, wenn nichts anderes vereinbart ist; diese Frist wird um je 6 Werktage für je weitere 3 Monate Ausführungsfrist verlängert.

4. Reicht der Auftragnehmer eine prüfbare Rechnung nicht ein, obwohl ihm der Auftraggeber dafür eine angemessene Frist gesetzt hat, so kann sie der Auftraggeber selbst auf Kosten des Auftragnehmers aufstellen.

§ 15 Stundenlohnarbeiten

(1) 1. Stundenlohnarbeiten werden nach den vertraglichen Vereinbarungen abgerechnet.

2. Soweit für die Vergütung keine Vereinbarungen getroffen worden sind, gilt die ortsübliche Vergütung. Ist diese nicht zu ermitteln, so werden die Aufwendungen des Auftragnehmers für Lohn- und Gehaltskosten der Baustelle, Lohn- und Gehaltsnebenkosten der Baustelle, Stoffkosten der Baustelle, Kosten der Ein-

richtungen, Geräte, Maschinen und maschinellen Anlagen der Baustelle, Fracht-, Fuhr- und Ladekosten, Sozialkassenbeiträge und Sonderkosten, die bei wirtschaftlicher Betriebsführung entstehen, mit angemessenen Zuschlägen für Gemeinkosten und Gewinn (einschließlich allgemeinem Unternehmerwagnis) zuzüglich Umsatzsteuer vergütet.

(2) Verlangt der Auftraggeber, dass die Stundenlohnarbeiten durch einen Polier oder eine andere Aufsichtsperson beaufsichtigt werden, oder ist die Aufsicht nach den einschlägigen Unfallverhütungsvorschriften notwendig, so gilt Absatz 1 entsprechend.

(3) Dem Auftraggeber ist die Ausführung von Stundenlohnarbeiten vor Beginn anzuzeigen. Über die geleisteten Arbeitsstunden und den dabei erforderlichen, besonders zu vergütenden Aufwand für den Verbrauch von Stoffen, für Vorhaltung von Einrichtungen, Geräten, Maschinen und maschinellen Anlagen, für Frachten, Fuhr- und Ladeleistungen sowie etwaige Sonderkosten sind, wenn nichts anderes vereinbart ist, je nach der Verkehrssitte werktäglich oder wöchentlich Listen (Stundenlohnzettel) einzureichen. Der Auftraggeber hat die von ihm bescheinigten Stundenlohnzettel unverzüglich, spätestens jedoch innerhalb von 6 Werktagen nach Zugang, zurückzugeben. Dabei kann er Einwendungen auf den Stundenlohnzetteln oder gesondert schriftlich erheben. Nicht fristgemäß zurückgegebene Stundenlohnzettel gelten als anerkannt.

(4) Stundenlohnrechnungen sind alsbald nach Abschluss der Stundenlohnarbeiten, längstens jedoch in Abständen von 4 Wochen, einzureichen. Für die Zahlung gilt § 16.

(5) Wenn Stundenlohnarbeiten zwar vereinbart waren, über den Umfang der Stundenlohnleistungen aber mangels rechtzeitiger Vorlage der Stundenlohnzettel Zweifel bestehen, so kann der Auftraggeber verlangen, dass für die nachweisbar ausgeführten Leistungen eine Vergütung vereinbart wird, die nach Maßgabe von Absatz 1 Nummer 2 für einen wirtschaftlich vertretbaren Aufwand an Arbeitszeit und Verbrauch von Stoffen, für Vorhaltung von Einrichtungen, Geräten, Maschinen und maschinellen Anlagen, für Frachten, Fuhr- und Ladeleistungen sowie etwaige Sonderkosten ermittelt wird.

§ 16 Zahlung

(1) 1. Abschlagszahlungen sind auf Antrag in möglichst kurzen Zeitabständen oder zu den vereinbarten Zeitpunkten zu gewähren, und zwar in Höhe des Wertes der jeweils nachgewiesenen vertragsgemäßen Leistungen einschließlich des ausgewiesenen, darauf entfallenden Umsatzsteuerbetrages. Die Leistungen sind durch eine prüfbare Aufstellung nachzuweisen, die eine rasche und sichere Beurteilung der Leistungen ermöglichen muss. Als Leistungen gelten hierbei auch die für die geforderte Leistung eigens angefertigten und bereitgestellten Bauteile sowie die auf der Baustelle angelieferten Stoffe und Bauteile, wenn dem Auftraggeber nach seiner Wahl das Eigentum an ihnen übertragen ist oder entsprechende Sicherheit gegeben wird.

2. Gegenforderungen können einbehalten werden. Andere Einbehalte sind nur in den im Vertrag und in den gesetzlichen Bestimmungen vorgesehenen Fällen zulässig.

3. Ansprüche auf Abschlagszahlungen werden binnen 21 Tagen nach Zugang der Aufstellung fällig.

4. Die Abschlagszahlungen sind ohne Einfluss auf die Haftung des Auftragnehmers; sie gelten nicht als Abnahme von Teilen der Leistung.

(2) 1. Vorauszahlungen können auch nach Vertragsabschluss vereinbart werden; hierfür ist auf Verlangen des Auftraggebers ausreichende Sicherheit zu leisten. Diese Vorauszahlungen sind, sofern nichts anderes vereinbart wird, mit 3 v. H. über dem Basiszinssatz des § 247 BGB zu verzinsen.

2. Vorauszahlungen sind auf die nächstfälligen Zahlungen anzurechnen, soweit damit Leistungen abzugelten sind, für welche die Vorauszahlungen gewährt worden sind.

(3) 1. Der Anspruch auf Schlusszahlung wird alsbald nach Prüfung und Feststellung fällig, spätestens innerhalb von 30 Tagen nach Zugang der Schlussrechnung. Die Frist verlängert sich auf höchstens 60 Tage, wenn sie aufgrund der besonderen Natur oder Merkmale der Vereinbarung sachlich gerechtfertigt ist und ausdrücklich vereinbart wurde. Werden Einwendungen gegen die Prüfbarkeit unter Angabe der Gründe nicht bis zum Ablauf der jeweiligen Frist erhoben, kann der Auftraggeber sich nicht mehr auf die fehlende Prüfbarkeit berufen. Die Prüfung der Schlussrechnung ist nach Möglichkeit zu beschleunigen. Verzögert sie sich, so ist das unbestrittene Guthaben als Abschlagszahlung sofort zu zahlen.

2. Die vorbehaltlose Annahme der Schlusszahlung schließt Nachforderungen aus, wenn der Auftragnehmer über die Schlusszahlung schriftlich unterrichtet und auf die Ausschlusswirkung hingewiesen wurde.

3. Einer Schlusszahlung steht es gleich, wenn der Auftraggeber unter Hinweis auf geleistete Zahlungen weitere Zahlungen endgültig und schriftlich ablehnt.

4. Auch früher gestellte, aber unerledigte Forderungen werden ausgeschlossen, wenn sie nicht nochmals vorbehalten werden.

5. Ein Vorbehalt ist innerhalb von 28 Tagen nach Zugang der Mitteilung nach den Nummern 2 und 3 über die Schlusszahlung zu erklären. Er wird hinfällig, wenn nicht innerhalb von weiteren 28 Tagen – beginnend am Tag nach Ablauf der in Satz 1 genannten 28 Tage – eine prüfbare Rechnung über die vorbehaltenen Forderungen eingereicht oder, wenn das nicht möglich ist, der Vorbehalt eingehend begründet wird.

6. Die Ausschlussfristen gelten nicht für ein Verlangen nach Richtigstellung der Schlussrechnung und -zahlung wegen Aufmaß-, Rechen- und Übertragungsfehlern.

(4) In sich abgeschlossene Teile der Leistung können nach Teilabnahme ohne Rücksicht auf die Vollendung der übrigen Leistungen endgültig festgestellt und bezahlt werden.

(5) 1. Alle Zahlungen sind aufs Äußerste zu beschleunigen.

2. Nicht vereinbarte Skontoabzüge sind unzulässig.

3. Zahlt der Auftraggeber bei Fälligkeit nicht, so kann ihm der Auftragnehmer eine angemessene Nachfrist setzen. Zahlt er auch innerhalb der Nachfrist nicht, so hat

der Auftragnehmer vom Ende der Nachfrist an Anspruch auf Zinsen in Höhe der in § 288 Absatz 2 BGB angegebenen Zinssätze, wenn er nicht einen höheren Verzugsschaden nachweist. Der Auftraggeber kommt jedoch, ohne dass es einer Nachfristsetzung bedarf, spätestens 30 Tage nach Zugang der Rechnung oder der Aufstellung bei Abschlagszahlungen in Zahlungsverzug, wenn der Auftragnehmer seine vertraglichen und gesetzlichen Verpflichtungen erfüllt und den fälligen Entgeltbetrag nicht rechtzeitig erhalten hat, es sei denn, der Auftraggeber ist für den Zahlungsverzug nicht verantwortlich. Die Frist verlängert sich auf höchstens 60 Tage, wenn sie aufgrund der besonderen Natur oder Merkmale der Vereinbarung sachlich gerechtfertigt ist und ausdrücklich vereinbart wurde.

4. Der Auftragnehmer darf die Arbeiten bei Zahlungsverzug bis zur Zahlung einstellen, sofern eine dem Auftraggeber zuvor gesetzte angemessene Frist erfolglos verstrichen ist.

(6) Der Auftraggeber ist berechtigt, zur Erfüllung seiner Verpflichtungen aus den Absätzen 1 bis 5 Zahlungen an Gläubiger des Auftragnehmers zu leisten, soweit sie an der Ausführung der vertraglichen Leistung des Auftragnehmers aufgrund eines mit diesem abgeschlossenen Dienst- oder Werkvertrags beteiligt sind, wegen Zahlungsverzugs des Auftragnehmers die Fortsetzung ihrer Leistung zu Recht verweigern und die Direktzahlung die Fortsetzung der Leistung sicherstellen soll. Der Auftragnehmer ist verpflichtet, sich auf Verlangen des Auftraggebers innerhalb einer von diesem gesetzten Frist darüber zu erklären, ob und inwieweit er die Forderungen seiner Gläubiger anerkennt; wird diese Erklärung nicht rechtzeitig abgegeben, so gelten die Voraussetzungen für die Direktzahlung als anerkannt.

§ 17 Sicherheitsleistung

(1) 1. Wenn Sicherheitsleistung vereinbart ist, gelten die §§ 232 bis 240 BGB, soweit sich aus den nachstehenden Bestimmungen nichts anderes ergibt.

2. Die Sicherheit dient dazu, die vertragsgemäße Ausführung der Leistung und die Mängelansprüche sicherzustellen.

(2) Wenn im Vertrag nichts anderes vereinbart ist, kann Sicherheit durch Einbehalt oder Hinterlegung von Geld oder durch Bürgschaft eines Kreditinstituts oder Kreditversicherers geleistet werden, sofern das Kreditinstitut oder der Kreditversicherer

1. in der Europäischen Gemeinschaft oder

2. in einem Staat der Vertragsparteien des Abkommens über den Europäischen Wirtschaftsraum oder

3. in einem Staat der Vertragsparteien des WTO-Übereinkommens über das öffentliche Beschaffungswesen zugelassen ist.

(3) Der Auftragnehmer hat die Wahl unter den verschiedenen Arten der Sicherheit; er kann eine Sicherheit durch eine andere ersetzen.

(4) Bei Sicherheitsleistung durch Bürgschaft ist Voraussetzung, dass der Auftraggeber den Bürgen als tauglich anerkannt hat. Die Bürgschaftserklärung ist schriftlich unter Verzicht auf die Einrede der Vorausklage abzugeben (§ 771 BGB); sie darf nicht auf

bestimmte Zeit begrenzt und muss nach Vorschrift des Auftraggebers ausgestellt sein. Der Auftraggeber kann als Sicherheit keine Bürgschaft fordern, die den Bürgen zur Zahlung auf erstes Anfordern verpflichtet.

(5) Wird Sicherheit durch Hinterlegung von Geld geleistet, so hat der Auftragnehmer den Betrag bei einem zu vereinbarenden Geldinstitut auf ein Sperrkonto einzuzahlen, über das beide nur gemeinsam verfügen können („Und-Konto"). Etwaige Zinsen stehen dem Auftragnehmer zu.

(6) 1. Soll der Auftraggeber vereinbarungsgemäß die Sicherheit in Teilbeträgen von seinen Zahlungen einbehalten, so darf er jeweils die Zahlung um höchstens 10 v. H. kürzen, bis die vereinbarte Sicherheitssumme erreicht ist. Sofern Rechnungen ohne Umsatzsteuer gemäß § 13 b UStG gestellt werden, bleibt die Umsatzsteuer bei der Berechnung des Sicherheitseinbehalts unberücksichtigt. Den jeweils einbehaltenen Betrag hat er dem Auftragnehmer mitzuteilen und binnen 18 Werktagen nach dieser Mitteilung auf ein Sperrkonto bei dem vereinbarten Geldinstitut einzuzahlen. Gleichzeitig muss er veranlassen, dass dieses Geldinstitut den Auftragnehmer von der Einzahlung des Sicherheitsbetrags benachrichtigt. Absatz 5 gilt entsprechend.

2. Bei kleineren oder kurzfristigen Aufträgen ist es zulässig, dass der Auftraggeber den einbehaltenen Sicherheitsbetrag erst bei der Schlusszahlung auf ein Sperrkonto einzahlt.

3. Zahlt der Auftraggeber den einbehaltenen Betrag nicht rechtzeitig ein, so kann ihm der Auftragnehmer hierfür eine angemessene Nachfrist setzen. Lässt der Auftraggeber auch diese verstreichen, so kann der Auftragnehmer die sofortige Auszahlung des einbehaltenen Betrags verlangen und braucht dann keine Sicherheit mehr zu leisten.

4. Öffentliche Auftraggeber sind berechtigt, den als Sicherheit einbehaltenen Betrag auf eigenes Verwahrgeldkonto zu nehmen; der Betrag wird nicht verzinst.

(7) Der Auftragnehmer hat die Sicherheit binnen 18 Werktagen nach Vertragsabschluss zu leisten, wenn nichts anderes vereinbart ist. Soweit er diese Verpflichtung nicht erfüllt hat, ist der Auftraggeber berechtigt, vom Guthaben des Auftragnehmers einen Betrag in Höhe der vereinbarten Sicherheit einzubehalten. Im Übrigen gelten die Absätze 5 und 6 außer Nummer 1 Satz 1 entsprechend.

(8) 1. Der Auftraggeber hat eine nicht verwertete Sicherheit für die Vertragserfüllung zum vereinbarten Zeitpunkt, spätestens nach Abnahme und Stellung der Sicherheit für Mängelansprüche zurückzugeben, es sei denn, dass Ansprüche des Auftraggebers, die nicht von der gestellten Sicherheit für Mängelansprüche umfasst sind, noch nicht erfüllt sind. Dann darf er für diese Vertragserfüllungsansprüche einen entsprechenden Teil der Sicherheit zurückhalten.

2. Der Auftraggeber hat eine nicht verwertete Sicherheit für Mängelansprüche nach Ablauf von 2 Jahren zurückzugeben, sofern kein anderer Rückgabezeitpunkt vereinbart worden ist. Soweit jedoch zu diesem Zeitpunkt seine geltend gemachten Ansprüche noch nicht erfüllt sind, darf er einen entsprechenden Teil der Sicherheit zurückhalten.

§ 18 Streitigkeiten

(1) Liegen die Voraussetzungen für eine Gerichtsstandvereinbarung nach § 38 Zivilprozessordnung vor, richtet sich der Gerichtsstand für Streitigkeiten aus dem Vertrag nach dem Sitz der für die Prozessvertretung des Auftraggebers zuständigen Stelle, wenn nichts anderes vereinbart ist. Sie ist dem Auftragnehmer auf Verlangen mitzuteilen.

(2) 1. Entstehen bei Verträgen mit Behörden Meinungsverschiedenheiten, so soll der Auftragnehmer zunächst die der auftraggebenden Stelle unmittelbar vorgesetzte Stelle anrufen. Diese soll dem Auftragnehmer Gelegenheit zur mündlichen Aussprache geben und ihn möglichst innerhalb von 2 Monaten nach der Anrufung schriftlich bescheiden und dabei auf die Rechtsfolgen des Satzes 3 hinweisen. Die Entscheidung gilt als anerkannt, wenn der Auftragnehmer nicht innerhalb von 3 Monaten nach Eingang des Bescheides schriftlich Einspruch beim Auftraggeber erhebt und dieser ihn auf die Ausschlussfrist hingewiesen hat.

   2. Mit dem Eingang des schriftlichen Antrages auf Durchführung eines Verfahrens nach Nummer 1 wird die Verjährung des in diesem Antrag geltend gemachten Anspruchs gehemmt. Wollen Auftraggeber oder Auftragnehmer das Verfahren nicht weiter betreiben, teilen sie dies dem jeweils anderen Teil schriftlich mit. Die Hemmung endet 3 Monate nach Zugang des schriftlichen Bescheides oder der Mitteilung nach Satz 2.

(3) Daneben kann ein Verfahren zur Streitbeilegung vereinbart werden. Die Vereinbarung sollte mit Vertragsabschluss erfolgen.

(4) Bei Meinungsverschiedenheiten über die Eigenschaft von Stoffen und Bauteilen, für die allgemein gültige Prüfungsverfahren bestehen, und über die Zulässigkeit oder Zuverlässigkeit der bei der Prüfung verwendeten Maschinen oder angewendeten Prüfungsverfahren kann jede Vertragspartei nach vorheriger Benachrichtigung der anderen Vertragspartei die materialtechnische Untersuchung durch eine staatliche oder staatlich anerkannte Materialprüfungsstelle vornehmen lassen; deren Feststellungen sind verbindlich. Die Kosten trägt der unterliegende Teil.

(5) Streitfälle berechtigen den Auftragnehmer nicht, die Arbeiten einzustellen.

***

Bürgerliches Gesetzbuch (BGB) seit 1. Januar geltende Fassung, zuletzt geändert durch Artikel 5 des Gesetzes vom 10. Dezember 2008 (BGBl. I S. 2399)/(Auszug)

Buch 1 Allgemeiner Teil
  Abschn. 5 Verjährung
  Titel 1 Gegenstand und Dauer der Verjährung

§ 194 Gegenstand der Verjährung

(1) Das Recht, von einem anderen ein Tun oder Unterlassen zu verlangen (Anspruch), unterliegt der Verjährung.

(2) Ansprüche aus einem familienrechtlichen Verhältnis unterliegen der Verjährung nicht, soweit sie auf die Herstellung des dem Verhältnis entsprechenden Zustands für die Zukunft oder auf die Einwilligung in eine genetische Untersuchung zur Klärung der leiblichen Abstammung gerichtet sind.

§ 195 Regelmäßige Verjährungsfrist

Die regelmäßige Verjährungsfrist beträgt drei Jahre.

§ 196 Verjährungsfrist bei Rechten an einem Grundstück

Ansprüche auf Übertragung des Eigentums an einem Grundstück sowie auf Begründung, Übertragung oder Aufhebung eines Rechts an einem Grundstück oder auf Änderung des Inhalts eines solchen Rechts sowie die Ansprüche auf die Gegenleistung verjähren in zehn Jahren.

§ 197 Dreißigjährige Verjährungsfrist

1. In 30 Jahren verjähren, soweit nicht ein anderes bestimmt ist,
   1. Herausgabeansprüche aus Eigentum und anderen dinglichen Rechten,
   2. familien- und erbrechtliche Ansprüche,
   3. rechtskräftig festgestellte Ansprüche,
   4. Ansprüche aus vollstreckbaren Vergleichen oder vollstreckbaren Urkunden,
   5. Ansprüche, die durch die im Insolvenzverfahren erfolgte Feststellung vollstreckbar geworden sind, und
   6. Ansprüche auf Erstattung der Kosten der Zwangsvollstreckung.
2. Soweit Ansprüche nach Absatz 1 Nr. 2 regelmäßig wiederkehrende Leistungen oder Unterhaltsleistungen und Ansprüche nach Absatz 1 Nr. 3 bis 5 künftig fällig werdende regelmäßig wiederkehrende Leistungen zum Inhalt haben, tritt an die Stelle der Verjährungsfrist von 30 Jahren die regelmäßige Verjährungsfrist.

§ 198 Verjährung bei Rechtsnachfolge

Gelangt eine Sache, hinsichtlich derer ein dinglicher Anspruch besteht, durch Rechtsnachfolge in den Besitz eines Dritten, so kommt die während des Besitzes des Rechtsvorgängers verstrichene Verjährungszeit dem Rechtsnachfolger zugute.

§ 199 Beginn der regelmäßigen Verjährungsfrist und Höchstfristen
1. Die regelmäßige Verjährungsfrist beginnt mit dem Schluss des Jahres, in dem
    1. der Anspruch entstanden ist und
    2. der Gläubiger von den den Anspruch begründenden Umständen und der Person des Schuldners Kenntnis erlangt oder ohne grobe Fahrlässigkeit erlangen müsste.
2. Schadensersatzansprüche, die auf der Verletzung des Lebens, des Körpers, der Gesundheit oder der Freiheit beruhen, verjähren ohne Rücksicht auf ihre Entstehung und die Kenntnis oder grob fahrlässige Unkenntnis in 30 Jahren von der Begehung der Handlung, der Pflichtverletzung oder dem sonstigen, den Schaden auslösenden Ereignis an.
3. Sonstige Schadensersatzansprüche verjähren
    1. ohne Rücksicht auf die Kenntnis oder grob fahrlässige Unkenntnis in zehn Jahren von ihrer Entstehung an und
    2. ohne Rücksicht auf ihre Entstehung und die Kenntnis oder grob fahrlässige Unkenntnis in 30 Jahren von der Begehung der Handlung, der Pflichtverletzung oder dem sonstigen, den Schaden auslösenden Ereignis an.
    Maßgeblich ist die früher endende Frist.
4. Andere Ansprüche als Schadensersatzansprüche verjähren ohne Rücksicht auf die Kenntnis oder grob fahrlässige Unkenntnis in zehn Jahren von ihrer Entstehung an.
5. Geht der Anspruch auf ein Unterlassen, so tritt an die Stelle der Entstehung die Zuwiderhandlung.

§ 200 Beginn anderer Verjährungsfristen
Die Verjährungsfrist von Ansprüchen, die nicht der regelmäßigen Verjährungsfrist unterliegen, beginnt mit der Entstehung des Anspruchs, soweit nicht ein anderer Verjährungsbeginn bestimmt ist. § 199 Abs. 5 findet entsprechende Anwendung.

§ 201 Beginn der Verjährungsfrist von festgestellten Ansprüchen
Die Verjährung von Ansprüchen der in § 197 Abs. 1 Nr. 3 bis 6 bezeichneten Art beginnt mit der Rechtskraft der Entscheidung, der Errichtung des vollstreckbaren Titels oder der Feststellung im Insolvenzverfahren, nicht jedoch vor der Entstehung des Anspruchs. § 199 Abs. 5 findet entsprechende Anwendung.

§ 202 Unzulässigkeit von Vereinbarungen über die Verjährung
1. Die Verjährung kann bei Haftung wegen Vorsatzes nicht im Voraus durch Rechtsgeschäft erleichtert werden.
2. Die Verjährung kann durch Rechtsgeschäft nicht über eine Verjährungsfrist von 30 Jahren ab dem gesetzlichen Verjährungsbeginn hinaus erschwert werden.

Titel 2 Hemmung, Ablaufhemmung und Neubeginn der Verjährung

§ 203 Hemmung der Verjährung bei Verhandlungen
Schweben zwischen dem Schuldner und dem Gläubiger Verhandlungen über den Anspruch oder die den Anspruch begründenden Umstände, so ist die Verjährung gehemmt,

bis der eine oder der andere Teil die Fortsetzung der Verhandlungen verweigert. Die Verjährung tritt frühestens drei Monate nach dem Ende der Hemmung ein.

§ 204 Hemmung der Verjährung durch Rechtsverfolgung

1. Die Verjährung wird gehemmt durch
   1. die Erhebung der Klage auf Leistung oder auf Feststellung des Anspruchs, auf Erteilung der Vollstreckungsklausel oder auf Erlass des Vollstreckungsurteils,
   2. die Zustellung des Antrags im vereinfachten Verfahren über den Unterhalt Minderjähriger,
   3. die Zustellung des Mahnbescheids im Mahnverfahren oder des Europäischen Zahlungsbefehls im Europäischen Mahnverfahren nach der Verordnung (EG) Nr. 1896/2006 des Europäischen Parlaments und des Rates vom 12. Dezember 2006 zur Einführung eines Europäischen Mahnverfahrens (ABl. EU Nr. L 399 S. 1),
   4. die Veranlassung der Bekanntgabe des Güteantrags, der bei einer durch die Landesjustizverwaltung eingerichteten oder anerkannten Gütestelle oder, wenn die Parteien den Einigungsversuch einvernehmlich unternehmen, bei einer sonstigen Gütestelle, die Streitbeilegungen betreibt, eingereicht ist; wird die Bekanntgabe demnächst nach der Einreichung des Antrags veranlasst, so tritt die Hemmung der Verjährung bereits mit der Einreichung ein,
   5. die Geltendmachung der Aufrechnung des Anspruchs im Prozess,
   6. die Zustellung der Streitverkündung,
   7. die Zustellung des Antrags auf Durchführung eines selbstständigen Beweisverfahrens,
   8. den Beginn eines vereinbarten Begutachtungsverfahrens,
   9. die Zustellung des Antrags auf Erlass eines Arrests, einer einstweiligen Verfügung oder einer einstweiligen Anordnung, oder, wenn der Antrag nicht zugestellt wird, dessen Einreichung, wenn der Arrestbefehl, die einstweilige Verfügung oder die einstweilige Anordnung innerhalb eines Monats seit Verkündung oder Zustellung an den Gläubiger dem Schuldner zugestellt wird,
   10. die Anmeldung des Anspruchs im Insolvenzverfahren oder im Schifffahrtsrechtlichen Verteilungsverfahren,
   11. den Beginn des schiedsrichterlichen Verfahrens,
   12. die Einreichung des Antrags bei einer Behörde, wenn die Zulässigkeit der Klage von der Vorentscheidung dieser Behörde abhängt und innerhalb von drei Monaten nach Erledigung des Gesuchs die Klage erhoben wird; dies gilt entsprechend für bei einem Gericht oder bei einer in Nr. 4 bezeichneten Gütestelle zu stellende Anträge, deren Zulässigkeit von der Vorentscheidung einer Behörde abhängt,
   13. die Einreichung des Antrags bei dem höheren Gericht, wenn dieses das zuständige Gericht zu bestimmen hat und innerhalb von drei Monaten nach Erledigung des Gesuchs die Klage erhoben oder der Antrag, für den die Gerichtsstandsbestimmung zu erfolgen hat, gestellt wird, und

14. die Veranlassung der Bekanntgabe des erstmaligen Antrags auf Gewährung von Prozesskostenhilfe; wird die Bekanntgabe demnächst nach der Einreichung des Antrags veranlasst, so tritt die Hemmung der Verjährung bereits mit der Einreichung ein.

2. Die Hemmung nach Absatz 1 endet sechs Monate nach der rechtskräftigen Entscheidung oder anderweitigen Beendigung des eingeleiteten Verfahrens. Gerät das Verfahren dadurch in Stillstand, dass die Parteien es nicht betreiben, so tritt an die Stelle der Beendigung des Verfahrens die letzte Verfahrenshandlung der Parteien, des Gerichts oder der sonst mit dem Verfahren befassten Stelle. Die Hemmung beginnt erneut, wenn eine der Parteien das Verfahren weiter betreibt.

3. Auf die Frist nach Absatz 1 Nr. 9, 12 und 13 finden die §§ 206, 210 und 211 entsprechende Anwendung.

§ 205 Hemmung der Verjährung bei Leistungsverweigerungsrecht
Die Verjährung ist gehemmt, solange der Schuldner auf Grund einer Vereinbarung mit dem Gläubiger vorübergehend zur Verweigerung der Leistung berechtigt ist.

§ 206 Hemmung der Verjährung bei höherer Gewalt
Die Verjährung ist gehemmt, solange der Gläubiger innerhalb der letzten sechs Monate der Verjährungsfrist durch höhere Gewalt an der Rechtsverfolgung gehindert ist.

§ 207 Hemmung der Verjährung aus familiären und ähnlichen Gründen
1. Die Verjährung von Ansprüchen zwischen Ehegatten ist gehemmt, solange die Ehe besteht. Das Gleiche gilt für Ansprüche zwischen
    1. Lebenspartnern, solange die Lebenspartnerschaft besteht,
    2. Eltern und Kindern und dem Ehegatten eines Elternteils und dessen Kindern während der Minderjährigkeit der Kinder,
    3. dem Vormund und dem Mündel während der Dauer des Vormundschaftsverhältnisses,
    4. dem Betreuten und dem Betreuer während der Dauer des Betreuungsverhältnisses und
    5. dem Pflegling und dem Pfleger während der Dauer der Pflegschaft.
    6. Die Verjährung von Ansprüchen des Kindes gegen den Beistand ist während der Dauer der Beistandschaft gehemmt.
2. § 208 bleibt unberührt.

§ 208 Hemmung der Verjährung bei Ansprüchen wegen Verletzung der sexuellen Selbstbestimmung
Die Verjährung von Ansprüchen wegen Verletzung der sexuellen Selbstbestimmung ist bis zur Vollendung des 21. Lebensjahrs des Gläubigers gehemmt. Lebt der Gläubiger von Ansprüchen wegen Verletzung der sexuellen Selbstbestimmung bei Beginn der Verjährung mit dem Schuldner in häuslicher Gemeinschaft, so ist die Verjährung auch bis zur Beendigung der häuslichen Gemeinschaft gehemmt.

§ 209 Wirkung der Hemmung
Der Zeitraum, während dessen die Verjährung gehemmt ist, wird in die Verjährungsfrist nicht eingerechnet.

§ 210 Ablaufhemmung bei nicht voll Geschäftsfähigen
1. Ist eine geschäftsunfähige oder in der Geschäftsfähigkeit beschränkte Person ohne gesetzlichen Vertreter, so tritt eine für oder gegen sie laufende Verjährung nicht vor dem Ablauf von sechs Monaten nach dem Zeitpunkt ein, in dem die Person unbeschränkt geschäftsfähig oder der Mangel der Vertretung behoben wird. Ist die Verjährungsfrist kürzer als sechs Monate, so tritt der für die Verjährung bestimmte Zeitraum an die Stelle der sechs Monate.
2. Absatz 1 findet keine Anwendung, soweit eine in der Geschäftsfähigkeit beschränkte Person prozessfähig ist.

§ 211 Ablaufhemmung in Nachlassfällen
Die Verjährung eines Anspruchs, der zu einem Nachlass gehört oder sich gegen einen Nachlass richtet, tritt nicht vor dem Ablauf von sechs Monaten nach dem Zeitpunkt ein, in dem die Erbschaft von dem Erben angenommen oder das Insolvenzverfahren über den Nachlass eröffnet wird oder von dem an der Anspruch von einem oder gegen einen Vertreter geltend gemacht werden kann. Ist die Verjährungsfrist kürzer als sechs Monate, so tritt der für die Verjährung bestimmte Zeitraum an die Stelle der sechs Monate.

§ 212 Neubeginn der Verjährung
1. Die Verjährung beginnt erneut, wenn
   1. der Schuldner dem Gläubiger gegenüber den Anspruch durch Abschlagszahlung, Zinszahlung, Sicherheitsleistung oder in anderer Weise anerkennt oder
   2. eine gerichtliche oder behördliche Vollstreckungshandlung vorgenommen oder beantragt wird.
2. Der erneute Beginn der Verjährung infolge einer Vollstreckungshandlung gilt als nicht eingetreten, wenn die Vollstreckungshandlung auf Antrag des Gläubigers oder wegen Mangels der gesetzlichen Voraussetzungen aufgehoben wird.
3. Der erneute Beginn der Verjährung durch den Antrag auf Vornahme einer Vollstreckungshandlung gilt als nicht eingetreten, wenn dem Antrag nicht stattgegeben oder der Antrag vor der Vollstreckungshandlung zurückgenommen oder die erwirkte Vollstreckungshandlung nach Absatz 2 aufgehoben wird.

§ 213 Hemmung, Ablaufhemmung und erneuter Beginn der Verjährung bei anderen Ansprüchen
Die Hemmung, die Ablaufhemmung und der erneute Beginn der Verjährung gelten auch für Ansprüche, die aus demselben Grunde wahlweise neben dem Anspruch oder an seiner Stelle gegeben sind.

Titel 3 Rechtsfolgen der Verjährung

§ 214 Wirkung der Verjährung
1. Nach Eintritt der Verjährung ist der Schuldner berechtigt, die Leistung zu verweigern.
2. Das zur Befriedigung eines verjährten Anspruchs Geleistete kann nicht zurückgefordert werden, auch wenn in Unkenntnis der Verjährung geleistet worden ist. Das Gleiche gilt von einem vertragsmäßigen Anerkenntnis sowie einer Sicherheitsleistung des Schuldners.

§ 215 Aufrechnung und Zurückbehaltungsrecht nach Eintritt der Verjährung
Die Verjährung schließt die Aufrechnung und die Geltendmachung eines Zurückbehaltungsrechts nicht aus, wenn der Anspruch in dem Zeitpunkt noch nicht verjährt war, in dem erstmals aufgerechnet oder die Leistung verweigert werden konnte.

§ 216 Wirkung der Verjährung bei gesicherten Ansprüchen
1. Die Verjährung eines Anspruchs, für den eine Hypothek, eine Schiffshypothek oder ein Pfandrecht besteht, hindert den Gläubiger nicht, seine Befriedigung aus dem belasteten Gegenstand zu suchen.
2. Ist zur Sicherung eines Anspruchs ein Recht verschafft worden, so kann die Rückübertragung nicht auf Grund der Verjährung des Anspruchs gefordert werden. Ist das Eigentum vorbehalten, so kann der Rücktritt vom Vertrag auch erfolgen, wenn der gesicherte Anspruch verjährt ist.
3. Die Absätze 1 und 2 finden keine Anwendung auf die Verjährung von Ansprüchen auf Zinsen und andere wiederkehrende Leistungen.

§ 217 Verjährung von Nebenleistungen
Mit dem Hauptanspruch verjährt der Anspruch auf die von ihm abhängenden Nebenleistungen, auch wenn die für diesen Anspruch geltende besondere Verjährung noch nicht eingetreten ist.

§ 218 Unwirksamkeit des Rücktritts
1. Der Rücktritt wegen nicht oder nicht vertragsgemäß erbrachter Leistung ist unwirksam, wenn der Anspruch auf die Leistung oder der Nacherfüllungsanspruch verjährt ist und der Schuldner sich hierauf beruft. Dies gilt auch, wenn der Schuldner nach § 275 Abs. 1 bis 3, § 439 Abs. 3 oder § 635 Abs. 3 nicht zu leisten braucht und der Anspruch auf die Leistung oder der Nacherfüllungsanspruch verjährt wäre. § 216 Abs. 2 Satz 2 bleibt unberührt.
2. § 214 Abs. 2 findet entsprechende Anwendung.

Abschn. 7 Sicherheitsleistung

§ 232 Arten

1. Wer Sicherheit zu leisten hat, kann dies bewirken
   durch Hinterlegung von Geld oder Wertpapieren,
   durch Verpfändung von Forderungen, die in das Bundesschuldbuch oder in das Landesschuldbuch eines Landes eingetragen sind,
   durch Verpfändung beweglicher Sachen,
   durch Bestellung von Schiffshypotheken an Schiffen oder Schiffsbauwerken, die in einem deutschen Schiffsregister oder Schiffsbauregister eingetragen sind,
   durch Bestellung von Hypotheken an inländischen Grundstücken,
   durch Verpfändung von Forderungen, für die eine Hypothek an einem inländischen, Grundstück besteht, oder durch Verpfändung von Grundschulden oder Rentenschulden an inländischen Grundstücken.
2. Kann die Sicherheit nicht in dieser Weise geleistet werden, so ist die Stellung eines tauglichen Bürgen zulässig.

§ 233 Wirkung der Hinterlegung

Mit der Hinterlegung erwirbt der Berechtigte ein Pfandrecht an dem hinterlegten Geld oder an den hinterlegten Wertpapieren und, wenn das Geld oder die Wertpapiere in das Eigentum des Fiskus oder der als Hinterlegungsstelle bestimmten Anstalt übergehen, ein Pfandrecht an der Forderung auf Rückerstattung.

§ 234 Geeignete Wertpapiere

1. Wertpapiere sind zur Sicherheitsleistung nur geeignet, wenn sie auf den Inhaber lauten, einen Kurswert haben und einer Gattung angehören, in der Mündelgeld angelegt werden darf. Den Inhaberpapieren stehen Orderpapiere gleich, die mit Blankoindossament versehen sind.
2. Mit den Wertpapieren sind die Zins-, Renten-, Gewinnanteil- und Erneuerungsscheine zu hinterlegen.
3. Mit Wertpapieren kann Sicherheit nur in Höhe von drei Vierteln des Kurswerts geleistet werden.

§ 235 Umtauschrecht

Wer durch Hinterlegung von Geld oder von Wertpapieren Sicherheit geleistet hat, ist berechtigt, das hinterlegte Geld gegen geeignete Wertpapiere, die hinterlegten Wertpapiere gegen andere geeignete Wertpapiere oder gegen Geld umzutauschen.

§ 236 Buchforderungen

Mit einer Schuldbuchforderung gegen den Bund oder gegen ein Land kann Sicherheit nur in Höhe von drei Vierteln des Kurswerts der Wertpapiere geleistet werden, deren Aushändigung der Gläubiger gegen Löschung seiner Forderung verlangen kann.

§ 237 Bewegliche Sachen

Mit einer beweglichen Sache kann Sicherheit nur in Höhe von zwei Dritteln des Schätzungswerts geleistet werden. Sachen, deren Verderb zu besorgen oder deren Aufbewahrung mit besonderen Schwierigkeiten verbunden ist, können zurückgewiesen werden.

§ 238 Hypotheken, Grund- und Rentenschulden

1. Eine Hypothekenforderung, eine Grundschuld oder eine Rentenschuld ist zur Sicherheitsleistung nur geeignet, wenn sie den Voraussetzungen entspricht, unter denen am Orte der Sicherheitsleistung Mündelgeld in Hypothekenforderungen, Grundschulden oder Rentenschulden angelegt werden darf.
2. Eine Forderung, für die eine Sicherungshypothek besteht, ist zur Sicherheitsleistung nicht geeignet.

§ 239 Bürge

1. Ein Bürge ist tauglich, wenn er ein der Höhe der zu leistenden Sicherheit angemessenes Vermögen besitzt und seinen allgemeinen Gerichtsstand im Inland hat.
2. Die Bürgschaftserklärung muss den Verzicht auf die Einrede der Vorausklage enthalten.

§ 240 Ergänzungspflicht

Wird die geleistete Sicherheit ohne Verschulden des Berechtigten unzureichend, so ist sie zu ergänzen oder anderweitige Sicherheit zu leisten.

Buch 2 Recht der Schuldverhältnisse
Abschn. 1 Inhalt der Schuldverhältnisse
Titel 1 Verpflichtung zur Leistung

§ 241 Pflichten aus dem Schuldverhältnis

1. Kraft des Schuldverhältnisses ist der Gläubiger berechtigt, von dem Schuldner eine Leistung zu fordern. Die Leistung kann auch in einem Unterlassen bestehen.
2. Das Schuldverhältnis kann nach seinem Inhalt jeden Teil zur Rücksicht auf die Rechte, Rechtsgüter und Interessen des anderen Teils verpflichten.

§ 242 Leistung nach Treu und Glauben

Der Schuldner ist verpflichtet, die Leistung so zu bewirken, wie Treu und Glauben mit Rücksicht auf die Verkehrssitte es erfordern.

§ 247 Basiszinssatz

1. Der Basiszinssatz beträgt 3,62 Prozent. Er verändert sich zum 1. Januar und 1. Juli eines jeden Jahres um die Prozentpunkte, um welche die Bezugsgröße seit der letzten Veränderung des Basiszinssatzes gestiegen oder gefallen ist. Bezugsgröße ist der Zinssatz für die jüngste Hauptrefinanzierungsoperation der Europäischen Zentralbank vor dem ersten Kalendertag des betreffenden Halbjahrs.
2. Die Deutsche Bundesbank gibt den geltenden Basiszinssatz unverzüglich nach den in Absatz 1 Satz 2 genannten Zeitpunkten im Bundesanzeiger bekannt.

§ 249 Art und Umfang des Schadensersatzes

1. Wer zum Schadensersatz verpflichtet ist, hat den Zustand herzustellen, der bestehen würde, wenn der zum Ersatz verpflichtende Umstand nicht eingetreten wäre.
2. Ist wegen Verletzung einer Person oder wegen Beschädigung einer Sache Schadensersatz zu leisten, so kann der Gläubiger statt der Herstellung den dazu erforderlichen Geldbetrag verlangen. Bei der Beschädigung einer Sache schließt der nach Satz 1 erforderliche Geldbetrag die Umsatzsteuer nur mit ein, wenn und soweit sie tatsächlich angefallen ist.

§ 250 Schadensersatz in Geld nach Fristsetzung

Der Gläubiger kann dem Ersatzpflichtigen zur Herstellung eine angemessene Frist mit der Erklärung bestimmen, dass er die Herstellung nach dem Ablauf der Frist ablehne. Nach dem Ablauf der Frist kann der Gläubiger den Ersatz in Geld verlangen, wenn nicht die Herstellung rechtzeitig erfolgt; der Anspruch auf die Herstellung ist ausgeschlossen.

§ 251 Schadensersatz in Geld ohne Fristsetzung

1. Soweit die Herstellung nicht möglich oder zur Entschädigung des Gläubigers nicht genügend ist, hat der Ersatzpflichtige den Gläubiger in Geld zu entschädigen.
2. Der Ersatzpflichtige kann den Gläubiger in Geld entschädigen, wenn die Herstellung nur mit unverhältnismäßigen Aufwendungen möglich ist. Die aus der Heilbehandlung eines verletzten Tieres entstandenen Aufwendungen sind nicht bereits dann unverhältnismäßig, wenn sie dessen Wert erheblich übersteigen.

§ 252 Entgangener Gewinn

Der zu ersetzende Schaden umfasst auch den entgangenen Gewinn. Als entgangen gilt der Gewinn, welcher nach dem gewöhnlichen Lauf der Dinge oder nach den besonderen Umständen, insbesondere nach den getroffenen Anstalten und Vorkehrungen, mit Wahrscheinlichkeit erwartet werden konnte.

§ 253 Immaterieller Schaden

1. Wegen eines Schadens, der nicht Vermögensschaden ist, kann Entschädigung in Geld nur in den durch das Gesetz bestimmten Fällen gefordert werden.
2. Ist wegen einer Verletzung des Körpers, der Gesundheit, der Freiheit oder der sexuellen Selbstbestimmung Schadensersatz zu leisten, kann auch wegen des Schadens, der nicht Vermögensschaden ist, eine billige Entschädigung in Geld gefordert werden.

§ 254 Mitverschulden

1. Hat bei der Entstehung des Schadens ein Verschulden des Beschädigten mitgewirkt, so hängt die Verpflichtung zum Ersatz sowie der Umfang des zu leistenden Ersatzes von den Umständen, insbesondere davon ab, inwieweit der Schaden vorwiegend von dem einen oder dem anderen Teil verursacht worden ist.

2. Dies gilt auch dann, wenn sich das Verschulden des Beschädigten darauf beschränkt, dass er unterlassen hat, den Schuldner auf die Gefahr eines ungewöhnlich hohen Schadens aufmerksam zu machen, die der Schuldner weder kannte noch kennen musste, oder dass er unterlassen hat, den Schaden abzuwenden oder zu mindern. Die Vorschrift des § 278 findet entsprechende Anwendung.

§ 273 Zurückbehaltungsrecht

1. Hat der Schuldner aus demselben rechtlichen Verhältnis, auf dem seine Verpflichtung beruht, einen fälligen Anspruch gegen den Gläubiger, so kann er, sofern nicht aus dem Schuldverhältnis sich ein anderes ergibt, die geschuldete Leistung verweigern, bis die ihm gebührende Leistung bewirkt wird (Zurückbehaltungsrecht).
2. Wer zur Herausgabe eines Gegenstands verpflichtet ist, hat das gleiche Recht, wenn ihm ein fälliger Anspruch wegen Verwendungen auf den Gegenstand oder wegen eines ihm durch diesen verursachten Schadens zusteht, es sei denn, dass er den Gegenstand durch eine vorsätzlich begangene unerlaubte Handlung erlangt hat.
3. Der Gläubiger kann die Ausübung des Zurückbehaltungsrechts durch Sicherheitsleistung abwenden. Die Sicherheitsleistung durch Bürgen ist ausgeschlossen.

§ 275 Ausschluss der Leistungspflicht

1. Der Anspruch auf Leistung ist ausgeschlossen, soweit diese für den Schuldner oder für jedermann unmöglich ist.
2. Der Schuldner kann die Leistung verweigern, soweit diese einen Aufwand erfordert, der unter Beachtung des Inhalts des Schuldverhältnisses und der Gebote von Treu und Glauben in einem groben Missverhältnis zu dem Leistungsinteresse des Gläubigers steht. Bei der Bestimmung der dem Schuldner zuzumutenden Anstrengungen ist auch zu berücksichtigen, ob der Schuldner das Leistungshindernis zu vertreten hat.
3. Der Schuldner kann die Leistung ferner verweigern, wenn er die Leistung persönlich zu erbringen hat und sie ihm unter Abwägung des seiner Leistung entgegenstehenden Hindernisses mit dem Leistungsinteresse des Gläubigers nicht zugemutet werden kann.
4. Die Rechte des Gläubigers bestimmen sich nach den §§ 280, 283 bis 285, 311a und 326.

§ 276 Verantwortlichkeit des Schuldners

1. Der Schuldner hat Vorsatz und Fahrlässigkeit zu vertreten, wenn eine strengere oder mildere Haftung weder bestimmt noch aus dem sonstigen Inhalt des Schuldverhältnisses, insbesondere aus der Übernahme einer Garantie oder eines Beschaffungsrisikos, zu entnehmen ist. Die Vorschriften der §§ 827 und 828 finden entsprechende Anwendung.
2. Fahrlässig handelt, wer die im Verkehr erforderliche Sorgfalt außer Acht lässt.
3. Die Haftung wegen Vorsatzes kann dem Schuldner nicht im Voraus erlassen werden.

§ 277 Sorgfalt in eigenen Angelegenheiten

Wer nur für diejenige Sorgfalt einzustehen hat, welche er in eigenen Angelegenheiten anzuwenden pflegt, ist von der Haftung wegen grober Fahrlässigkeit nicht befreit.

§ 278 Verantwortlichkeit des Schuldners für Dritte

Der Schuldner hat ein Verschulden seines gesetzlichen Vertreters und der Personen, deren er sich zur Erfüllung seiner Verbindlichkeit bedient, in gleichem Umfang zu vertreten wie eigenes Verschulden. Die Vorschrift des § 276 Abs. 3 findet keine Anwendung.

§ 280 Schadensersatz wegen Pflichtverletzung

1. Verletzt der Schuldner eine Pflicht aus dem Schuldverhältnis, so kann der Gläubiger Ersatz des hierdurch entstehenden Schadens verlangen. Dies gilt nicht, wenn der Schuldner die Pflichtverletzung nicht zu vertreten hat.

2. Schadensersatz wegen Verzögerung der Leistung kann der Gläubiger nur unter der zusätzlichen Voraussetzung des § 286 verlangen.

3. Schadensersatz statt der Leistung kann der Gläubiger nur unter den zusätzlichen Voraussetzungen des § 281, des § 282 oder des § 283 verlangen.

§ 281 Schadensersatz statt der Leistung wegen nicht oder nicht wie geschuldet erbrachter Leistung

1. Soweit der Schuldner die fällige Leistung nicht oder nicht wie geschuldet erbringt, kann der Gläubiger unter den Voraussetzungen des § 280 Abs. 1 Schadensersatz statt der Leistung verlangen, wenn er dem Schuldner erfolglos eine angemessene Frist zur Leistung oder Nacherfüllung bestimmt hat. Hat der Schuldner eine Teilleistung bewirkt, so kann der Gläubiger Schadensersatz statt der ganzen Leistung nur verlangen, wenn er an der Teilleistung kein Interesse hat. Hat der Schuldner die Leistung nicht wie geschuldet bewirkt, so kann der Gläubiger Schadensersatz statt der ganzen Leistung nicht verlangen, wenn die Pflichtverletzung unerheblich ist.

2. Die Fristsetzung ist entbehrlich, wenn der Schuldner die Leistung ernsthaft und endgültig verweigert oder wenn besondere Umstände vorliegen, die unter Abwägung der beiderseitigen Interessen die sofortige Geltendmachung des Schadensersatzanspruchs rechtfertigen.

3. Kommt nach der Art der Pflichtverletzung eine Fristsetzung nicht in Betracht, so tritt an deren Stelle eine Abmahnung.

4. Der Anspruch auf die Leistung ist ausgeschlossen, sobald der Gläubiger statt der Leistung Schadensersatz verlangt hat.

5. Verlangt der Gläubiger Schadensersatz statt der ganzen Leistung, so ist der Schuldner zur Rückforderung des Geleisteten nach den §§ 346 bis 348 berechtigt.

§ 282 Schadensersatz statt der Leistung wegen Verletzung einer Pflicht nach § 241 Abs. 2

Verletzt der Schuldner eine Pflicht nach § 241 Abs. 2, kann der Gläubiger unter den Voraussetzungen des § 280 Abs. 1 Schadensersatz statt der Leistung verlangen, wenn ihm die Leistung durch den Schuldner nicht mehr zuzumuten ist.

§ 283 Schadensersatz statt der Leistung bei Ausschluss der Leistungspflicht

Braucht der Schuldner nach § 275 Abs. 1 bis 3 nicht zu leisten, kann der Gläubiger unter den Voraussetzungen des § 280 Abs. 1 Schadensersatz statt der Leistung verlangen. § 281 Abs. 1 Satz 2 und 3 und Abs. 5 findet entsprechende Anwendung.

§ 284 Ersatz vergeblicher Aufwendungen

Anstelle des Schadensersatzes statt der Leistung kann der Gläubiger Ersatz der Aufwendungen verlangen, die er im Vertrauen auf den Erhalt der Leistung gemacht hat und billigerweise machen durfte, es sei denn, deren Zweck wäre auch ohne die Pflichtverletzung des Schuldners nicht erreicht worden.

§ 285 Herausgabe des Ersatzes

1. Erlangt der Schuldner infolge des Umstands, auf Grund dessen er die Leistung nach § 275 Abs. 1 bis 3 nicht zu erbringen braucht, für den geschuldeten Gegenstand einen Ersatz oder einen Ersatzanspruch, so kann der Gläubiger Herausgabe des als Ersatz Empfangenen oder Abtretung des Ersatzanspruchs verlangen.
2. Kann der Gläubiger statt der Leistung Schadensersatz verlangen, so mindert sich dieser, wenn er von dem in Absatz 1 bestimmten Recht Gebrauch macht, um den Wert des erlangten Ersatzes oder Ersatzanspruchs.

§ 286 Verzug des Schuldners

1. Leistet der Schuldner auf eine Mahnung des Gläubigers nicht, die nach dem Eintritt der Fälligkeit erfolgt, so kommt er durch die Mahnung in Verzug. Der Mahnung stehen die Erhebung der Klage auf die Leistung sowie die Zustellung eines Mahnbescheids im Mahnverfahren gleich.
2. Der Mahnung bedarf es nicht, wenn
   1. für die Leistung eine Zeit nach dem Kalender bestimmt ist,
   2. der Leistung ein Ereignis vorauszugehen hat und eine angemessene Zeit für die Leistung in der Weise bestimmt ist, dass sie sich von dem Ereignis an nach dem Kalender berechnen lässt,
   3. der Schuldner die Leistung ernsthaft und endgültig verweigert,
   4. aus besonderen Gründen unter Abwägung der beiderseitigen Interessen der sofortige Eintritt des Verzugs gerechtfertigt ist.

3. Der Schuldner einer Entgeltforderung kommt spätestens in Verzug, wenn er nicht innerhalb von 30 Tagen nach Fälligkeit und Zugang einer Rechnung oder gleichwertigen Zahlungsaufstellung leistet; dies gilt gegenüber einem Schuldner, der Verbraucher ist, nur, wenn auf diese Folgen in der Rechnung oder Zahlungsaufstellung besonders hingewiesen worden ist. Wenn der Zeitpunkt des Zugangs der Rechnung oder Zahlungsaufstellung unsicher ist, kommt der Schuldner, der nicht Verbraucher ist, spätestens 30 Tage nach Fälligkeit und Empfang der Gegenleistung in Verzug.

4. Der Schuldner kommt nicht in Verzug, solange die Leistung infolge eines Umstands unterbleibt, den er nicht zu vertreten hat.

§ 287 Verantwortlichkeit während des Verzugs
Der Schuldner hat während des Verzugs jede Fahrlässigkeit zu vertreten. Er haftet wegen der Leistung auch für Zufall, es sei denn, dass der Schaden auch bei rechtzeitiger Leistung eingetreten sein würde.

§ 288 Verzugszinsen
1. Eine Geldschuld ist während des Verzugs zu verzinsen. Der Verzugszinssatz beträgt für das Jahr fünf Prozentpunkte über dem Basiszinssatz.
2. Bei Rechtsgeschäften, an denen ein Verbraucher nicht beteiligt ist, beträgt der Zinssatz für Entgeltforderungen acht Prozentpunkte über dem Basiszinssatz.
3. Der Gläubiger kann aus einem anderen Rechtsgrund höhere Zinsen verlangen.
4. Die Geltendmachung eines weiteren Schadens ist nicht ausgeschlossen.

Abschn. 2 Gestaltung rechtsgeschäftlicher Schuldverhältnisse durch Allgemeine Geschäftsbedingungen

§ 305 Einbeziehung Allgemeiner Geschäftsbedingungen in den Vertrag
1. Allgemeine Geschäftsbedingungen sind alle für eine Vielzahl von Verträgen vorformulierten Vertragsbedingungen, die eine Vertragspartei (Verwender) der anderen Vertragspartei bei Abschluss eines Vertrags stellt. Gleichgültig ist, ob die Bestimmungen einen äußerlich gesonderten Bestandteil des Vertrags bilden oder in die Vertragsurkunde selbst aufgenommen werden, welchen Umfang sie haben, in welcher Schriftart sie verfasst sind und welche Form der Vertrag hat. Allgemeine Geschäftsbedingungen liegen nicht vor, soweit die Vertragsbedingungen zwischen den Vertragsparteien im Einzelnen ausgehandelt sind.
2. Allgemeine Geschäftsbedingungen werden nur dann Bestandteil eines Vertrags, wenn der Verwender bei Vertragsschluss
   1. die andere Vertragspartei ausdrücklich oder, wenn ein ausdrücklicher Hinweis wegen der Art des Vertragsschlusses nur unter unverhältnismäßigen Schwierigkeiten möglich ist, durch deutlich sichtbaren Aushang am Orte des Vertragsschlusses auf sie hinweist und

2. der anderen Vertragspartei die Möglichkeit verschafft, in zumutbarer Weise, die auch eine für den Verwender erkennbare körperliche Behinderung der anderen Vertragspartei angemessen berücksichtigt, von ihrem Inhalt Kenntnis zu nehmen,

3. und wenn die andere Vertragspartei mit ihrer Geltung einverstanden ist.

3. Die Vertragsparteien können für eine bestimmte Art von Rechtsgeschäften die Geltung bestimmter Allgemeiner Geschäftsbedingungen unter Beachtung der in Absatz 2 bezeichneten Erfordernisse im Voraus vereinbaren.

§ 305a Einbeziehung in besonderen Fällen
Auch ohne Einhaltung der in § 305 Abs. 2 Nr. 1 und 2 bezeichneten Erfordernisse werden einbezogen, wenn die andere Vertragspartei mit ihrer Geltung einverstanden ist,

1. die mit Genehmigung der zuständigen Verkehrsbehörde oder auf Grund von internationalen Übereinkommen erlassenen Tarife und Ausführungsbestimmungen der Eisenbahnen und die nach Maßgabe des Personenbeförderungsgesetzes genehmigten Beförderungsbedingungen der Straßenbahnen, Obusse und Kraftfahrzeuge im Linienverkehr in den Beförderungsvertrag,

2. die im Amtsblatt der Bundesnetzagentur für Elektrizität, Gas, Telekommunikation, Post und Eisenbahnen veröffentlichten und in den Geschäftsstellen des Verwenders bereitgehaltenen Allgemeinen Geschäftsbedingungen

   a. in Beförderungsverträge, die außerhalb von Geschäftsräumen durch den Einwurf von Postsendungen in Briefkästen abgeschlossen werden,

   b. in Verträge über Telekommunikations-, Informations- und andere Dienstleistungen, die unmittelbar durch Einsatz von Fernkommunikationsmitteln und während der Erbringung einer Telekommunikationsdienstleistung in einem Mal erbracht werden, wenn die Allgemeinen Geschäftsbedingungen der anderen Vertragspartei nur unter unverhältnismäßigen Schwierigkeiten vor dem Vertragsschluss zugänglich gemacht werden können.

§ 305b Vorrang der Individualabrede
Individuelle Vertragsabreden haben Vorrang vor Allgemeinen Geschäftsbedingungen.

§ 305c Überraschende und mehrdeutige Klauseln
1. Bestimmungen in Allgemeinen Geschäftsbedingungen, die nach den Umständen, insbesondere nach dem äußeren Erscheinungsbild des Vertrags, so ungewöhnlich sind, dass der Vertragspartner des Verwenders mit ihnen nicht zu rechnen braucht, werden nicht Vertragsbestandteil.

2. Zweifel bei der Auslegung Allgemeiner Geschäftsbedingungen gehen zu Lasten des Verwenders.

§ 306 Rechtsfolgen bei Nichteinbeziehung und Unwirksamkeit
1. Sind Allgemeine Geschäftsbedingungen ganz oder teilweise nicht Vertragsbestandteil geworden oder unwirksam, so bleibt der Vertrag im Übrigen wirksam.

2. Soweit die Bestimmungen nicht Vertragsbestandteil geworden oder unwirksam sind, richtet sich der Inhalt des Vertrags nach den gesetzlichen Vorschriften.

3. Der Vertrag ist unwirksam, wenn das Festhalten an ihm auch unter Berücksichtigung der nach Absatz 2 vorgesehenen Änderung eine unzumutbare Härte für eine Vertragspartei darstellen würde.

§ 306a Umgehungsverbot

Die Vorschriften dieses Abschnitts finden auch Anwendung, wenn sie durch anderweitige Gestaltungen umgangen werden.

§ 307 Inhaltskontrolle

1. Bestimmungen in Allgemeinen Geschäftsbedingungen sind unwirksam, wenn sie den Vertragspartner des Verwenders entgegen den Geboten von Treu und Glauben unangemessen benachteiligen. Eine unangemessene Benachteiligung kann sich auch daraus ergeben, dass die Bestimmung nicht klar und verständlich ist.

2. Eine unangemessene Benachteiligung ist im Zweifel anzunehmen, wenn eine Bestimmung
   1. mit wesentlichen Grundgedanken der gesetzlichen Regelung, von der abgewichen wird, nicht zu vereinbaren ist oder
   2. wesentliche Rechte oder Pflichten, die sich aus der Natur des Vertrags ergeben, so einschränkt, dass die Erreichung des Vertragszwecks gefährdet ist.

3. Die Absätze 1 und 2 sowie die §§ 308 und 309 gelten nur für Bestimmungen in Allgemeinen Geschäftsbedingungen, durch die von Rechtsvorschriften abweichende oder diese ergänzende Regelungen vereinbart werden. Andere Bestimmungen können nach Absatz 1 Satz 2 in Verbindung mit Absatz 1 Satz 1 unwirksam sein.

§ 308 Klauselverbote mit Wertungsmöglichkeit

In Allgemeinen Geschäftsbedingungen ist insbesondere unwirksam

1. (Annahme- und Leistungsfrist) eine Bestimmung, durch die sich der Verwender unangemessen lange oder nicht hinreichend bestimmte Fristen für die Annahme oder Ablehnung eines Angebots oder die Erbringung einer Leistung vorbehält; ausgenommen hiervon ist der Vorbehalt, erst nach Ablauf der Widerrufs- oder Rückgabefrist nach § 355 Abs. 1 und 2 und § 356 zu leisten;

2. (Nachfrist) eine Bestimmung, durch die sich der Verwender für die von ihm zu bewirkende Leistung abweichend von Rechtsvorschriften eine unangemessen lange oder nicht hinreichend bestimmte Nachfrist vorbehält;

3. (Rücktrittsvorbehalt) die Vereinbarung eines Rechts des Verwenders, sich ohne sachlich gerechtfertigten und im Vertrag angegebenen Grund von seiner Leistungspflicht zu lösen; dies gilt nicht für Dauerschuldverhältnisse;

4. (Änderungsvorbehalt) die Vereinbarung eines Rechts des Verwenders, die versprochene Leistung zu ändern oder von ihr abzuweichen, wenn nicht die Vereinbarung der Ände-

rung oder Abweichung unter Berücksichtigung der Interessen des Verwenders für den anderen Vertragsteil zumutbar ist;

5. (Fingierte Erklärungen) eine Bestimmung, wonach eine Erklärung des Vertragspartners des Verwenders bei Vornahme oder Unterlassung einer bestimmten Handlung als von ihm abgegeben oder nicht abgegeben gilt, es sei denn, dass

   a. dem Vertragspartner eine angemessene Frist zur Abgabe einer ausdrücklichen Erklärung eingeräumt ist und

   b. der Verwender sich verpflichtet, den Vertragspartner bei Beginn der Frist auf die vorgesehene Bedeutung seines Verhaltens besonders hinzuweisen;

6. (Fiktion des Zugangs) eine Bestimmung, die vorsieht, dass eine Erklärung des Verwenders von besonderer Bedeutung dem anderen Vertragsteil als zugegangen gilt;

7. (Abwicklung von Verträgen) eine Bestimmung, nach der der Verwender für den Fall, dass eine Vertragspartei vom Vertrag zurücktritt oder den Vertrag kündigt,

   a. eine unangemessen hohe Vergütung für die Nutzung oder den Gebrauch einer Sache oder eines Rechts oder für erbrachte Leistungen oder

   b. einen unangemessen hohen Ersatz von Aufwendungen verlangen kann;

8. (Nichtverfügbarkeit der Leistung) die nach Nr. 3 zulässige Vereinbarung eines Vorbehalts des Verwenders, sich von der Verpflichtung zur Erfüllung des Vertrags bei Nichtverfügbarkeit der Leistung zu lösen, wenn sich der Verwender nicht verpflichtet,

   a. den Vertragspartner unverzüglich über die Nichtverfügbarkeit zu informieren und

   b. Gegenleistungen des Vertragspartners unverzüglich zu erstatten.

§ 309 Klauselverbote ohne Wertungsmöglichkeit

Auch soweit eine Abweichung von den gesetzlichen Vorschriften zulässig ist, ist in Allgemeinen Geschäftsbedingungen unwirksam

1. (Kurzfristige Preiserhöhungen) eine Bestimmung, welche die Erhöhung des Entgelts für Waren oder Leistungen vorsieht, die innerhalb von vier Monaten nach Vertragsschluss geliefert oder erbracht werden sollen; dies gilt nicht bei Waren oder Leistungen, die im Rahmen von Dauerschuldverhältnissen geliefert oder erbracht werden;

2. (Leistungsverweigerungsrechte) eine Bestimmung, durch die

   a. das Leistungsverweigerungsrecht, das dem Vertragspartner des Verwenders nach § 320 zusteht, ausgeschlossen oder eingeschränkt wird oder

   b. ein dem Vertragspartner des Verwenders zustehendes Zurückbehaltungsrecht, soweit es auf demselben Vertragsverhältnis beruht, ausgeschlossen oder eingeschränkt, insbesondere von der Anerkennung von Mängeln durch den Verwender abhängig gemacht wird;

3. (Aufrechnungsverbot) eine Bestimmung, durch die dem Vertragspartner des Verwenders die Befugnis genommen wird, mit einer unbestrittenen oder rechtskräftig festgestellten Forderung aufzurechnen;

4. (Mahnung, Fristsetzung) eine Bestimmung, durch die der Verwender von der gesetzlichen Obliegenheit freigestellt wird, den anderen Vertragsteil zu mahnen oder ihm eine Frist für die Leistung oder Nacherfüllung zu setzen;

5. (Pauschalierung von Schadensersatzansprüchen) die Vereinbarung eines pauschalierten Anspruchs des Verwenders auf Schadensersatz oder Ersatz einer Wertminderung, wenn

     a. die Pauschale den in den geregelten Fällen nach dem gewöhnlichen Lauf der Dinge zu erwartenden Schaden oder die gewöhnlich eintretende Wertminderung übersteigt oder

     b. dem anderen Vertragsteil nicht ausdrücklich der Nachweis gestattet wird, ein Schaden oder eine Wertminderung sei überhaupt nicht entstanden oder wesentlich niedriger als die Pauschale;

6. (Vertragsstrafe) eine Bestimmung, durch die dem Verwender für den Fall der Nichtabnahme oder verspäteten Abnahme der Leistung, des Zahlungsverzugs oder für den Fall, dass der andere Vertragsteil sich vom Vertrag löst, Zahlung einer Vertragsstrafe versprochen wird;

7. (Haftungsausschluss bei Verletzung von Leben, Körper, Gesundheit und bei grobem Verschulden)

     a. (Verletzung von Leben, Körper, Gesundheit) ein Ausschluss oder eine Begrenzung der Haftung für Schäden aus der Verletzung des Lebens, des Körpers oder der Gesundheit, die auf einer fahrlässigen Pflichtverletzung des Verwenders oder einer vorsätzlichen oder fahrlässigen Pflichtverletzung eines gesetzlichen Vertreters oder Erfüllungsgehilfen des Verwenders beruhen;

     b. (Grobes Verschulden) ein Ausschluss oder eine Begrenzung der Haftung für sonstige Schäden, die auf einer grob fahrlässigen Pflichtverletzung des Verwenders oder auf einer vorsätzlichen oder grob fahrlässigen Pflichtverletzung eines gesetzlichen Vertreters oder Erfüllungsgehilfen des Verwenders beruhen; die Buchstaben a und b gelten nicht für Haftungsbeschränkungen in den nach Maßgabe des Personenbeförderungsgesetzes genehmigten Beförderungsbedingungen und Tarifvorschriften der Straßenbahnen, Obusse und Kraftfahrzeuge im Linienverkehr, soweit sie nicht zum Nachteil des Fahrgasts von der Verordnung über die Allgemeinen Beförderungsbedingungen für den Straßenbahn- und Obusverkehr sowie den Linienverkehr mit Kraftfahrzeugen vom 27. Februar 1970 abweichen; Buchstabe b gilt nicht für Haftungsbeschränkungen für staatlich genehmigte Lotterie- oder Ausspielverträge;

8. (Sonstige Haftungsausschlüsse bei Pflichtverletzung)

     a. (Ausschluss des Rechts, sich vom Vertrag zu lösen) eine Bestimmung, die bei einer vom Verwender zu vertretenden, nicht in einem Mangel der Kaufsache oder des Werkes bestehenden Pflichtverletzung das Recht des anderen Vertragsteils, sich vom Vertrag zu lösen, ausschließt oder einschränkt; dies gilt nicht für die in der Nr. 7 bezeichneten Beförderungsbedingungen und Tarifvorschriften unter den dort genannten Voraussetzungen;

     b. (Mängel) eine Bestimmung, durch die bei Verträgen über Lieferungen neu hergestellter Sachen und über Werkleistungen

         a. (Ausschluss und Verweisung auf Dritte) die Ansprüche gegen den Verwender wegen eines Mangels insgesamt oder bezüglich einzelner Teile ausgeschlossen, auf die Einräumung von Ansprüchen gegen Dritte beschränkt oder von der vorherigen gerichtlichen Inanspruchnahme Dritter abhängig gemacht werden;

b. (Beschränkung auf Nacherfüllung) die Ansprüche gegen den Verwender insgesamt oder bezüglich einzelner Teile auf ein Recht auf Nacherfüllung beschränkt werden, sofern dem anderen Vertragsteil nicht ausdrücklich das Recht vorbehalten wird, bei Fehlschlagen der Nacherfüllung zu mindern oder, wenn nicht eine Bauleistung Gegenstand der Mängelhaftung ist, nach seiner Wahl vom Vertrag zurückzutreten;

c. (Aufwendungen bei Nacherfüllung) die Verpflichtung des Verwenders ausgeschlossen oder beschränkt wird, die zum Zwecke der Nacherfüllung erforderlichen Aufwendungen, insbesondere Transport-, Wege-, Arbeits- und Materialkosten, zu tragen;

d. (Vorenthalten der Nacherfüllung) der Verwender die Nacherfüllung von der vorherigen Zahlung des vollständigen Entgelts oder eines unter Berücksichtigung des Mangels unverhältnismäßig hohen Teils des Entgelts abhängig macht;

e. (Ausschlussfrist für Mängelanzeige) der Verwender dem anderen Vertragsteil für die Anzeige nicht offensichtlicher Mängel eine Ausschlussfrist setzt, die kürzer ist als die nach dem Doppelbuchstaben ff zulässige Frist;

f. (Erleichterung der Verjährung) die Verjährung von Ansprüchen gegen den Verwender wegen eines Mangels in den Fällen des § 438 Abs. 1 Nr. 2 und des § 634a Abs. 1 Nr. 2 erleichtert oder in den sonstigen Fällen eine weniger als ein Jahr betragende Verjährungsfrist ab dem gesetzlichen Verjährungsbeginn erreicht wird;

9. (Laufzeit bei Dauerschuldverhältnissen) bei einem Vertragsverhältnis, das die regelmäßige Lieferung von Waren oder die regelmäßige Erbringung von Dienst- oder Werkleistungen durch den Verwender zum Gegenstand hat,

a. eine den anderen Vertragsteil länger als zwei Jahre bindende Laufzeit des Vertrags,

b. eine den anderen Vertragsteil bindende stillschweigende Verlängerung des Vertragsverhältnisses um jeweils mehr als ein Jahr oder

c. zu Lasten des anderen Vertragsteils eine längere Kündigungsfrist als drei Monate vor Ablauf der zunächst vorgesehenen oder stillschweigend verlängerten Vertragsdauer;

d. dies gilt nicht für Verträge über die Lieferung als zusammengehörig verkaufter Sachen, für Versicherungsverträge sowie für Verträge zwischen den Inhabern urheberrechtlicher Rechte und Ansprüche und Verwertungsgesellschaften im Sinne des Gesetzes über die Wahrnehmung von Urheberrechten und verwandten Schutzrechten;

10. (Wechsel des Vertragspartners) eine Bestimmung, wonach bei Kauf-, Darlehens-, Dienst- oder Werkverträgen ein Dritter anstelle des Verwenders in die sich aus dem Vertrag ergebenden Rechte und Pflichten eintritt oder eintreten kann, es sei denn, in der Bestimmung wird

    a. der Dritte namentlich bezeichnet oder

    b. dem anderen Vertragsteil das Recht eingeräumt, sich vom Vertrag zu lösen;

11. (Haftung des Abschlussvertreters) eine Bestimmung, durch die der Verwender einem Vertreter, der den Vertrag für den anderen Vertragsteil abschließt,

    a. ohne hierauf gerichtete ausdrückliche und gesonderte Erklärung eine eigene Haftung oder Einstandspflicht oder

    b. im Falle vollmachtsloser Vertretung eine über § 179 hinausgehende Haftung auferlegt;

12. (Beweislast) eine Bestimmung, durch die der Verwender die Beweislast zum Nachteil des anderen Vertragsteils ändert, insbesondere indem er

    a. diesem die Beweislast für Umstände auferlegt, die im Verantwortungsbereich des Verwenders liegen, oder

    b. den anderen Vertragsteil bestimmte Tatsachen bestätigen lässt;

    c. Buchstabe b gilt nicht für Empfangsbekenntnisse, die gesondert unterschrieben oder mit einer gesonderten qualifizierten elektronischen Signatur versehen sind;

13. (Form von Anzeigen und Erklärungen) eine Bestimmung, durch die Anzeigen oder Erklärungen, die dem Verwender oder einem Dritten gegenüber abzugeben sind, an eine strengere Form als die Schriftform oder an besondere Zugangserfordernisse gebunden werden.

§ 310 Anwendungsbereich

1. § 305 Abs. 2 und 3 und die §§ 308 und 309 finden keine Anwendung auf Allgemeine Geschäftsbedingungen, die gegenüber einem Unternehmer, einer juristischen Person des öffentlichen Rechts oder einem öffentlich-rechtlichen Sondervermögen verwendet werden. § 307 Abs. 1 und 2 findet in den Fällen des Satzes 1 auch insoweit Anwendung, als dies zur Unwirksamkeit von in den §§ 308 und 309 genannten Vertragsbestimmungen führt; auf die im Handelsverkehr geltenden Gewohnheiten und Gebräuche ist angemessen Rücksicht zu nehmen. In den Fällen des Satzes 1 findet § 307 Abs. 1 und 2 auf Verträge, in die die Vergabe- und Vertragsordnung für Bauleistungen Teil B (VOB/B) in der jeweils zum Zeitpunkt des Vertragsschlusses geltenden Fassung ohne inhaltliche Abweichungen insgesamt einbezogen ist, in Bezug auf eine Inhaltskontrolle einzelner Bestimmungen keine Anwendung.

2. Die §§ 308 und 309 finden keine Anwendung auf Verträge der Elektrizitäts-, Gas-, Fernwärme- und Wasserversorgungsunternehmen über die Versorgung von Sonderabnehmern mit elektrischer Energie, Gas, Fernwärme und Wasser aus dem Versorgungsnetz, soweit die Versorgungsbedingungen nicht zum Nachteil der Abnehmer von Verordnungen über Allgemeine Bedingungen für die Versorgung von Tarifkunden mit elektrischer Energie, Gas, Fernwärme und Wasser abweichen. Satz 1 gilt entsprechend für Verträge über die Entsorgung von Abwasser.

3. Bei Verträgen zwischen einem Unternehmer und einem Verbraucher (Verbraucherverträge) finden die Vorschriften dieses Abschnitts mit folgenden Maßgaben Anwendung:

    1. Allgemeine Geschäftsbedingungen gelten als vom Unternehmer gestellt, es sei denn, dass sie durch den Verbraucher in den Vertrag eingeführt wurden;

2. § 305c Abs. 2 und die §§ 306 und 307 bis 309 dieses Gesetzes sowie Artikel 29a des Einführungsgesetzes zum Bürgerlichen Gesetzbuche finden auf vorformulierte Vertragsbedingungen auch dann Anwendung, wenn diese nur zur einmaligen Verwendung bestimmt sind und soweit der Verbraucher auf Grund der Vorformulierung auf ihren Inhalt keinen Einfluss nehmen konnte;

3. bei der Beurteilung der unangemessenen Benachteiligung nach § 307 Abs. 1 und 2 sind auch die den Vertragsschluss begleitenden Umstände zu berücksichtigen.

4. Dieser Abschnitt findet keine Anwendung bei Verträgen auf dem Gebiet des Erb-, Familien- und Gesellschaftsrechts sowie auf Tarifverträge, Betriebs- und Dienstvereinbarungen. Bei der Anwendung auf Arbeitsverträge sind die im Arbeitsrecht geltenden Besonderheiten angemessen zu berücksichtigen; § 305 Abs. 2 und 3 ist nicht anzuwenden. Tarifverträge, Betriebs- und Dienstvereinbarungen stehen Rechtsvorschriften im Sinne von § 307 Abs. 3 gleich.

Abschn. 3 Schuldverhältnisse aus Verträgen
Titel 1 Begründung, Inhalt und Beendigung
Untertitel 1 Begründung

§ 311 Rechtsgeschäftliche und rechtsgeschäftsähnliche Schuldverhältnisse

1. Zur Begründung eines Schuldverhältnisses durch Rechtsgeschäft sowie zur Änderung des Inhalts eines Schuldverhältnisses ist ein Vertrag zwischen den Beteiligten erforderlich, soweit nicht das Gesetz ein anderes vorschreibt.

2. Ein Schuldverhältnis mit Pflichten nach § 241 Abs. 2 entsteht auch durch

   1. die Aufnahme von Vertragsverhandlungen,

   2. die Anbahnung eines Vertrags, bei welcher der eine Teil im Hinblick auf eine etwaige rechtsgeschäftliche Beziehung dem anderen Teil die Möglichkeit zur Einwirkung auf seine Rechte, Rechtsgüter und Interessen gewährt oder ihm diese anvertraut, oder

   3. ähnliche geschäftliche Kontakte.

3. Ein Schuldverhältnis mit Pflichten nach § 241 Abs. 2 kann auch zu Personen entstehen, die nicht selbst Vertragspartei werden sollen. Ein solches Schuldverhältnis entsteht insbesondere, wenn der Dritte in besonderem Maße Vertrauen für sich in Anspruch nimmt und dadurch die Vertragsverhandlungen oder den Vertragsschluss erheblich beeinflusst.

§ 311a Leistungshindernis bei Vertragsschluss

1. Der Wirksamkeit eines Vertrags steht es nicht entgegen, dass der Schuldner nach § 275 Abs. 1 bis 3 nicht zu leisten braucht und das Leistungshindernis schon bei Vertragsschluss vorliegt.

2. Der Gläubiger kann nach seiner Wahl Schadensersatz statt der Leistung oder Ersatz seiner Aufwendungen in dem in § 284 bestimmten Umfang verlangen. Dies gilt nicht, wenn der Schuldner das Leistungshindernis bei Vertragsschluss nicht kannte und seine Unkenntnis auch nicht zu vertreten hat. § 281 Abs. 1 Satz 2 und 3 und Abs. 5 findet entsprechende Anwendung.

§ 311b Verträge über Grundstücke, das Vermögen und den Nachlass

1. Ein Vertrag, durch den sich der eine Teil verpflichtet, das Eigentum an einem Grundstück zu übertragen oder zu erwerben, bedarf der notariellen Beurkundung. Ein ohne Beachtung dieser Form geschlossener Vertrag wird seinem ganzen Inhalt nach gültig, wenn die Auflassung und die Eintragung in das Grundbuch erfolgen.
2. Ein Vertrag, durch den sich der eine Teil verpflichtet, sein künftiges Vermögen oder einen Bruchteil seines künftigen Vermögens zu übertragen oder mit einem Nießbrauch zu belasten, ist nichtig.
3. Ein Vertrag, durch den sich der eine Teil verpflichtet, sein gegenwärtiges Vermögen oder einen Bruchteil seines gegenwärtigen Vermögens zu übertragen oder mit einem Nießbrauch zu belasten, bedarf der notariellen Beurkundung.
4. Ein Vertrag über den Nachlass eines noch lebenden Dritten ist nichtig. Das Gleiche gilt von einem Vertrag über den Pflichtteil oder ein Vermächtnis aus dem Nachlass eines noch lebenden Dritten.
5. Absatz 4 gilt nicht für einen Vertrag, der unter künftigen gesetzlichen Erben über den gesetzlichen Erbteil oder den Pflichtteil eines von ihnen geschlossen wird. Ein solcher Vertrag bedarf der notariellen Beurkundung.

Untertitel 3 Anpassung und Beendigung von Verträgen

§ 313 Störung der Geschäftsgrundlage

1. Haben sich Umstände, die zur Grundlage des Vertrags geworden sind, nach Vertragsschluss schwerwiegend verändert und hätten die Parteien den Vertrag nicht oder mit anderem Inhalt geschlossen, wenn sie diese Veränderung vorausgesehen hätten, so kann Anpassung des Vertrags verlangt werden, soweit einem Teil unter Berücksichtigung aller Umstände des Einzelfalls, insbesondere der vertraglichen oder gesetzlichen Risikoverteilung, das Festhalten am unveränderten Vertrag nicht zugemutet werden kann.
2. Einer Veränderung der Umstände steht es gleich, wenn wesentliche Vorstellungen, die zur Grundlage des Vertrags geworden sind, sich als falsch herausstellen.
3. Ist eine Anpassung des Vertrags nicht möglich oder einem Teil nicht zumutbar, so kann der benachteiligte Teil vom Vertrag zurücktreten. An die Stelle des Rücktrittsrechts tritt für Dauerschuldverhältnisse das Recht zur Kündigung

Titel 2 Gegenseitiger Vertrag

§ 320 Einrede des nicht erfüllten Vertrags

1. Wer aus einem gegenseitigen Vertrag verpflichtet ist, kann die ihm obliegende Leistung bis zur Bewirkung der Gegenleistung verweigern, es sei denn, dass er vorzuleisten verpflichtet ist. Hat die Leistung an mehrere zu erfolgen, so kann dem einzelnen der ihm gebührende Teil bis zur Bewirkung der ganzen Gegenleistung verweigert werden. Die Vorschrift des § 273 Abs. 3 findet keine Anwendung.
2. Ist von der einen Seite teilweise geleistet worden, so kann die Gegenleistung insoweit nicht verweigert werden, als die Verweigerung nach den Umständen, insbesondere wegen verhältnismäßiger Geringfügigkeit des rückständigen Teils, gegen Treu und Glauben verstoßen würde.

§ 321 Unsicherheitseinrede

1. Wer aus einem gegenseitigen Vertrag vorzuleisten verpflichtet ist, kann die ihm obliegende Leistung verweigern, wenn nach Abschluss des Vertrags erkennbar wird, dass sein Anspruch auf die Gegenleistung durch mangelnde Leistungsfähigkeit des anderen Teils gefährdet wird. Das Leistungsverweigerungsrecht entfällt, wenn die Gegenleistung bewirkt oder Sicherheit für sie geleistet wird.
2. Der Vorleistungspflichtige kann eine angemessene Frist bestimmen, in welcher der andere Teil Zug um Zug gegen die Leistung nach seiner Wahl die Gegenleistung zu bewirken oder Sicherheit zu leisten hat. Nach erfolglosem Ablauf der Frist kann der Vorleistungspflichtige vom Vertrag zurücktreten. § 323 findet entsprechende Anwendung.

§ 322 Verurteilung zur Leistung Zug-um-Zug

1. Erhebt aus einem gegenseitigen Vertrag der eine Teil Klage auf die ihm geschuldete Leistung, so hat die Geltendmachung des dem anderen Teil zustehenden Rechts, die Leistung bis zur Bewirkung der Gegenleistung zu verweigern, nur die Wirkung, dass der andere Teil zur Erfüllung Zug um Zug zu verurteilen ist.
2. Hat der klagende Teil vorzuleisten, so kann er, wenn der andere Teil im Verzug der Annahme ist, auf Leistung nach Empfang der Gegenleistung klagen.
3. Auf die Zwangsvollstreckung findet die Vorschrift des § 274 Abs. 2 Anwendung.

§ 323 Rücktritt wegen nicht oder nicht vertragsgemäß erbrachter Leistung

1. Erbringt bei einem gegenseitigen Vertrag der Schuldner eine fällige Leistung nicht oder nicht vertragsgemäß, so kann der Gläubiger, wenn er dem Schuldner erfolglos eine angemessene Frist zur Leistung oder Nacherfüllung bestimmt hat, vom Vertrag zurücktreten.
2. Die Fristsetzung ist entbehrlich, wenn
   1. der Schuldner die Leistung ernsthaft und endgültig verweigert,
   2. der Schuldner die Leistung zu einem im Vertrag bestimmten Termin oder innerhalb einer bestimmten Frist nicht bewirkt und der Gläubiger im Vertrag den Fortbestand seines Leistungsinteresses an die Rechtzeitigkeit der Leistung gebunden hat oder
   3. besondere Umstände vorliegen, die unter Abwägung der beiderseitigen Interessen den sofortigen Rücktritt rechtfertigen.
3. Kommt nach der Art der Pflichtverletzung eine Fristsetzung nicht in Betracht, so tritt an deren Stelle eine Abmahnung.
4. Der Gläubiger kann bereits vor dem Eintritt der Fälligkeit der Leistung zurücktreten, wenn offensichtlich ist, dass die Voraussetzungen des Rücktritts eintreten werden.
5. Hat der Schuldner eine Teilleistung bewirkt, so kann der Gläubiger vom ganzen Vertrag nur zurücktreten, wenn er an der Teilleistung kein Interesse hat. Hat der Schuldner die Leistung nicht vertragsgemäß bewirkt, so kann der Gläubiger vom Vertrag nicht zurücktreten, wenn die Pflichtverletzung unerheblich ist.
6. Der Rücktritt ist ausgeschlossen, wenn der Gläubiger für den Umstand, der ihn zum Rücktritt berechtigen würde, allein oder weit überwiegend verantwortlich ist oder wenn der vom Schuldner nicht zu vertretende Umstand zu einer Zeit eintritt, zu welcher der Gläubiger im Verzug der Annahme ist.

§ 324 Rücktritt wegen Verletzung einer Pflicht nach § 241 Abs. 2
Verletzt der Schuldner bei einem gegenseitigen Vertrag eine Pflicht nach § 241 Abs. 2, so kann der Gläubiger zurücktreten, wenn ihm ein Festhalten am Vertrag nicht mehr zuzumuten ist.

§ 325 Schadensersatz und Rücktritt
Das Recht, bei einem gegenseitigen Vertrag Schadensersatz zu verlangen, wird durch den Rücktritt nicht ausgeschlossen.

§ 326 Befreiung von der Gegenleistung und Rücktritt beim Ausschluss der Leistungspflicht
1. Braucht der Schuldner nach § 275 Abs. 1 bis 3 nicht zu leisten, entfällt der Anspruch auf die Gegenleistung; bei einer Teilleistung findet § 441 Abs. 3 entsprechende Anwendung. Satz 1 gilt nicht, wenn der Schuldner im Falle der nicht vertragsgemäßen Leistung die Nacherfüllung nach § 275 Abs. 1 bis 3 nicht zu erbringen braucht.
2. Ist der Gläubiger für den Umstand, auf Grund dessen der Schuldner nach § 275 Abs. 1 bis 3 nicht zu leisten braucht, allein oder weit überwiegend verantwortlich oder tritt dieser vom Schuldner nicht zu vertretende Umstand zu einer Zeit ein, zu welcher der Gläubiger im Verzug der Annahme ist, so behält der Schuldner den Anspruch auf die Gegenleistung. Er muss sich jedoch dasjenige anrechnen lassen, was er infolge der Befreiung von der Leistung erspart oder durch anderweitige Verwendung seiner Arbeitskraft erwirbt oder zu erwerben böswillig unterlässt.
3. Verlangt der Gläubiger nach § 285 Herausgabe des für den geschuldeten Gegenstand erlangten Ersatzes oder Abtretung des Ersatzanspruchs, so bleibt er zur Gegenleistung verpflichtet. Diese mindert sich jedoch nach Maßgabe des § 441 Abs. 3 insoweit, als der Wert des Ersatzes oder des Ersatzanspruchs hinter dem Wert der geschuldeten Leistung zurückbleibt.
4. Soweit die nach dieser Vorschrift nicht geschuldete Gegenleistung bewirkt ist, kann das Geleistete nach den §§ 346 bis 348 zurückgefordert werden.
5. Braucht der Schuldner nach § 275 Abs. 1 bis 3 nicht zu leisten, kann der Gläubiger zurücktreten; auf den Rücktritt findet § 323 mit der Maßgabe entsprechende Anwendung, dass die Fristsetzung entbehrlich ist.

Titel 4 Draufgabe, Vertragsstrafe

§ 339 Verwirkung der Vertragsstrafe
Verspricht der Schuldner dem Gläubiger für den Fall, dass er seine Verbindlichkeit nicht oder nicht in gehöriger Weise erfüllt, die Zahlung einer Geldsumme als Strafe, so ist die Strafe verwirkt, wenn er in Verzug kommt. Besteht die geschuldete Leistung in einem Unterlassen, so tritt die Verwirkung mit der Zuwiderhandlung ein.

§ 340 Strafversprechen für Nichterfüllung

1. Hat der Schuldner die Strafe für den Fall versprochen, dass er seine Verbindlichkeit nicht erfüllt, so kann der Gläubiger die verwirkte Strafe statt der Erfüllung verlangen. Erklärt der Gläubiger dem Schuldner, dass er die Strafe verlange, so ist der Anspruch auf Erfüllung ausgeschlossen.
2. Steht dem Gläubiger ein Anspruch auf Schadensersatz wegen Nichterfüllung zu, so kann er die verwirkte Strafe als Mindestbetrag des Schadens verlangen. Die Geltendmachung eines weiteren Schadens ist nicht ausgeschlossen.

§ 341 Strafversprechen für nicht gehörige Erfüllung

1. Hat der Schuldner die Strafe für den Fall versprochen, dass er seine Verbindlichkeit nicht in gehöriger Weise, insbesondere nicht zu der bestimmten Zeit, erfüllt, so kann der Gläubiger die verwirkte Strafe neben der Erfüllung verlangen.
2. Steht dem Gläubiger ein Anspruch auf Schadensersatz wegen der nicht gehörigen Erfüllung zu, so findet die Vorschrift des § 340 Abs. 2 Anwendung.
3. Nimmt der Gläubiger die Erfüllung an, so kann er die Strafe nur verlangen, wenn er sich das Recht dazu bei der Annahme vorbehält.

§ 342 Andere als Geldstrafe

Wird als Strafe eine andere Leistung als die Zahlung einer Geldsumme versprochen, so finden die Vorschriften der §§ 339 bis 341 Anwendung; der Anspruch auf Schadensersatz ist ausgeschlossen, wenn der Gläubiger die Strafe verlangt.

§ 343 Herabsetzung der Strafe

1. Ist eine verwirkte Strafe unverhältnismäßig hoch, so kann sie auf Antrag des Schuldners durch Urteil auf den angemessenen Betrag herabgesetzt werden. Bei der Beurteilung der Angemessenheit ist jedes berechtigte Interesse des Gläubigers, nicht bloß das Vermögensinteresse, in Betracht zu ziehen. Nach der Entrichtung der Strafe ist die Herabsetzung ausgeschlossen.
2. Das Gleiche gilt auch außer in den Fällen der §§ 339, 342, wenn jemand eine Strafe für den Fall verspricht, dass er eine Handlung vornimmt oder unterlässt.

§ 344 Unwirksames Strafversprechen

Erklärt das Gesetz das Versprechen einer Leistung für unwirksam, so ist auch die für den Fall der Nichterfüllung des Versprechens getroffene Vereinbarung einer Strafe unwirksam, selbst wenn die Parteien die Unwirksamkeit des Versprechens gekannt haben.

§ 345 Beweislast

Bestreitet der Schuldner die Verwirkung der Strafe, weil er seine Verbindlichkeit erfüllt habe, so hat er die Erfüllung zu beweisen, sofern nicht die geschuldete Leistung in einem Unterlassen besteht.

Titel 5 Rücktritt; Widerrufs- und Rückgaberecht bei Verbraucherverträgen
Untertitel 1 Rücktritt

§ 346 Wirkungen des Rücktritts

1. Hat sich eine Vertragspartei vertraglich den Rücktritt vorbehalten oder steht ihr ein gesetzliches Rücktrittsrecht zu, so sind im Falle des Rücktritts die empfangenen Leistungen zurückzugewähren und die gezogenen Nutzungen herauszugeben.
2. Statt der Rückgewähr oder Herausgabe hat der Schuldner Wertersatz zu leisten, soweit
   1. die Rückgewähr oder die Herausgabe nach der Natur des Erlangten ausgeschlossen ist,
   2. er den empfangenen Gegenstand verbraucht, veräußert, belastet, verarbeitet oder umgestaltet hat,
   3. der empfangene Gegenstand sich verschlechtert hat oder untergegangen ist; jedoch bleibt die durch die bestimmungsgemäße Ingebrauchnahme entstandene Verschlechterung außer Betracht,
   4. Ist im Vertrag eine Gegenleistung bestimmt, ist sie bei der Berechnung des Wertersatzes zugrunde zu legen; ist Wertersatz für den Gebrauchsvorteil eines Darlehens zu leisten, kann nachgewiesen werden, dass der Wert des Gebrauchsvorteils niedriger war.
3. Die Pflicht zum Wertersatz entfällt,
   1. wenn sich der zum Rücktritt berechtigende Mangel erst während der Verarbeitung oder Umgestaltung des Gegenstandes gezeigt hat,
   2. soweit der Gläubiger die Verschlechterung oder den Untergang zu vertreten hat oder der Schaden bei ihm gleichfalls eingetreten wäre,
      wenn im Falle eines gesetzlichen Rücktrittsrechts die Verschlechterung oder der Untergang beim Berechtigten eingetreten ist, obwohl dieser diejenige Sorgfalt beobachtet hat, die er in eigenen Angelegenheiten anzuwenden pflegt.
      Eine verbleibende Bereicherung ist herauszugeben.
4. Der Gläubiger kann wegen Verletzung einer Pflicht aus Absatz 1 nach Maßgabe der §§ 280 bis 283 Schadensersatz verlangen.

§ 347 Nutzungen und Verwendungen nach Rücktritt

1. Zieht der Schuldner Nutzungen entgegen den Regeln einer ordnungsmäßigen Wirtschaft nicht, obwohl ihm das möglich gewesen wäre, so ist er dem Gläubiger zum Wertersatz verpflichtet. Im Falle eines gesetzlichen Rücktrittsrechts hat der Berechtigte hinsichtlich der Nutzungen nur für diejenige Sorgfalt einzustehen, die er in eigenen Angelegenheiten anzuwenden pflegt.
2. Gibt der Schuldner den Gegenstand zurück, leistet er Wertersatz oder ist seine Wertersatzpflicht gemäß § 346 Abs. 3 Nr. 1 oder 2 ausgeschlossen, so sind ihm notwendige Verwendungen zu ersetzen. Andere Aufwendungen sind zu ersetzen, soweit der Gläubiger durch diese bereichert wird.

Abschn. 8 Einzelne Schuldverhältnisse
Titel 9 Werkvertrag und ähnliche Verträge
Untertitel 1 Werkvertrag

§ 631 Vertragstypische Pflichten beim Werkvertrag

1. Durch den Werkvertrag wird der Unternehmer zur Herstellung des versprochenen Werkes, der Besteller zur Entrichtung der vereinbarten Vergütung verpflichtet.
2. Gegenstand des Werkvertrags kann sowohl die Herstellung oder Veränderung einer Sache als auch ein anderer durch Arbeit oder Dienstleistung herbeizuführender Erfolg sein.

§ 632 Vergütung

1. Eine Vergütung gilt als stillschweigend vereinbart, wenn die Herstellung des Werkes den Umständen nach nur gegen eine Vergütung zu erwarten ist.
2. Ist die Höhe der Vergütung nicht bestimmt, so ist bei dem Bestehen einer Taxe die taxmäßige Vergütung, in Ermangelung einer Taxe die übliche Vergütung als vereinbart anzusehen.
3. Ein Kostenanschlag ist im Zweifel nicht zu vergüten.

§ 632a Abschlagszahlungen

1. Der Unternehmer kann von dem Besteller für eine vertragsgemäß erbrachte Leistung eine Abschlagszahlung in der Höhe verlangen, in der der Besteller durch die Leistung einen Wertzuwachs erlangt hat. Wegen unwesentlicher Mängel kann die Abschlagszahlung nicht verweigert werden. § 641 Abs. 3 gilt entsprechend. Die Leistungen sind durch eine Aufstellung nachzuweisen, die eine rasche und sichere Beurteilung der Leistungen ermöglichen muss. Die Sätze 1 bis 4 gelten auch für erforderliche Stoffe oder Bauteile, die angeliefert oder eigens angefertigt und bereitgestellt sind, wenn dem Besteller nach seiner Wahl Eigentum an den Stoffen oder Bauteilen übertragen oder entsprechende Sicherheit hierfür geleistet wird.
2. Wenn der Vertrag die Errichtung oder den Umbau eines Hauses oder eines vergleichbaren Bauwerks zum Gegenstand hat und zugleich die Verpflichtung des Unternehmers enthält, dem Besteller das Eigentum an dem Grundstück zu übertragen oder ein Erbbaurecht zu bestellen oder zu übertragen, können Abschlagszahlungen nur verlangt werden, soweit sie gemäß einer Verordnung auf Grund von Artikel 244 des Einführungsgesetzes zum Bürgerlichen Gesetzbuche vereinbart sind.
3. Ist der Besteller ein Verbraucher und hat der Vertrag die Errichtung oder den Umbau eines Hauses oder eines vergleichbaren Bauwerks zum Gegenstand, ist dem Besteller bei der ersten Abschlagszahlung eine Sicherheit für die rechtzeitige Herstellung des Werkes ohne wesentliche Mängel in Höhe von 5 vom Hundert des Vergütungsanspruchs zu leisten. Erhöht sich der Vergütungsanspruch infolge von Änderungen oder Ergänzungen des Vertrages um mehr als 10 vom Hundert, ist dem Besteller bei der nächsten Abschlagszahlung eine weitere Sicherheit in Höhe von 5 vom Hundert

des zusätzlichen Vergütungsanspruchs zu leisten. Auf Verlangen des Unternehmers ist die Sicherheitsleistung durch Einbehalt dergestalt zu erbringen, dass der Besteller die Abschlagszahlungen bis zu dem Gesamtbetrag der geschuldeten Sicherheit zurückhält.

4. Sicherheiten nach dieser Vorschrift können auch durch eine Garantie oder ein sonstiges Zahlungsversprechen eines im Geltungsbereich dieses Gesetzes zum Geschäftsbetrieb befugten Kreditinstituts oder Kreditversicherers geleistet werden.

§ 633 Sach- und Rechtsmangel

1. Der Unternehmer hat dem Besteller das Werk frei von Sach- und Rechtsmängeln zu verschaffen.
2. Das Werk ist frei von Sachmängeln, wenn es die vereinbarte Beschaffenheit hat. Soweit die Beschaffenheit nicht vereinbart ist, ist das Werk frei von Sachmängeln,
    1. wenn es sich für die nach dem Vertrag vorausgesetzte, sonst
    2. für die gewöhnliche Verwendung eignet und eine Beschaffenheit aufweist, die bei Werken der gleichen Art üblich ist und die der Besteller nach der Art des Werkes erwarten kann.
    3. Einem Sachmangel steht es gleich, wenn der Unternehmer ein anderes als das bestellte Werk oder das Werk in zu geringer Menge herstellt.
3. Das Werk ist frei von Rechtsmängeln, wenn Dritte in Bezug auf das Werk keine oder nur die im Vertrag übernommenen Rechte gegen den Besteller geltend machen können.

§ 634 Rechte des Bestellers bei Mängeln

Ist das Werk mangelhaft, kann der Besteller, wenn die Voraussetzungen der folgenden Vorschriften vorliegen und soweit nicht ein anderes bestimmt ist,

1. nach § 635 Nacherfüllung verlangen,
2. nach § 637 den Mangel selbst beseitigen und Ersatz der erforderlichen Aufwendungen verlangen,
3. nach den §§ 636, 323 und 326 Abs. 5 von dem Vertrag zurücktreten oder nach § 638 die Vergütung mindern und
4. nach den §§ 636, 280, 281, 283 und 311a Schadensersatz oder nach § 284 Ersatz vergeblicher Aufwendungen verlangen.

§ 634a Verjährung der Mängelansprüche

1. Die in § 634 Nr. 1, 2 und 4 bezeichneten Ansprüche verjähren
    1. vorbehaltlich der Nummer 2 in zwei Jahren bei einem Werk, dessen Erfolg in der Herstellung, Wartung oder Veränderung einer Sache oder in der Erbringung von Planungs- oder Überwachungsleistungen hierfür besteht,
    2. in fünf Jahren bei einem Bauwerk und einem Werk, dessen Erfolg in der Erbringung von Planungs- oder Überwachungsleistungen hierfür besteht, und
    3. im Übrigen in der regelmäßigen Verjährungsfrist.
2. Die Verjährung beginnt in den Fällen des Absatzes 1 Nr. 1 und 2 mit der Abnahme.

3. Abweichend von Absatz 1 Nr. 1 und 2 und Absatz 2 verjähren die Ansprüche in der regelmäßigen Verjährungsfrist, wenn der Unternehmer den Mangel arglistig verschwiegen hat. Im Falle des Absatzes 1 Nr. 2 tritt die Verjährung jedoch nicht vor Ablauf der dort bestimmten Frist ein.

4. Für das in § 634 bezeichnete Rücktrittsrecht gilt § 218. Der Besteller kann trotz einer Unwirksamkeit des Rücktritts nach § 218 Abs. 1 die Zahlung der Vergütung insoweit verweigern, als er auf Grund des Rücktritts dazu berechtigt sein würde. Macht er von diesem Recht Gebrauch, kann der Unternehmer vom Vertrag zurücktreten.

5. Auf das in § 634 bezeichnete Minderungsrecht finden § 218 und Absatz 4 Satz 2 entsprechende Anwendung.

§ 635 Nacherfüllung

1. Verlangt der Besteller Nacherfüllung, so kann der Unternehmer nach seiner Wahl den Mangel beseitigen oder ein neues Werk herstellen.

2. Der Unternehmer hat die zum Zwecke der Nacherfüllung erforderlichen Aufwendungen, insbesondere Transport-, Wege-, Arbeits- und Materialkosten zu tragen.

3. Der Unternehmer kann die Nacherfüllung unbeschadet des § 275 Abs. 2 und 3 verweigern, wenn sie nur mit unverhältnismäßigen Kosten möglich ist.

4. Stellt der Unternehmer ein neues Werk her, so kann er vom Besteller Rückgewähr des mangelhaften Werkes nach Maßgabe der §§ 346 bis 348 verlangen.

§ 636 Besondere Bestimmungen für Rücktritt und Schadensersatz

Außer in den Fällen der §§ 281 Abs. 2 und 323 Abs. 2 bedarf es der Fristsetzung auch dann nicht, wenn der Unternehmer die Nacherfüllung gemäß § 635 Abs. 3 verweigert oder wenn die Nacherfüllung fehlgeschlagen oder dem Besteller unzumutbar ist.

§ 637 Selbstvornahme

1. Der Besteller kann wegen eines Mangels des Werkes nach erfolglosem Ablauf einer von ihm zur Nacherfüllung bestimmten angemessenen Frist den Mangel selbst beseitigen und Ersatz der erforderlichen Aufwendungen verlangen, wenn nicht der Unternehmer die Nacherfüllung zu Recht verweigert.

2. § 323 Abs. 2 findet entsprechende Anwendung. Der Bestimmung einer Frist bedarf es auch dann nicht, wenn die Nacherfüllung fehlgeschlagen oder dem Besteller unzumutbar ist.

3. Der Besteller kann von dem Unternehmer für die zur Beseitigung des Mangels erforderlichen Aufwendungen Vorschuss verlangen.

§ 638 Minderung

1. Statt zurückzutreten, kann der Besteller die Vergütung durch Erklärung gegenüber dem Unternehmer mindern. Der Ausschlussgrund des § 323 Abs. 5 Satz 2 findet keine Anwendung.

2. Sind auf der Seite des Bestellers oder auf der Seite des Unternehmers mehrere beteiligt, so kann die Minderung nur von allen oder gegen alle erklärt werden.
3. Bei der Minderung ist die Vergütung in dem Verhältnis herabzusetzen, in welchem zur
   Zeit des Vertragsschlusses der Wert des Werkes in mangelfreiem Zustand zu dem wirklichen Wert gestanden haben würde. Die Minderung ist, soweit erforderlich, durch
   Schätzung zu ermitteln.
4. Hat der Besteller mehr als die geminderte Vergütung gezahlt, so ist der Mehrbetrag
   vom Unternehmer zu erstatten. § 346 Abs. 1 und § 347 Abs. 1 finden entsprechende
   Anwendung.

§ 639 Haftungsausschluss

Auf eine Vereinbarung, durch welche die Rechte des Bestellers wegen eines Mangels ausgeschlossen oder beschränkt werden, kann sich der Unternehmer nicht berufen, soweit er
den Mangel arglistig verschwiegen oder eine Garantie für die Beschaffenheit des Werkes
übernommen hat.

§ 640 Abnahme

1. Der Besteller ist verpflichtet, das vertragsmäßig hergestellte Werk abzunehmen, sofern
   nicht nach der Beschaffenheit des Werkes die Abnahme ausgeschlossen ist. Wegen unwesentlicher Mängel kann die Abnahme nicht verweigert werden. Der Abnahme steht
   es gleich, wenn der Besteller das Werk nicht innerhalb einer ihm vom Unternehmer
   bestimmten angemessenen Frist abnimmt, obwohl er dazu verpflichtet ist.
2. Nimmt der Besteller ein mangelhaftes Werk gemäß Absatz 1 Satz 1 ab, obschon er den
   Mangel kennt, so stehen ihm die in § 634 Nr. 1 bis 3 bezeichneten Rechte nur zu, wenn
   er sich seine Rechte wegen des Mangels bei der Abnahme vorbehält.

§ 641 Fälligkeit der Vergütung

1. Die Vergütung ist bei der Abnahme des Werkes zu entrichten. Ist das Werk in Teilen
   abzunehmen und die Vergütung für die einzelnen Teile bestimmt, so ist die Vergütung
   für jeden Teil bei dessen Abnahme zu entrichten.
2. Die Vergütung des Unternehmers für ein Werk, dessen Herstellung der Besteller einem
   Dritten versprochen hat, wird spätestens fällig,
   1. soweit der Besteller von dem Dritten für das versprochene Werk wegen dessen Her-
      stellung seine Vergütung oder Teile davon erhalten hat,
   2. soweit das Werk des Bestellers von dem Dritten abgenommen worden ist oder als
      abgenommen gilt oder
   3. wenn der Unternehmer dem Besteller erfolglos eine angemessene Frist zur Aus-
      kunft über die in den Nummern 1 und 2 bezeichneten Umstände bestimmt hat.
   4. Hat der Besteller dem Dritten wegen möglicher Mängel des Werks Sicherheit ge-
      leistet, gilt Satz 1 nur, wenn der Unternehmer dem Besteller entsprechende Sicher-
      heit leistet.

3. Kann der Besteller die Beseitigung eines Mangels verlangen, so kann er nach der Fälligkeit die Zahlung eines angemessenen Teils der Vergütung verweigern; angemessen ist in der Regel das Doppelte der für die Beseitigung des Mangels erforderlichen Kosten.

4. Eine in Geld festgesetzte Vergütung hat der Besteller von der Abnahme des Werkes an zu verzinsen, sofern nicht die Vergütung gestundet ist.

§ 641a (aufgehoben)

§ 642 Mitwirkung des Bestellers

1. Ist bei der Herstellung des Werkes eine Handlung des Bestellers erforderlich, so kann der Unternehmer, wenn der Besteller durch das Unterlassen der Handlung in Verzug der Annahme kommt, eine angemessene Entschädigung verlangen.

2. Die Höhe der Entschädigung bestimmt sich einerseits nach der Dauer des Verzugs und der Höhe der vereinbarten Vergütung, andererseits nach demjenigen, was der Unternehmer infolge des Verzugs an Aufwendungen erspart oder durch anderweitige Verwendung seiner Arbeitskraft erwerben kann.

§ 643 Kündigung bei unterlassener Mitwirkung

Der Unternehmer ist im Falle des § 642 berechtigt, dem Besteller zur Nachholung der Handlung eine angemessene Frist mit der Erklärung zu bestimmen, dass er den Vertrag kündige, wenn die Handlung nicht bis zum Ablauf der Frist vorgenommen werde. Der Vertrag gilt als aufgehoben, wenn nicht die Nachholung bis zum Ablauf der Frist erfolgt.

§ 644 Gefahrtragung

1. Der Unternehmer trägt die Gefahr bis zur Abnahme des Werkes. Kommt der Besteller in Verzug der Annahme, so geht die Gefahr auf ihn über. Für den zufälligen Untergang und eine zufällige Verschlechterung des von dem Besteller gelieferten Stoffes ist der Unternehmer nicht verantwortlich.

2. Versendet der Unternehmer das Werk auf Verlangen des Bestellers nach einem anderen Ort als dem Erfüllungsort, so findet die für den Kauf geltende Vorschrift des § 447 entsprechende Anwendung.

§ 645 Verantwortlichkeit des Bestellers

1. Ist das Werk vor der Abnahme infolge eines Mangels des von dem Besteller gelieferten Stoffes oder infolge einer von dem Besteller für die Ausführung erteilten Anweisung untergegangen, verschlechtert oder unausführbar geworden, ohne dass ein Umstand mitgewirkt hat, den der Unternehmer zu vertreten hat, so kann der Unternehmer einen der geleisteten Arbeit entsprechenden Teil der Vergütung und Ersatz der in der Vergütung nicht inbegriffenen Auslagen verlangen. Das Gleiche gilt, wenn der Vertrag in Gemäßheit des § 643 aufgehoben wird.

2. Eine weitergehende Haftung des Bestellers wegen Verschuldens bleibt unberührt.

§ 646 Vollendung statt Abnahme

Ist nach der Beschaffenheit des Werkes die Abnahme ausgeschlossen, so tritt in den Fällen des § 634a Abs. 2 und der §§ 641, 644 und 645 an die Stelle der Abnahme die Vollendung des Werkes.

§ 647 Unternehmerpfandrecht

Der Unternehmer hat für seine Forderungen aus dem Vertrag ein Pfandrecht an den von ihm hergestellten oder ausgebesserten beweglichen Sachen des Bestellers, wenn sie bei der Herstellung oder zum Zwecke der Ausbesserung in seinen Besitz gelangt sind.

§ 648 Sicherungshypothek des Bauunternehmers

1. Der Unternehmer eines Bauwerks oder eines einzelnen Teiles eines Bauwerks kann für seine Forderungen aus dem Vertrag die Einräumung einer Sicherungshypothek an dem Baugrundstück des Bestellers verlangen. Ist das Werk noch nicht vollendet, so kann er die Einräumung der Sicherungshypothek für einen der geleisteten Arbeit entsprechenden Teil der Vergütung und für die in der Vergütung nicht inbegriffenen Auslagen verlangen.

2. Der Inhaber einer Schiffswerft kann für seine Forderungen aus dem Bau oder der Ausbesserung eines Schiffes die Einräumung einer Schiffshypothek an dem Schiffsbauwerk oder dem Schiff des Bestellers verlangen; Absatz 1 Satz 2 gilt sinngemäß. § 647 findet keine Anwendung.

§ 648a Bauhandwerkersicherung

1. Der Unternehmer eines Bauwerks, einer Außenanlage oder eines Teils davon kann vom Besteller Sicherheit für die auch in Zusatzaufträgen vereinbarte und noch nicht gezahlte Vergütung einschließlich dazugehöriger Nebenforderungen, die mit 10 vom Hundert des zu sichernden Vergütungsanspruchs anzusetzen sind, verlangen. Satz 1 gilt in demselben Umfang auch für Ansprüche, die an die Stelle der Vergütung treten. Der Anspruch des Unternehmers auf Sicherheit wird nicht dadurch ausgeschlossen, dass der Besteller Erfüllung verlangen kann oder das Werk abgenommen hat. Ansprüche, mit denen der Besteller gegen den Anspruch des Unternehmers auf Vergütung aufrechnen kann, bleiben bei der Berechnung der Vergütung unberücksichtigt, es sei denn, sie sind unstreitig oder rechtskräftig festgestellt. Die Sicherheit ist auch dann als ausreichend anzusehen, wenn sich der Sicherungsgeber das Recht vorbehält, sein Versprechen im Falle einer wesentlichen Verschlechterung der Vermögensverhältnisse des Bestellers mit Wirkung für Vergütungsansprüche aus Bauleistungen zu widerrufen, die der Unternehmer bei Zugang der Widerrufserklärung noch nicht erbracht hat.

2. Die Sicherheit kann auch durch eine Garantie oder ein sonstiges Zahlungsversprechen eines im Geltungsbereich dieses Gesetzes zum Geschäftsbetrieb befugten Kreditinstituts oder Kreditversicherers geleistet werden. Das Kreditinstitut oder der Kreditversicherer darf Zahlungen an den Unternehmer nur leisten, soweit der Besteller den Vergütungsanspruch des Unternehmers anerkennt oder durch vorläufig vollstreckbares

Urteil zur Zahlung der Vergütung verurteilt worden ist und die Voraussetzungen vorliegen, unter denen die Zwangsvollstreckung begonnen werden darf.

3. Der Unternehmer hat dem Besteller die üblichen Kosten der Sicherheitsleistung bis zu einem Höchstsatz von 2 vom Hundert für das Jahr zu erstatten. Dies gilt nicht, soweit eine Sicherheit wegen Einwendungen des Bestellers gegen den Vergütungsanspruch des Unternehmers aufrechterhalten werden muss und die Einwendungen sich als unbegründet erweisen.

4. Soweit der Unternehmer für seinen Vergütungsanspruch eine Sicherheit nach den Absätzen 1 oder 2 erlangt hat, ist der Anspruch auf Einräumung einer Sicherungshypothek nach § 648 Abs. 1 ausgeschlossen.

5. Hat der Unternehmer dem Besteller erfolglos eine angemessene Frist zur Leistung der Sicherheit nach Absatz 1 bestimmt, so kann der Unternehmer die Leistung verweigern oder den Vertrag kündigen. Kündigt er den Vertrag, ist der Unternehmer berechtigt, die vereinbarte Vergütung zu verlangen; er muss sich jedoch dasjenige anrechnen lassen, was er infolge der Aufhebung des Vertrages an Aufwendungen erspart oder durch anderweitige Verwendung seiner Arbeitskraft erwirbt oder böswillig zu erwerben unterlässt. Es wird vermutet, dass danach dem Unternehmer 5 vom Hundert der auf den noch nicht erbrachten Teil der Werkleistung entfallenden vereinbarten Vergütung zustehen.

6. Die Vorschriften der Absätze 1 bis 5 finden keine Anwendung, wenn der Besteller
   1. eine juristische Person des öffentlichen Rechts oder ein öffentlich-rechtliches Sondervermögen ist, über deren Vermögen ein Insolvenzverfahren unzulässig ist, oder
   2. eine natürliche Person ist und die Bauarbeiten zur Herstellung oder Instandsetzung eines Einfamilienhauses mit oder ohne Einliegerwohnung ausführen lässt. Satz 1 Nr. 2 gilt nicht bei Betreuung des Bauvorhabens durch einen zur Verfügung über die Finanzierungsmittel des Bestellers ermächtigten Baubetreuer.

7. Eine von den Vorschriften der Absätze 1 bis 5 abweichende Vereinbarung ist unwirksam.

§ 649 Kündigungsrecht des Bestellers

Der Besteller kann bis zur Vollendung des Werkes jederzeit den Vertrag kündigen. Kündigt der Besteller, so ist der Unternehmer berechtigt, die vereinbarte Vergütung zu verlangen; er muss sich jedoch dasjenige anrechnen lassen, was er infolge der Aufhebung des Vertrags an Aufwendungen erspart oder durch anderweitige Verwendung seiner Arbeitskraft erwirbt oder zu erwerben böswillig unterlässt. Es wird vermutet, dass danach dem Unternehmer 5 vom Hundert der auf den noch nicht erbrachten Teil der Werkleistung entfallenden vereinbarten Vergütung zustehen.

§ 650 Kostenanschlag

1. Ist dem Vertrag ein Kostenanschlag zugrunde gelegt worden, ohne dass der Unternehmer die Gewähr für die Richtigkeit des Anschlags übernommen hat, und ergibt sich, dass das Werk nicht ohne eine wesentliche Überschreitung des Anschlags aus-

führbar ist, so steht dem Unternehmer, wenn der Besteller den Vertrag aus diesem
Grund kündigt, nur der im § 645 Abs. 1 bestimmte Anspruch zu.

2. Ist eine solche Überschreitung des Anschlags zu erwarten, so hat der Unternehmer dem
    Besteller unverzüglich Anzeige zu machen.

§ 650a Bauvertrag

(1) Ein Bauvertrag ist ein Vertrag über die Herstellung, die Wiederherstellung, die Be-
    seitigung oder den Umbau eines Bauwerks, einer Außenanlage oder eines Teils davon.
    Für den Bauvertrag gelten ergänzend die folgenden Vorschriften dieses Kapitels.

(2) Ein Vertrag über die Instandhaltung eines Bauwerks ist ein Bauvertrag, wenn das Werk
    für die Konstruktion, den Bestand oder den bestimmungsgemäßen Gebrauch von
    wesentlicher Bedeutung ist.

§ 650b Änderung des Vertrags; Anordnungsrecht des Bestellers

(1) Begehrt der Besteller
     1. eine Änderung des vereinbarten Werkerfolgs (§ 631 Absatz 2) oder
     2. eine Änderung, die zur Erreichung des vereinbarten Werkerfolgs notwendig ist,
         streben die Vertragsparteien Einvernehmen über die Änderung und die infolge
         der Änderung zu leistende Mehroder Mindervergütung an. Der Unternehmer ist
         verpflichtet, ein Angebot über die Mehr- oder Mindervergütung zu erstellen, im
         Falle einer Änderung nach Satz 1 Nummer 1 jedoch nur, wenn ihm die Aus-
         führung der Änderung zumutbar ist. Macht der Unternehmer betriebsinterne Vor-
         gänge für die Unzumutbarkeit einer Anordnung nach Absatz 1 Satz 1 Nummer 1
         geltend, trifft ihn die Beweislast hierfür. Trägt der Besteller die Verantwortung für
         die Planung des Bauwerks oder der Außenanlage, ist der Unternehmer nur dann
         zur Erstellung eines Angebots über die Mehr- oder Mindervergütung verpflichtet,
         wenn der Besteller die für die Änderung erforderliche Planung vorgenommen
         und dem Unternehmer zur Verfügung gestellt hat. Begehrt der Besteller eine Än-
         derung, für die dem Unternehmer nach § 650c Absatz 1 Satz 2 kein Anspruch auf
         Vergütung für vermehrten Aufwand zusteht, streben die Parteien nur Einver-
         nehmen über die Änderung an; Satz 2 findet in diesem Fall keine Anwendung.

(2) Erzielen die Parteien binnen 30 Tagen nach Zugang des Änderungsbegehrens beim
     Unternehmer keine Einigung nach Absatz 1, kann der Besteller die Änderung in Text-
     form anordnen. Der Unternehmer ist verpflichtet, der Anordnung des Bestellers nach-
     zukommen, einer Anordnung nach Absatz 1 Satz 1 Nummer 1 jedoch nur, wenn ihm
     die Ausführung zumutbar ist. Absatz 1 Satz 3 gilt entsprechend.

§ 650c Vergütungsanpassung bei Anordnungen nach § 650b Absatz 2

(1) Die Höhe des Vergütungsanspruchs für den infolge einer Anordnung des Bestellers
     nach § 650b Absatz 2 vermehrten oder verminderten Aufwand ist nach den tatsäch-
     lich erforderlichen Kosten mit angemessenen Zuschlägen für allgemeine Geschäfts-
     kosten, Wagnis und Gewinn zu ermitteln. Umfasst die Leistungspflicht des Unter-

nehmers auch die Planung des Bauwerks oder der Außenanlage, steht diesem im Fall des § 650b Absatz 1 Satz 1 Nummer 2 kein Anspruch auf Vergütung für vermehrten Aufwand zu.

(2) Der Unternehmer kann zur Berechnung der Vergütung für den Nachtrag auf die Ansätze in einer vereinbarungsgemäß hinterlegten Urkalkulation zurückgreifen. Es wird vermutet, dass die auf Basis der Urkalkulation fortgeschriebene Vergütung der Vergütung nach Absatz 1 entspricht.

(3) Bei der Berechnung von vereinbarten oder gemäß § 632a geschuldeten Abschlagszahlungen kann der Unternehmer 80 Prozent einer in einem Angebot nach § 650b Absatz 1 Satz 2 genannten Mehrvergütung ansetzen, wenn sich die Parteien nicht über die Höhe geeinigt haben oder keine anderslautende gerichtliche Entscheidung ergeht. Wählt der Unternehmer diesen Weg und ergeht keine anderslautende gerichtliche Entscheidung, wird die nach den Absätzen 1 und 2 geschuldete Mehrvergütung erst nach der Abnahme des Werks fällig. Zahlungen nach Satz 1, die die nach den Absätzen 1 und 2 geschuldete Mehrvergütung übersteigen, sind dem Besteller zurückzugewähren und ab ihrem Eingang beim Unternehmer zu verzinsen. § 288 Absatz 1 Satz 2, Absatz 2 und § 289 Satz 1 gelten entsprechend.

§ 650d Einstweilige Verfügung
Zum Erlass einer einstweiligen Verfügung in Streitigkeiten über das Anordnungsrecht gemäß § 650b oder die Vergütungsanpassung gemäß § 650c ist es nach Beginn der Bauausführung nicht erforderlich, dass der Verfügungsgrund glaubhaft gemacht wird.

§ 650e Sicherungshypothek des Bauunternehmers
Der Unternehmer kann für seine Forderungen aus dem Vertrag die Einräumung einer Sicherungshypothek an dem Baugrundstück des Bestellers verlangen. Ist das Werk noch nicht vollendet, so kann er die Einräumung der Sicherungshypothek für einen der geleisteten Arbeit entsprechenden Teil der Vergütung und für die in der Vergütung nicht inbegriffenen Auslagen verlangen.

§ 650 f Bauhandwerkersicherung
(1) Der Unternehmer kann vom Besteller Sicherheit für die auch in Zusatzaufträgen vereinbarte und noch nicht gezahlte Vergütung einschließlich dazugehöriger Nebenforderungen, die mit 10 Prozent des zu sichernden Vergütungsanspruchs anzusetzen sind, verlangen. Satz 1 gilt in demselben Umfang auch für Ansprüche, die an die Stelle der Vergütung treten. Der Anspruch des Unternehmers auf Sicherheit wird nicht dadurch ausgeschlossen, dass der Besteller Erfüllung verlangen kann oder das Werk abgenommen hat. Ansprüche, mit denen der Besteller gegen den Anspruch des Unternehmers auf Vergütung aufrechnen kann, bleiben bei der Berechnung der Vergütung unberücksichtigt, es sei denn, sie sind unstreitig oder rechtskräftig festgestellt. Die Sicherheit ist auch dann als ausreichend anzusehen, wenn sich der Sicherungsgeber das Recht vorbehält, sein Versprechen im Falle einer wesentlichen Ver-

schlechterung der Vermögensverhältnisse des Bestellers mit Wirkung für Vergütungs-
ansprüche aus Bauleistungen zu widerrufen, die der Unternehmer bei Zugang der
Widerrufserklärung noch nicht erbracht hat.

(2) Die Sicherheit kann auch durch eine Garantie oder ein sonstiges Zahlungsversprechen
eines im Geltungsbereich dieses Gesetzes zum Geschäftsbetrieb befugten Kreditinstituts oder Kreditversicherers geleistet werden. Das Kreditinstitut oder der Kreditversicherer darf Zahlungen an den Unternehmer nur leisten, soweit der Besteller den
Vergütungsanspruch des Unternehmers anerkennt oder durch vorläufig vollstreckbares Urteil zur Zahlung der Vergütung verurteilt worden ist und die Voraussetzungen
vorliegen, unter denen die Zwangsvollstreckung begonnen werden darf.

(3) Der Unternehmer hat dem Besteller die üblichen Kosten der Sicherheitsleistung bis
zu einem Höchstsatz von 2 Prozent für das Jahr zu erstatten. Dies gilt nicht, soweit
eine Sicherheit wegen Einwendungen des Bestellers gegen den Vergütungsanspruch
des Unternehmers aufrechterhalten werden muss und die Einwendungen sich als unbegründet erweisen.

(4) Soweit der Unternehmer für seinen Vergütungsanspruch eine Sicherheit nach Absatz 1 oder 2 erlangt hat, ist der Anspruch auf Einräumung einer Sicherungshypothek
nach § 650e ausgeschlossen.

(5) Hat der Unternehmer dem Besteller erfolglos eine angemessene Frist zur Leistung der
Sicherheit nach Absatz 1 bestimmt, so kann der Unternehmer die Leistung verweigern
oder den Vertrag kündigen. Kündigt er den Vertrag, ist der Unternehmer berechtigt, die
vereinbarte Vergütung zu verlangen; er muss sich jedoch dasjenige anrechnen lassen,
was er infolge der Aufhebung des Vertrages an Aufwendungen erspart oder durch
anderweitige Verwendung seiner Arbeitskraft erwirbt oder böswillig zu erwerben unterlässt. Es wird vermutet, dass danach dem Unternehmer 5 Prozent der auf den noch nicht
erbrachten Teil der Werkleistung entfallenden vereinbarten Vergütung zustehen.

(6) Die Absätze 1 bis 5 finden keine Anwendung, wenn der Besteller
1. eine juristische Person des öffentlichen Rechts oder ein öffentlich-rechtliches
Sondervermögen ist, über deren Vermögen ein Insolvenzverfahren unzulässig
ist, oder
2. Verbraucher ist und es sich um einen Verbraucherbauvertrag nach § 650i oder um
einen Bauträgervertrag nach § 650u handelt.
Satz 1 Nummer 2 gilt nicht bei Betreuung des Bauvorhabens durch einen zur Verfügung über die Finanzierungsmittel des Bestellers ermächtigten Baubetreuer.

(7) Eine von den Absätzen 1 bis 5 abweichende Vereinbarung ist unwirksam.

§ 650g Zustandsfeststellung bei Verweigerung der Abnahme; Schlussrechnung

(1) Verweigert der Besteller die Abnahme unter Angabe von Mängeln, hat er auf Verlangen des Unternehmers an einer gemeinsamen Feststellung des Zustands des Werks
mitzuwirken. Die gemeinsame Zustandsfeststellung soll mit der Angabe des Tages
der Anfertigung versehen werden und ist von beiden Vertragsparteien zu unterschreiben.

(2) Bleibt der Besteller einem vereinbarten oder einem von dem Unternehmer innerhalb einer angemessenen Frist bestimmten Termin zur Zustandsfeststellung fern, so kann der Unternehmer die Zustandsfeststellung auch einseitig vornehmen. Dies gilt nicht, wenn der Besteller infolge eines Umstands fernbleibt, den er nicht zu vertreten hat und den er dem Unternehmer unverzüglich mitgeteilt hat. Der Unternehmer hat die einseitige Zustandsfeststellung mit der Angabe des Tages der Anfertigung zu versehen und sie zu unterschreiben sowie dem Besteller eine Abschrift der einseitigen Zustandsfeststellung zur Verfügung zu stellen.

(3) Ist das Werk dem Besteller verschafft worden und ist in der Zustandsfeststellung nach Absatz 1 oder 2 ein offenkundiger Mangel nicht angegeben, wird vermutet, dass dieser nach der Zustandsfeststellung entstanden und vom Besteller zu vertreten ist. Die Vermutung gilt nicht, wenn der Mangel nach seiner Art nicht vom Besteller verursacht worden sein kann.

(4) Die Vergütung ist zu entrichten, wenn
1. der Besteller das Werk abgenommen hat oder die Abnahme nach § 641 Absatz 2 entbehrlich ist und
2. der Unternehmer dem Besteller eine prüffähige Schlussrechnung erteilt hat.
   Die Schlussrechnung ist prüffähig, wenn sie eine übersichtliche Aufstellung der erbrachten Leistungen enthält und für den Besteller nachvollziehbar ist. Sie gilt als prüffähig, wenn der Besteller nicht innerhalb von 30 Tagen nach Zugang der Schlussrechnung begründete Einwendungen gegen ihre Prüffähigkeit erhoben hat.

§ 650h Schriftform der Kündigung
Die Kündigung des Bauvertrags bedarf der schriftlichen Form.

§ 651 Anwendung des Kaufrechts
Auf einen Vertrag, der die Lieferung herzustellender oder zu erzeugender beweglicher Sachen zum Gegenstand hat, finden die Vorschriften über den Kauf Anwendung. § 442 Abs. 1 Satz 1 findet bei diesen Verträgen auch Anwendung, wenn der Mangel auf den vom Besteller gelieferten Stoff zurückzuführen ist. Soweit es sich bei den herzustellenden oder zu erzeugenden beweglichen Sachen um nicht vertretbare Sachen handelt, sind auch die §§ 642, 643, 645, 649 und 650 mit der Maßgabe anzuwenden, dass an die Stelle der Abnahme der nach den §§ 446 und 447 maßgebliche Zeitpunkt tritt.

Titel 20 Bürgschaft

§ 765 Vertragstypische Pflichten bei der Bürgschaft
1. Durch den Bürgschaftsvertrag verpflichtet sich der Bürge gegenüber dem Gläubiger eines Dritten, für die Erfüllung der Verbindlichkeit des Dritten einzustehen.
2. Die Bürgschaft kann auch für eine künftige oder eine bedingte Verbindlichkeit übernommen werden.

§ 766 Schriftform der Bürgschaftserklärung
Zur Gültigkeit des Bürgschaftsvertrags ist schriftliche Erteilung der Bürgschaftserklärung erforderlich. Die Erteilung der Bürgschaftserklärung in elektronischer Form ist ausgeschlossen. Soweit der Bürge die Hauptverbindlichkeit erfüllt, wird der Mangel der Form geheilt.

§ 767 Umfang der Bürgschaftsschuld
1. Für die Verpflichtung des Bürgen ist der jeweilige Bestand der Hauptverbindlichkeit maßgebend. Dies gilt insbesondere auch, wenn die Hauptverbindlichkeit durch Verschulden oder Verzug des Hauptschuldners geändert wird. Durch ein Rechtsgeschäft, das der Hauptschuldner nach der Übernahme der Bürgschaft vornimmt, wird die Verpflichtung des Bürgen nicht erweitert.
2. Der Bürge haftet für die dem Gläubiger von dem Hauptschuldner zu ersetzenden Kosten der Kündigung und der Rechtsverfolgung.

§ 768 Einreden des Bürgen
1. Der Bürge kann die dem Hauptschuldner zustehenden Einreden geltend machen. Stirbt der Hauptschuldner, so kann sich der Bürge nicht darauf berufen, dass der Erbe für die Verbindlichkeit nur beschränkt haftet.
2. Der Bürge verliert eine Einrede nicht dadurch, dass der Hauptschuldner auf sie verzichtet.

§ 771 Einrede der Vorausklage
Der Bürge kann die Befriedigung des Gläubigers verweigern, solange nicht der Gläubiger eine Zwangsvollstreckung gegen den Hauptschuldner ohne Erfolg versucht hat (Einrede der Vorausklage). Erhebt der Bürge die Einrede der Vorausklage, ist die Verjährung des Anspruchs des Gläubigers gegen den Bürgen gehemmt, bis der Gläubiger eine Zwangsvollstreckung gegen den Hauptschuldner ohne Erfolg versucht hat.

§ 773 Ausschluss der Einrede der Vorausklage
1. Die Einrede der Vorausklage ist ausgeschlossen:
   1. wenn der Bürge auf die Einrede verzichtet, insbesondere wenn er sich als Selbstschuldner verbürgt hat,
   2. wenn die Rechtsverfolgung gegen den Hauptschuldner infolge einer nach der Übernahme der Bürgschaft eingetretenen Änderung des Wohnsitzes, der gewerblichen Niederlassung oder des Aufenthaltsorts des Hauptschuldners wesentlich erschwert ist,
   3. wenn über das Vermögen des Hauptschuldners das Insolvenzverfahren eröffnet ist,
   4. wenn anzunehmen ist, dass die Zwangsvollstreckung in das Vermögen des Hauptschuldners nicht zur Befriedigung des Gläubigers führen wird.
2. In den Fällen der Nummern 3, 4 ist die Einrede insoweit zulässig, als sich der Gläubiger aus einer beweglichen Sache des Hauptschuldners befriedigen kann, an der er ein

Pfandrecht oder ein Zurückbehaltungsrecht hat; die Vorschrift des § 772 Abs. 2 Satz 2 findet Anwendung.

Vierter Abschnitt Wettbewerbsregeln

§ 24 Begriff, Antrag auf Anerkennung

(1) Wirtschafts- und Berufsvereinigungen können für ihren Bereich Wettbewerbsregeln aufstellen.

(2) Wettbewerbsregeln sind Bestimmungen, die das Verhalten von Unternehmen im Wettbewerb regeln zu dem Zweck, einem den Grundsätzen des lauteren oder der Wirksamkeit eines leistungsgerechten Wettbewerbs zuwiderlaufenden Verhalten im Wettbewerb entgegenzuwirken und ein diesen Grundsätzen entsprechendes Verhalten im Wettbewerb anzuregen.

(3) Wirtschafts- und Berufsvereinigungen können bei der Kartellbehörde die Anerkennung von Wettbewerbsregeln beantragen.

(4) Der Antrag auf Anerkennung von Wettbewerbsregeln hat zu enthalten:

1. Name, Rechtsform und Anschrift der Wirtschafts- oder Berufsvereinigung;
2. Name und Anschrift der Person, die sie vertritt;
3. die Angabe des sachlichen und örtlichen Anwendungsbereichs der Wettbewerbsregeln;
4. den Wortlaut der Wettbewerbsregeln.

   Dem Antrag sind beizufügen:

1. die Satzung der Wirtschafts- oder Berufsvereinigung;
2. der Nachweis, dass die Wettbewerbsregeln satzungsmäßig aufgestellt sind;
3. eine Aufstellung von außenstehenden Wirtschafts- oder Berufsvereinigungen und Unternehmen der gleichen Wirtschaftsstufe sowie der Lieferanten- und Abnehmervereinigungen und der Bundesorganisationen der beteiligten Wirtschaftsstufen des betreffenden Wirtschaftszweiges.
4. In dem Antrag dürfen keine unrichtigen oder unvollständigen Angaben gemacht oder benutzt werden, um für den Antragsteller oder einen anderen die Anerkennung einer Wettbewerbsregel zu erschleichen.

(5) Änderungen und Ergänzungen anerkannter Wettbewerbsregeln sind der Kartellbehörde mitzuteilen.

§ 25 Stellungnahme Dritter

Die Kartellbehörde hat nichtbeteiligten Unternehmen der gleichen Wirtschaftsstufe, Wirtschafts- und Berufsvereinigungen der durch die Wettbewerbsregeln betroffenen Lieferanten und Abnehmer sowie den Bundesorganisationen der beteiligten Wirtschaftsstufen Gelegenheit zur Stellungnahme zu geben. Gleiches gilt für Verbraucherzentralen und andere Verbraucherverbände, die mit öffentlichen Mitteln gefördert werden, wenn die Interessen der Verbraucher erheblich berührt sind. Die Kartellbehörde kann eine öffentliche mündliche Verhandlung über den Antrag auf Anerkennung durchführen, in der es jedermann freisteht, Einwendungen gegen die Anerkennung zu erheben.

§ 26 Anerkennung

(1) Die Anerkennung erfolgt durch Verfügung der Kartellbehörde. Sie hat zum Inhalt, dass die Kartellbehörde von den ihr nach dem Sechsten Abschnitt zustehenden Befugnissen keinen Gebrauch machen wird.

(2) Soweit eine Wettbewerbsregel gegen das Verbot des § 1 verstößt und nicht nach den §§ 2 und 3 freigestellt ist oder andere Bestimmungen dieses Gesetzes, des Gesetzes gegen den unlauteren Wettbewerb oder eine andere Rechtsvorschrift verletzt, hat die Kartellbehörde den Antrag auf Anerkennung abzulehnen.

(3) Wirtschafts- und Berufsvereinigungen haben die Außerkraftsetzung von ihnen aufgestellter, anerkannter Wettbewerbsregeln der Kartellbehörde mitzuteilen.

(4) Die Kartellbehörde hat die Anerkennung zurückzunehmen oder zu widerrufen, wenn sie nachträglich feststellt, dass die Voraussetzungen für die Ablehnung der Anerkennung nach Absatz 2 vorliegen.

§ 27 Veröffentlichung von Wettbewerbsregeln, Bekanntmachungen

(1) Anerkannte Wettbewerbsregeln sind im Bundesanzeiger zu veröffentlichen.

(2) Im Bundesanzeiger sind bekannt zu machen
1. die Anträge nach § 24 Absatz 3;
2. die Anberaumung von Terminen zur mündlichen Verhandlung nach § 25 Satz 3;
3. die Anerkennung von Wettbewerbsregeln, ihrer Änderungen und Ergänzungen;
4. die Ablehnung der Anerkennung nach § 26 Absatz 2, die Rücknahme oder der Widerruf der Anerkennung von Wettbewerbsregeln nach § 26 Absatz 4.

(3) Mit der Bekanntmachung der Anträge nach Absatz 2 Nummer 1 ist darauf hinzuweisen, dass die Wettbewerbsregeln, deren Anerkennung beantragt ist, bei der Kartellbehörde zur öffentlichen Einsichtnahme ausgelegt sind.

(4) Soweit die Anträge nach Absatz 2 Nummer 1 zur Anerkennung führen, genügt für die Bekanntmachung der Anerkennung eine Bezugnahme auf die Bekanntmachung der Anträge.

(5) Die Kartellbehörde erteilt zu anerkannten Wettbewerbsregeln, die nicht nach Absatz 1 veröffentlicht worden sind, auf Anfrage Auskunft über die Angaben nach § 24 Absatz 4 Satz 1.

Literatur

1. Bschorr, Michael Ch.; Zanner, Christian: Die Vertragsstrafe im Bauwesen, München (Verlag C. H. Beck) 2003 *zitiert:* Bschorr/Zanner, Die Vertragsstrafe im Bauwesen
2. Englert/Franke/Grieger: Streitlösung ohne Gericht, München (Werner Verlag) 2006 zitiert: Englert/Franke/Grieger: Streitlösung ohne Gericht
3. Franke, Horst; Zanner, Christian; Kemper, Ralf: Der sichere Bauvertrag, Köln (Rudolf Müller Verlag) 2. Auflage 2003 *zitiert:* Franke/Zanner/Kemper, Der sichere Bauvertrag
4. Franke, Horst; Kemper, Ralf; Zanner, Christian; Grünhagen, Matthias: VOB-Kommentar, München (Werner Verlag) 5. Auflage 2013 *zitiert:* Franke/Kemper/Zanner/Grünhagen
5. Heiermann, Wolfgang; Franke, Horst; Knipp, Bernd: Baubegleitende Rechtsberatung, München (Verlag C. H. Beck) 2002 *zitiert:* Heiermann/Franke/Knipp
6. Heiermann, Wolfgang; Riedl, Richard; Rusam, Martin: Handkommentar zur VOB, Wiesbaden und Berlin (Vieweg Verlag) 13. Auflage 2013 *zitiert:* Heiermann/Riedl/Rusam
7. Ingenstau/Korbion: VOB-Kommentar, herausgegeben von Leupert/Wietersheim, München (Werner Verlag) 19. Auflage 2015 *zitiert:* Ingenstau/Korbion
8. Kapellmann, Klaus; Messerschmidt, Burkhard: VOB, München (Verlag C. H. Beck) 2015 *zitiert:* Kapellmann/Messerschmidt
9. Kniffka, Rolf: Online-Kommentar zum gesetzlichen Bauvertragsrecht, München (Werner Verlag) Stand 18.09.2016, *zitiert:* Kniffka, ibr-online-Kommentar, Bauvertragsrecht
10. Palandt: Bürgerliches Gesetzbuch, München (Verlag C. H. Beck) 75. Auflage 2016 *zitiert:* Palandt
11. Prütting Wegen Weinreich: BGB-Kommentar, Neuwied (Luchterhand Verlag) 8. Auflage 2013 *zitiert:* PWW/*Bearbeiter*
12. Werner, Ulrich; Pastor, Walter: Der Bauprozess, München (Werner Verlag) 15. Auflage 2015 *zitiert:* Werner/Pastor, Der Bauprozess
13. Zanner, Christian; Henning, Jana: Abnahme im Bauwesen nach Ansprüchen, Wiesbaden (Springer Vieweg Verlag) 2016
14. Zanner, Christian; Saalbach, Birthe; Viering, Markus: Rechte aus gestörtem Bauablauf nach Ansprüchen, Wiesbaden (Springer Vieweg Verlag) 2014
15. Zanner, Christian; Wegener, Daniel *Baumangelhaftung nach Ansprüchen*, Bau- und Architektenrecht nach Ansprüchen, Wiesbaden (Springer Fachmedien) 1. Auflage 2013 *zitiert:* Zanner/Wegener

© Springer Fachmedien Wiesbaden GmbH, ein Teil von Springer Nature 2021   313
C. Zanner, *VOB/B nach Ansprüchen*, Bau- und Architektenrecht nach Ansprüchen,
https://doi.org/10.1007/978-3-658-34025-4

Stichwortverzeichnis

© Springer Fachmedien Wiesbaden GmbH, ein Teil von Springer Nature 2021
C. Zanner, *VOB/B nach Ansprüchen*, Bau- und Architektenrecht nach Ansprüchen,
https://doi.org/10.1007/978-3-658-34025-4

Printed in the United States
by Baker & Taylor Publisher Services